无处不在的微生物

MICROBES

THE LIFE-CHANGING

STORY OF GERMS

［美］菲利普·彼得森　著

祁仲夏　曾　辉　译

中国科学技术出版社
·北 京·

图书在版编目（CIP）数据

无处不在的微生物 /（美）菲利普·彼得森著；祁仲夏，曾辉译 .
-- 北京：中国科学技术出版社，2024.1

书名原文：Microbes: the Life-Changing Story of Germs
ISBN 978-7-5236-0208-9

I.①无… II.①菲… ②祁… ③曾… III.①微生物—普及读物
IV.① Q939-49

中国国家版本馆 CIP 数据核字（2023）第 093515 号

著作权登记号 01-2021-0310

The Chinese translation is published by agreement with Rowman & Littlefield Publishing group
Inc. through the Chinese Connection Agency, a division of Beijing XinGuangCanLan ShuKan
Distribution Company Ltd., a.k.a Sino-Star. Copyright ©2020 by Phillip K. Peterson

本书由美国 Rowman & Littlefield 出版集团通过 The Chinese Connection Agency 授权中国
科学技术出版社有限公司独家出版，未经出版者许可不得以任何方式抄袭、复制或节录
任何部分

策　　划	秦德继
责任编辑	向仁军　单　亭　许　慧
封面设计	锋尚设计
正文设计	中文天地
责任校对	张晓莉
责任印制	李晓霖

出　　版	中国科学技术出版社
发　　行	中国科学技术出版社有限公司发行部
地　　址	北京市海淀区中关村南大街16号
邮　　编	100081
发行电话	010-62173865
传　　真	010-62173081
网　　址	http://www.cspbooks.com.cn

开　　本	710mm×1000mm　1/16
字　　数	260千字
印　　张	19.25
版　　次	2024年1月第1版
印　　次	2024年1月第1次印刷
印　　刷	北京顶佳世纪印刷有限公司
书　　号	ISBN 978-7-5236-0208-9 / Q·254
定　　价	78.00元

微生物拥有最终决定权。

——路易·巴斯德（Louis Pasteur）

如果微生物都消失了，那么一切都完了——地球发生了猝死。

——卡尔·乌斯（Carl Woese）

致读者

本书对多种疾病进行了讨论，但这些内容并非用于疾病的诊断和治疗。如果读者出现任何疾病症状或为某种疾病感到担心，请咨询专业医疗人员。

致 谢

几年前，我将显微镜作为圣诞礼物送给了我的四个孙儿（这本书献给他们）。显微镜为他们展现了微观世界的模样。他们那兴奋劲儿也让我想起多年前自己第一次接触显微镜时的激动心情。正是这种兴奋和激动启发我开始写作此书。

在本书的写作过程中，我不时会向很多朋友和同事分享有关微生物的珍闻佚事，我发现几乎所有人都对这些微生物的小故事感兴趣。我之所以用"几乎所有"这个词，是因为在过去几年中，每当我和我最好的朋友——我的妻子凯琳一起散步时，我都会喋喋不休地提起这些小故事，她可能耳朵已经听起了茧子。但是，友善的她还是为本书的完成发挥了关键作用，她也依然是我最好的朋友。

我还要对此书的主要协助者斯考特·艾德斯坦表示感谢。他是我的写作顾问和文学代理人。他为我提供了非常宝贵的建议，帮助我将这些微生物的小故事生动地呈现出来。没有他的协助和风趣幽默感，就没有《无处不在的微生物》这本书。我还要感谢我的编辑：斯考特·邦纳、凯莉·哈根、安德鲁·怀特。我感谢他们的建议和积极的指导。

最后，我还要感谢我的三位同事兼挚友，我们之间的友谊已长达四十多年。首先是迈克尔·奥斯特霍尔姆，他是传染病流行病学领域世界顶级权威，他欣然为本书作序，这不仅是对本书的重要贡献，同时也体现了他的慷慨大方。保罗·基耶是传染病领域的巨人，是我职业生涯从开始到现在的导师。他和大卫·威廉姆斯是我所认识的最优秀的教师、内科医生、传染病专家，他们为本书提供了很多宝贵的建议。这些建议不仅体现在本书之中，更折射出他们多年来一贯的友善仁慈。

序

　　在较大点的网上书店简单搜索一下，就可以发现上万本五花八门从不同方面介绍微生物的书籍，有些与传染性疾病相关。设想每周阅读一本，至少需要192年才能将这些书都读一遍。为了节省您的宝贵时间，我向您推荐《无处不在的微生物》。这本书以简单明了的语言介绍了有关微生物的各个重要方面，通俗易懂。书中的讲述生动有趣，涵盖了以往各种微生物相关书籍传达的信息和要点。同时，它还可以通过不同的方式阅读，既是一部微生物的简史，又可以看作一卷记述个人经历的日记、一次环球旅行见闻录、一册科学教科书，或是一部带有娱乐性的指南读物。无论您是传染病专家、普通医生或护士、微生物学家、教师或学生，还是一位对这个由微生物和人类、动物以及周围环境构成的迷人动态世界充满兴趣的普通民众，都应该读读这本书！您会享受阅读和学习的乐趣，更加了解自身健康，以及周遭不断变化发展的微生物世界对健康产生的影响。

　　作者彼得森医生对微生物的"善恶美丑"有深入透彻的了解，在书中他将这些微生物的故事娓娓道来。为便于读者阅读，本书分为三篇。第一篇为"亲密朋友"，我们从中可以领略微生物与人类的亲密关系。微生物造就了各种生命赖以生存的富含氧气的地球大气环境，它们为人类提供保护，同时也是人类生存不可缺少的伙伴。在第二篇"致命敌人"中，我们会见识到微生物的凶狠可怕，它们可以将人类和其他物种置于死地。在第三篇

"未来的微生物"中，我们会畅想未来，如果可以充分利用微生物的力量，人类生活会变得更健康更安全。我们也会意识到，不断变化发展的微生物将决定地球的未来。

我们在书中可以读到很多令人着迷的有趣发现。您无须具备科学家或医务人员的专业知识，彼得森医生的叙述方式可以将读者牢牢吸引，开卷便爱不释手。了解到微生物在人类历史中不可或缺的地位，很多读者很可能会感到惊讶。微生物帮助我们保持健康——是的，多数微生物都是我们的朋友甚至是我们的保护者，而不是人类的杀手或损坏健康的暴徒——在有些情况下，有益微生物具有治愈或增进健康的效果。大多数微生物对人类、动物、植物，乃至整个星球都是有益的。今天，我们生活中有铺天盖地的杀菌宣传，使人们误认为只有死细菌才是唯一的"好细菌"。这本书是具有权威性的指南，帮助我们了解和感谢微生物带给人类的益处。设想一下，有一天当您自己或亲人同事被对所有抗生素都有耐药性的细菌感染，陷入无药可施的境地，生命受到威胁时，唯一的办法就是求助于友好的"药用病毒"——噬菌体。

但是也千万不要忘记，有些微生物是人类的敌人。事实上，现在我们已知有超过1400种传染性疾病，还有其他有待确认的传染病，或者有的微生物现在并不致病，但明天就有变异为病原体的可能性。这些致病微生物虽只是世界上所有微生物中极小的一部分，但其危害却绝不可小觑。书中详细叙述了微生物引起的众多致命疾病及其重大影响，其中包括天花、鼠疫、埃博拉病毒、艾滋病、结核、疟疾、流感、霍乱、寨卡、登革热、耐药性细菌感染等。导致这些疾病的病毒、细菌、寄生虫可以对人类和动植物造成严重破坏性影响，其威力可以和如今军队拥有的任一大规模杀伤性武器相比拟。与核弹爆炸相比，毁灭性的流感大流行——世界范围大流行在短短几个月可能会导致更多的人死亡。彼得森医生的论述清楚又令人信服，向我们说明，即使我们拥有现代医学研究和各项先进技术，但传染性疾病在未来仍会给人类社会带来极大挑战。

这本书定会令读者认识到，我们必须端正心态，认真尊重微生物，更加深入地详细了解它们是如何帮助我们的，又是如何令我们丧命的。这本书还非常清楚地阐述了疫苗和抗生素的重要性，以及我们为何还要继续投资，用于其研究开发。疫苗在对抗传染病的斗争中具有不可思议的效果。根据美国疾病控制与预防中心（the Centres for Disease Control and Prevention）的数据，在过去 20 年间，对婴幼儿的免疫接种使 3.22 亿人免于疾病，2100 万人避免住院治疗，还挽救了 73.2 万人的生命。这数据很有说服力吧？是的！尽管如此，今天仍有人指责并大力反对疫苗接种，他们被虚假的信息蒙蔽，在没有任何科学依据的基础上反对使用疫苗。彼得森医生对这一问题做了针锋相对的阐述，并为读者提供了翔实信息来批驳反疫苗接种的危险误导。

如果您想通过阅读一本书来了解自身健康状况以及周围的世界，《无处不在的微生物》应该是阅读书单中的首选。这是作者给予生活在微生物世界中的我们的一份宝贵礼物！

迈克尔·T. 奥斯特霍尔姆（Michael T. Osterholm）博士

美国传染病研究和政策中心主任

明尼苏达大学董事会教授

麦克奈特基金公共卫生主席

美国公共卫生学院环境健康科学杰出讲席教授

美国科学工程学院技术领导教授、医学院客座教授

目 录

第三篇　未来的微生物

前　言
微小生物的巨大影响

> 因为我们人类比细菌不知大多少，又聪明到可以生产和使用抗生素和消毒剂，我们很容易自以为是，认为已经把细菌赶到了灭绝的边缘。难道不是这样吗？但是，虽然细菌不会建造城市，也没有什么有趣的社交生活，但它们会一直存在，直到太阳爆炸的那一天。地球实际上是它们的星球，我们人类之所以可以存在，只是因为有了它们的允许。
>
> ——比尔·布莱森（Bill Bryson，作家）

> 一面之词很难描述事情的真相。在我看来，一面之词更像是一种刻意的宣传。
>
> ——丹尼尔·L. 罗宾逊（Daniel L. Robinson）

30 年前，在我女儿四年级的教室里，我开始有了写作本书的想法。她叫我去给她的同学们讲讲我的工作，那时我刚刚成为一名传染病医生。我知道她和她的同学们总是听说微生物有多可怕，为了帮助他们对微生物有更全面的认识，我把演讲的题目定为"微生物是你的朋友"。

我带去了一个由安东尼·范·列文虎克（Antonie van Leeuwenhoek）发

明的显微镜的复制品（显微镜很小，大约只有 3 英寸，即 7 ~ 8 厘米高）。我还带去了几十个培养皿，让小朋友在上面咳嗽或吐口水。在保温箱里静置了两天后，小朋友的口腔中含有的不同细菌和真菌在培养皿中清晰地显示出来。

我的演讲很受学生们欢迎。但是，当我说到绝大多数的细菌都是无害的，很多还对人类有益的时候，他们的老师看起来不太认同我的说法。所以，在我讲完后，还没来得及回答学生的问题，就被老师带出了教室[1]。

如果今天我再做一个类似的报告，我不会把题目定为"微生物是你的朋友"，我会把它改成"微生物是如何拯救你的生命的"，因为每天微生物都在保护我们，使我们免于疾病和死亡。近年来，分子生物学、进化生物学，还有生态学方面的研究进展使我们更加认识到，微生物在促进人类的健康和幸福中起到关键作用。

从 20 世纪的最后 20 余年开始，几项令人瞩目的科学突破揭示，在维持人类健康乃至地球环境的整体和谐中，微生物起到至关重要的作用。同时，令人恐惧的新发传染病也在全世界范围内加速出现。这本书讲述这些与微生物有关的激动人心但有时也令人毛骨悚然的故事——"正派"和"反派"角色都会涉及。

微生物（或微小生物体）改变生命的力量极其强大，怎么形容都不为过。确实，生命本身即发端于微生物。微生物既促进健康，又对地球上的其他生命形式构成威胁。

哈佛医学院前院长查尔斯·西尼·博威尔（Charles Sydney Burwell）曾说过这些非常有哲理的话，"当我对学生说出以下言论时，他们难免会感到沮丧：'今天我教你们的内容，十年后有一半会被证明是错误的，最麻烦的是，老师们并不知道哪一半是错误的内容。'"

四十多年前我从哥伦比亚大学医学院毕业，那时医学院传授的思想是，所有那些多种多样的危险传染病（其中不少是致命性的），都是微生物导致的。

直至今天，把微生物看作是人类致命敌人的观点依然没有改变。然而，我们应该认识到的是，这一看法仅反映了微生物所起作用的一小部分。因为过去几年的科学进步，我们现在知道，绝大多数的微生物（细菌、古细菌、真菌、原生生物）或对人类无害，或是人类健康所不可缺少的部分，它们是我们的亲密朋友。

微生物无处不在，从生命出现以来便是如此。健康人的胃肠道内居住着约 40 万亿（4×10^{13}）个细菌，差不多和人体的细胞总数一样多。基本上所有这些细菌都是无害的，或对身体健康有益处。

微生物是我们最原始的共同祖先。它们加在一起会超过地球上所有动物质量的总和。它们往往还很聪明，近年来抗生素耐药性细菌的出现和扩散就是一个典型例子。

微生物对我们的星球至关重要。从我们的身体内部到浩瀚无比的海洋，在所有的生态系统中，微生物都是起到关键作用的参与者。

我在 1966 年进入医学院开始学习，当时普遍流行的错误观念是人类已经战胜了传染性疾病。现代医学著名的引言之一就是这种误解的表现："终结传染病的时刻已经到来，我们可以宣告瘟疫被战胜，接下来的任务是将注意力转移到癌症和心脏病等慢性疾病上。"这句话通常被认为出自前美国医疗总监威廉·斯图尔特（William H. Stewart），但事实上他从来没有说过这样的话。事实真相更是远非如此。

1992 年，美国国家医学院发表了题为"新发传染病：微生物在美国构成的健康威胁"的文章[2]，使真相得以澄清。这篇报告详细分析了过去 25 年间传染性疾病的惊人增长，敦促美国国会对传染病加以重视。

本书会向读者说明，微生物不仅在人类过去的历史中发挥了巨大作用，对人类的未来也是举足轻重。单单天花这一种疾病造成的死亡人数就超过人类历史上所有战争死亡人数的总和（幸好有疫苗免疫，天花病毒成为唯

一被人类消灭的病毒）。黑死病的元凶鼠疫耶尔森氏菌（*Yersinia pestis*）在
14 世纪中叶令 2500 万欧洲人丧生（现在美国东北部新英格兰地区的人口总
和也不过 1500 万人）。

自从我在 1977 年完成传染病专科培训以来，又新出现了许多传染性
疾病。仅举几例，有艰难梭状芽孢杆菌（*Clostridioides difficile*）感染、军
团病、莱姆病、艾滋病、埃博拉病毒感染、西尼罗河病毒脑炎、严重急性
呼吸综合征（SARS）、耐甲氧西林金黄色葡萄球菌（methicillin-resistant
Staphylococcus aureus，MRSA）感染、寨卡病毒感染，等等。

无论过去还是现在，令人类丧命的头号大敌非流感病毒莫属。我的同
事迈克尔·奥斯特霍尔姆将之称为"传染病之王"。死于 1918—1919 年流
感大流行的人数，超过了第一次世界大战中的死亡人数。由于流感会被鸟
类传播，可以说下一次流感大流行已在等待之中，随时有大暴发的可能。

这本书讲述了微生物中的致命病原体如何深刻影响人类生活，并导致
人类历史发生重大改变的故事；同时它也介绍了微生物中的人类密友带来
的那些鼓舞人心，往往也令人惊讶的故事。有益的微生物帮助我们维持和
促进身体健康，在有些时候，正是因为有了它们，人类生命才得以延续。

正如故事中所揭示的那样，绝大多数的微生物对人类和整个地球是有
益的。微生物为我们提供了制造疫苗的新思路，让人类生活得更加健康长
寿。它们或许也是解决气候变化问题的关键因素。这本书着眼于那些能够
改善人类生活的不同种类的微生物，以及目前正在开发的促进这种改善的
各种技术手段。

作为一名传染病专科医生，我已在对抗微生物的前线奋斗了将近 40 年。
这四十年间，我在明尼苏达大学担任传染病顾问并参与相关研究，目睹了
一个新发传染病层出不穷的时代（读者会在"致命敌人"篇中读到相关内
容）。我也有幸见证了人类微生物组时代的诞生，相关内容是"亲密朋友"
篇讨论的主题之一。过去这些年里，我不断地为有害微生物以各种意想不

到的方式对人类造成危害而感到惊讶，但与此同时，我也越来越多地关注到，众多微生物在人类生活、食物供应、健康，以及地球未来命运中所起到的关键作用。

　　这本书讲述了微生物的故事——角色或善或恶，但故事总是精彩纷呈。既有对遥远过去的回顾，又有对不久的将来的展望。这是真实的故事，但又充满未知。阅读本书后您会认识到，新的（目前未知的）传染病仍将继续出现，对人类、动物和植物的生活造成影响。同样您还会意识到，微生物的故事也是充满希望的故事——关于拯救生命，人类，以及整个地球的故事。

第一篇
亲密朋友

第一章
生命进化之树

一沙一世界，一花一天堂。无限掌中置，刹那成永恒。

——威廉·布莱克（英国诗人，

译者注：传为徐志摩译作）

天文学家告诉我们，宇宙中恒星的数目和地球上的沙粒一样多。据估计，两者都在 10^{24} 这个数量级，也就是 1 后面有 24 个 0。这是一个非常非常巨大的数字。

可是，用电子显微镜扫描一下沙粒，科学家发现，每个沙粒中可藏有数千个细菌。估算下来，我们星球上细菌的数量可达到 10^{30}——就是 1 后面跟上 30 个 0，或称为百穰（英文为 nonillion），这大概是宇宙中所有恒星数目的 100 万倍。

我们还是先来看看，所谓细菌，到底是什么东西呢？

生命初起

若一个人不再驻足思考，不再心怀敬畏，他便视而不见，形同死亡。

——阿尔伯特·爱因斯坦

在英文中，germ，microorganism，microbe 这三个词都指微生物，意思十分接近，可以互换使用，但在我看来，germ 一词最为合适。这个词来源于拉丁语 germen，意指植物发出的新芽，也是英文词"发芽"（germinate）的拉丁字源。下文将会提到，germs 指广义上的微生物，不仅仅指新芽可生长新植株，而且可以说是一切生命体的起源，其中也包括像我们人类这样的动物。在本书中，germ 一词泛指一切微观生物，即仅凭人类肉眼不可见的所有生物。

"germ"在英语中首次出现于 17 世纪。当时，germs 意指微小生物，在一些用法中可以看出其语义较为正面积极，如"思想的由来 / 萌芽"（the germ of an idea）。

但是到了 19 世纪以后，随着细菌致病理论逐渐为人们所接受，germ（当时主要指细菌）便有个坏名声。这是很可惜的，许多细菌实际上对我们是有益的，只有少数才会致病。接下来我们将会谈到，所有种类的微生物都应当得到我们的尊重，它们对我们的健康非常重要。

生命和物种的起源

最小的生命单位便是一个有机体。有机体（或生物体）由一个或多个细胞组成，所有的生物体都具备三种基本特征：新陈代谢（降解大分子获取能量），对周围环境中的刺激做出反应，以及能够繁衍后代。用更简单通俗的说法就是，他们都要吃东西，争斗或逃跑（或两者皆有），以及产生下一代。生物还必须能适应周围的环境以长期生存。

最初的生命个体是如何形成的呢？这一问题至今还没有答案——我们只知道地球上的生命产生于 38 亿年前。

进化生物学之父查尔斯·达尔文曾对此深感困惑。他认为这是一个最最基本的问题，但他却不能给出答案。后来研究人员设计了各种精巧的实验，将多种化合物分子混合起来，仿制了所谓地球最初的"原始汤"，期待从中有生命迹象发生。但到目前为止，这些努力都失败了。生命的起源依然是个谜。

达尔文的进化理论主要基于他对活体生物和化石标本特征的敏锐观察。化石标本也是来自生物体，它是生物体死后包裹在岩石、琥珀或其他材料之中长期演变的产物。达尔文看到的最早化石记录来自迄今 5.7 亿年前的前寒武纪末期。如今凭借地质学、古生物学和分子生物学等领域的现代技术手段，可以确定世界上最古老化石的年龄是 5.7 亿年的 6 倍多，也就是约 37 亿年。近期在格陵兰岛叠层岩中发现的最古老的生物，是一种被称为蓝细菌的微生物。2017 年，加拿大研究者宣布，魁北克沉积岩中有一种微生物化石，估计年龄在 38 亿~ 43 亿年，但这一说法遭到了其他科学家的质疑。

微生物与整个生物系统

> 您可以看到生命进化历史上最突出的特点：细菌一直占主导作用。
>
> ——斯蒂芬·杰伊·古尔德（译者注：美国古生物学家）

微生物位于生命进化树的根基。从图 1 可以看出，地球上的物种可以分为三大生物域：细菌（bacteria）、古生菌（Archaea，源自希腊词，意为"古老的"）以及真核生物（Eukarya）。细菌和古细菌的形体都极其微小，小到一个细胞的尺寸——因此仅凭肉眼是看不到它们的。每个细菌中的细胞质中含有一条染色体，它上面载有细菌基因组 DNA。

与细菌和古生菌不同，除了少数几种单细胞真核生物，如某些类型的原生生物，大多数真核生物都是多细胞生命体。应当指出的是，与动物界和植物界一样位于真核生物分支顶端的还有真菌界，它们并非都是形体微小的生物。相反，地球上最大的生物体就是一种名为蜜环菌（*Armillaria ostoyae*）的真菌，它占据了美国俄勒冈州东部超过两千英亩（1 英亩约

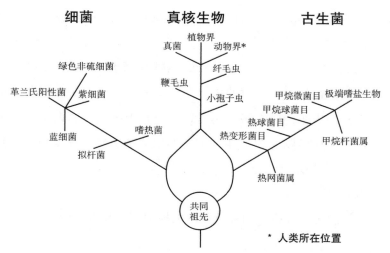

图1 生命进化树，简化自卡尔·乌斯等人在20世纪70年代的原作。在进化树的最下方是所有生命的最原始共同祖先，这一概念由威廉·马丁领导的研究团队在2016年提出（通过利用超级计算机对基因组序列的分析，吉莲·班菲尔德和同事最近又对生命进化树做了进一步完善。现在的进化树包括92个细菌门，26个古生菌门和5个真核生物类）。

4047平方米）的森林地面。读者熟悉的大个体真菌要算蘑菇了。蘑菇不但可以食用，还有很高的营养价值。约翰斯·霍普金斯大学的一项研究显示，"致幻菌"（也称为"迷幻魔菇"）中的致幻成分裸盖菇素（psilocybin）还具有缓解抑郁和焦虑的作用[1]。

人类、动物、植物、真菌和原生生物都属于真核生物。包括人类在内的真核生物都具有一个显著的特征，即个体的每个细胞中都具有一个可以容纳多条染色体的细胞核，细胞内绝大部分DNA就存在于染色体上（人类有46条染色体，犬类有78条，猫和猪都各有38条）。

被我们称为微生物的单细胞生物出现在生命进化树的所有三个域中。我们现在普遍认为，某些微生物（细菌和生细菌一起）演化出了真核生物。最近的研究表明，大约在38亿年之前，一种我们称为最原始共同祖先（the last universal common ancestor，LUCA）的微生物——有时也被称为"微生物夏娃"，出现在地球上。此后约 20 亿年后，细菌和古生菌发生融合，真核生物开始出现。因此，在这 20 亿年的时间里，我们这个星球上仅有微生物存在。

大卫·夸曼在他的《纠缠的树：全新生命史》一书中，精彩地描述了卡尔·乌斯发现古生菌的突破性贡献，以及林恩·马古利斯提出的极富争议的理论：在原核生物中起到能量工厂作用的细胞器——线粒体，其实来自一种细菌[2]。夸曼还在书中提出，微生物间的基因转移是驱动进化的重要动力，阐述极富说服力。

因此，我们现在知道，如果没有微生物（细菌和古生菌），就不会有人类存在。

与众不同的生命体

严格来讲，还有第四种微小的生命形式——病毒。病毒与其他生物有很大不同，甚至大多数的生物学家们都不承认病毒是活体生物，因此它并未出现在前面提到的生命进化树上。

与活体生物（包括微小的单细胞生物）不同，病毒自身不具备代谢机制，它们也没有能力自行繁殖。它们必须感染和借助宿主细胞来实现这些功能。在病毒学家马克·冯·瑞根马特和布莱恩·梅伊看来，病毒过的是"一种借来的生活"。

与其他微生物相似，病毒的结构非常简单，形体非常微小。不仅肉眼无法看见，甚至通过普通显微镜也观察不到它们。病毒仅由一些基因和包裹基因的蛋白质外壳组成。病毒有着自己的进化史，回溯至细胞生命起源之初。从生命初现，病毒、细菌、古生菌三者就一直处于共同进化之中，直到约 15 亿年前才有真核生物的加入。

病毒的类型和种类多得令人难以置信。据估计有数亿种之多，还有人宣称超过 10 亿种[3]。迄今为止，被人类研究和详细描述的病毒仅为 5000 种左右。

　　除个别病毒可以令人类致命外，多数病毒其实是无害的。就像其他微生物一样，有些病毒还对人类有很大益处。在人类基因组中，约有 8% 的DNA 来自内源性的反转录病毒，数百万年来，这些病毒将其自身插入到人类 DNA 中，并成为其中的一部分。某些病毒来源的 DNA 甚至对人类实现一些必需生理功能不可或缺。

　　2003 年，人们发现了一种具有数百个甚至数千个基因的巨型病毒——拟菌病毒（Mimiviruses）。它改变了过去对生物体的传统定义，使病毒在进化树中占一席之地成为可能。此外，美国伊利诺伊大学的古斯塔夫·卡塔诺－安诺莱斯和同事在近期研究中表明，病毒和细菌都来自一种古老的细胞生命形式[4]。

　　拟菌病毒的形体大到可以在常规显微镜下被观察到，有的甚至比细菌体积还大。在 2017 年，弗雷德里克·舒尔茨（Frederick Schulz）和他的同事描述了一种名为"克罗斯诺伊病毒"（Klosneuviruses）的拟病毒（这些拟病毒分离自奥地利东部小镇克洛斯特诺伊堡的污泥）。该病毒的基因组与进化树中某些物种的基因组非常类似[5]。时至今日，人们仍在争论是否将病毒列为生命进化树的第四个域。无论分类如何，已知的巨型病毒与绝大多数常规病毒类似，它们都不令人类致病。

第二章
微生物的世界

望远镜看不到的地方，就需要显微镜大显身手。二者中哪一个视野更壮观？

——维克多·雨果

1850 年，法国科学家路易·巴斯德首先提出了细菌致病假说，并试图通过实验来进行验证。真正证明细菌致病理论的实验则是由 33 岁的德国乡村医生罗伯特·科赫在 1875 年完成的。

当时，炭疽病导致了牛群大量死亡，也给人类社会带来严重影响 [1]。科赫从死亡动物的血液中分离出了一种细菌，并将细菌命名为炭疽芽孢杆菌（*Bacillus anthracis*）。他在成分单纯的培养基培养了这种细菌——这种培养本身就是当时的一项科学突破。然后，他又把培养的细菌接种给一只健康的兔子，兔子因此患上了炭疽病。科赫又提取了患病兔子的血液，并在其中找到了相同的细菌。由此，科赫确定这种细菌就是炭疽病的成因。这种确定致病原的整套程序：从死亡动物中分离出微生物，将其感染健康动物并使其致病，然后从感染动物中再次分离出同样微生物的整个过程，就被称为"科赫法则"。

基于巴斯德和科赫的研究成果，微生物学领域开始兴起。医生和科学家们发现了许多传染性疾病的病原微生物，并研究出了预防和治疗疾病的方法。

1901 年的第一届诺贝尔生理学或医学奖颁发给了埃米尔·冯·贝林，以表彰他在引起白喉的细菌毒素研究中的卓越贡献。在诺贝尔奖设立的前 20 年，几乎一半的生理学或医学奖都颁给了细菌学领域的研究突破——接下来 20 年（1921 到 1940 年）的情形也与此类似。

不过，对病毒这种最小种类微生物的研究，则远远落后于其他稍大的微生物。其主要原因在于，在传统显微镜（光学显微镜）下是无法看到病毒的。

俄罗斯生物学家迪米特里·伊凡诺夫斯基（Dimitri Ivanovsky）最先提出了这种更加微小的微生物也可作为传染病致病源的可能性。他在 1892 年研究烟草花叶病的过程中发现，致病因素可以自由通过那些可以阻挡细菌的过滤器。他由此确定，这种新的致病因子是一种比细菌等微生物更小的致病原。1898 年，一名荷兰的微生物学家马丁努斯·拜耶林克（Martinus Beijernick）创造了"病毒"一词，用来指代这种无法通过过滤器获取的病原体。

以电子束代替可见光线的电子显微镜在 1931 年问世。大多数传统光学显微镜最多可放大 2000 倍，而电子显微镜却能放大 1000 万倍。1939 年，人们使用电子显微镜首次看到了病毒——就是那种烟草花叶病毒。

令人惊讶的是，引起疾病的微生物，也就是所谓的病原体，仅是极少数。细菌的种类据估计共有数千万种，而只有约 1400 种引起人类疾病。至于数以百万种的单一细胞古菌，迄今仅有一种被认为会引起人类感染。有关病毒的报道往往是负面的，但实际上大多数病毒并不是人类的敌人。而被称为噬菌体的一类病毒还可使人类受益匪浅。噬菌体可以对细菌病原体造成严重破坏，可以说，它们是人类敌人的敌人。

海水中富含噬菌体，其数量远超其他任何种类的生物。一般来说，从海洋表层收集的每升海水中会有上百亿个细菌和上千亿个病毒。这些病毒中的大多数都未被鉴定，其特征和细节也就无从知晓。噬菌体的重要性一直为人所忽略，直到 21 世纪人们才意识到，海中这些噬菌体可能正是全球碳氮硫氧生物地球化学循环的驱动力。它们同一些单细胞真核生物（海中的浮游生物和藻类）一起，在形成地球大气层和维持海洋食物网方面发挥着巨大作用。噬菌体也间接地减缓了全球变暖的步伐。每年二氧化碳在大气中的含量会因噬菌体而减少约 30 亿吨。

细菌的个体微小，一个普通的针头上便可以容纳 1000 至 10 万个。而病毒就更小得超乎想象。根据病毒的种类的不同，一个针尖上或许可以容下 100 万或更多的病毒。一茶匙海水中生活着约 500 万个细菌。当然，如果没有这些细菌帮助降解死亡的植物和藻类，生命本身也就不可能存在。但是，在同一茶匙的水中，病毒的数量可能是细菌的十倍。

不仅在水中如此，一茶匙的普通土壤中含有约 2.4 亿个细菌和 6 亿个病毒。而整个北美大陆上的人口数还不到 6 亿。

在土壤中，细菌是生物有机质分解和碳（氮）元素循环的主要参与者，这些过程是人类生存所必需的。植物本身无法合成其生长必需的某些氮元素分子，而土壤细菌能将大气中的氮元素转化为植物生存可以利用的含氮分子。土壤细菌对植物的生存起着不可或缺的作用。（我们还将在第五章进一步探讨细菌、真菌和病毒对地球生态系统的重要贡献。）

据估计，地球上所有的植物和动物的总重量（或称生物量）约折合为 5600 亿吨有机碳。最近《美国国家科学院院刊》（*Proceedings of the National Academy of Sciences*）上发表了一项由以色列魏茨曼研究所（Weisman Institute）和加州理工学院科学家共同完成的研究。该研究显示，地球上 80% 的生物量由植物体组成[2]。而地球生物量的第二大组成部分则是细菌（数目约为 10^{30}），占全球生物量的 15%。真菌和古生菌加在一起的生物量总和超过了动物。而更令人惊奇的是，病毒生物量超过了人类。

这样算来，微生物实际上挺重的，实在不可轻视。

微生物的生活方式

为了充分了解微生物的益处，我们需要先来了解一下整个生态系统。

1930 年，应英国植物学家阿瑟·坦斯利的要求，罗伊·查普曼（译者注：美国博物学家，曾任美国自然历史博物馆馆长）提出了"生态系统"（ecosystem）一词。坦斯利后来成为公认的生态学之父，并充分完善了生态系统这一概念。生态系统被定义为生物群体（植物、动物和微生物）与它们周围环境中非生物成分，如空气、水和矿物质土壤之间的相互作用。

生态学的核心概念是：自然界所有的事物都存在相互联系和影响。这个概念最初由杰出的德国博物学家亚历山大·冯·洪堡在 19 世纪初提出，并在以后的几十年里由环境哲学家约翰·缪尔和其他远见卓识的人士进行了补充和完善。约翰·缪尔曾写道："无论从生态系统中单独分出哪一种事物，我们总会发现它与宇宙中的所有其他事物紧密相关。"

而我们直到最近才意识到，人类的健康也是如此，与人类周围环境中许许多多有机和无机的因素紧密联系在一起。

我们的古老微生物祖先是地球上最先出现的物种，也是适应极端环境的生物（英文词 extremophiles，来源于拉丁语 extremus，意为"极端"，结合希腊语 philia，意为"喜爱"）。这些微生物在极热、极寒、高酸和高盐等极端环境中生活和繁殖。

地球上现在依然生活着一些极端环境微生物。它们有的生活在南极洲冰层下半英里深的寒冷幽暗的湖水中，有的生活在太平洋马里亚纳海沟的底部（地球上最深的地方），还有的则生活在约 2600 米深的海床再往下 580 米的岩石中。最近，一个由 1000 多名科学家组成的名为"深碳观测站"（Deep Carbon Observatory）的全球性团体发布观测数据，表明地球上约 70%

的细菌和古生菌（共计 150 亿~ 300 亿吨）存在于地表之下[3]。

在生命初露端倪时，地球上的环境极端恶劣，灼热的温度远超水的沸点，大气中弥漫着毒性气体。最早的微生物——类似如今的古生菌在无氧条件下蓬勃生长（这些生物被称为厌氧菌）。数十亿年前，地球大气中还没有氧气。幸运的是，从约 23 亿年前开始，蓝细菌开始向地球大气中输送氧气（也被称为大氧化事件，the Great Oxygenation Event），为依赖氧气生存的生物（好氧生物，也包括后来的人类）的出现奠定了基础。从那时直到大约 5.5 亿年前动物在海洋中出现之时，大气的成分在漫长的时间里缓慢变化。可以想象，在此转变中，地球上浩瀚的水环境里必定生存着种类极其繁多的微生物（细菌、古生菌、真菌、原生生物和病毒）。

微生物的社会性

微生物虽然是单细胞生物，但它们通常不以单独个体的形式独立存在。许多微生物高度社会化，作为紧密联系的集体或群落生活在一起。这种群落通常由多种不同种类的微生物组成。群落中不同细菌之间的协作有时会产生惊人的后果。正如美国生物学家爱德华·威尔逊（E.O.Wilson）所言："细菌协同合作的社会化程度，对上一代科学家来说几乎是无法想象的。"[4]

神经学家安东尼奥·达马西奥在其 2018 年出版的《事物的奇怪秩序：生命、情感和文化的产生》[5] 一书中，将人类心智和人类文化的起源追溯至生命本身的起源，即约 40 亿年前细菌的出现。呼应书的标题，达马西奥甚至指出，"奇怪"一词太过温和，它根本无法准确传达这种极度原始的深层联系。他这样评价细菌："我们必须承认细菌是充满智慧的生物。虽然这种智慧并非来自具备感觉和自我意识的思想。但它们能够感知周围环境，并作出有利于自身生存和发展的适应。这些适应包括极其精细的社会行为。它们能够互相交流……这些单细胞生物体内没有神经系统，也没有和我们一样的思想，但它们有各种各样的感知和记忆，可以进行交流和社会化管理。"

细菌通过释放化学信号进行沟通交流，这一过程也被称为"群体感应"。近来还发现了更为奇怪的现象。在最先发现"群体感应"现象的普林斯顿大学实验室，一位名为贾斯汀·西尔普的研究生发现，噬菌体（感染细菌的病毒）常常窃听细菌的相互交流，并利用截取的信息达到侵入细菌的目的。

和微生物类似，人类中的绝大多数个体也是这样，对其他个体既不会有意加害，也不会无私造福，仅有极少数的个体有可能对他人的安全构成威胁[6]。但是，就和噬菌体窃听细菌的交流信号一样，如果人群中的交流被别有用心的破坏者利用，人们就要小心留意，坏事也许会随之发生。

所有的生物都一样，微生物也必须为生存而不断努力。然而世界并非总是弱肉强食。研究表明，一些微生物会通过代谢物交换进行协作，一种微生物向另一种微生物提供其生存所必需但对方又无法合成的营养成分。

微生物间的协作关系有好几种形式。就像人类社会成员之间的关系，有些是友好的，有些带有恶意，有些则是中性的，非善非恶。当两个物种亲密无间地共同生活，我们称其为"共生"（symbiosis）。共生伙伴关系是进化创新的主要来源。共生关系对双方都有益就是互利共生（mutualism）。美国生物学家林恩·马古利斯最早提出了这种关系。她基于此种想法，进一步提出了真核生物细胞内的线粒体源自细菌，进入细胞后与其共存，并称这种状态为内共生。如果在共生关系中仅单方受益，另一方不获利也不受损，这种关系就被称为共栖（commensalism）。一方受益而另一方受损的共生则被称为寄生（parasitism）。

有些微生物能够像植物一样进行光合作用，它们可以利用阳光制造出自身需要的食物。另外一些微生物就需要从生存环境中吸收合成的养分。在人类肠道中生活的微生物就是从我们吃下并消化了的食物中吸取营养。另外一些则依靠水和岩石间的化学反应来获得能量。

大多数细菌通过一分为二的方式（二元分裂）进行繁殖，在此过程中，细胞内的遗传物质（即 DNA）首先进行复制然后均分为两份。每个新的细胞分别获得一份 DNA 拷贝。二元分裂十分高效，条件合适时，一种微生物可在十个小时内繁殖出 10 亿个后代。

细菌还进化出了先进的防御手段来抑制竞争对手，特别是产生一些人类作为抗生素使用的分子化合物。例如，青霉素就是从青霉真菌中提取的抗生素，可以杀死多种细菌。近来的研究表明，细菌还能产生具有抗菌能力的肽类毒素。与抗生素类似，这种肽类毒素或许在将来可以用于治疗细菌感染。

然而，产生青霉素的生物进化策略也同样使微生物发展出了抗药性（我们将在第十五章中进行详细介绍）。

微生物的运动和传播

15—16 世纪，当欧洲探险家们首次涉足美洲大陆时，他们也带去了一些具有高度传染性的微生物，包括引起天花、麻疹和流行性感冒的病毒，以及引起鼠疫的细菌。正是这些病原体导致了美洲大陆印第安人口的大量减少，其效果远远超过枪支弹药和其他武器。其中至少有一种众所周知的微生物——引起梅毒的梅毒螺旋体（*Treponema pallidum*）发生了反向传播，由自新大陆返回的探险者们带到了欧洲。

微生物运动和传播的策略多种多样，其中主要的方式之一就是在人群中传播。当今世界，每天都有 10 多万架次航班往来，微生物很容易被旅行者们从某个地方迅速传播至世界各地。

携带致病微生物的人被称为携带者，自身有可能发病，也有可能不发病，但他们的双手、呼吸道、胃肠道及生殖器官中可能会携带有病菌。在医院环境中，病原体有可能会留在医护人员手上，或是附着于非生命体表面（如听诊器和大夫穿着的手术服）被带到医院各处，这是医源性感染的常见渠道。

　　人群间的病菌传播最常见的形式是通过咳嗽或打喷嚏传播。这正是麻疹、结核和流感通常的传播方式。性接触是另外一种常见的传播途径。艾滋病病毒、衣原体、疱疹、淋病和梅毒就是通过性接触在人类个体之间传播的。

　　微生物传播的另外一种常见方式是通过受到污染的食物或水源传播。一个人的双手可以轻易将致病原传给数百人。我们手上的病菌可能留在无生命的物体表面上，在我们搭乘地铁、轮船和飞机时将它们传播开来。

　　我们通常说基因在生物中是垂直传播的——从亲代细胞传至子代细胞。但在微生物的世界里，通过所谓的水平基因转移（Horizontal gene transfer，HGT），基因可在不相关物种的细胞间转移。具体来说，这一神奇的过程是通过噬菌体或质粒实现的：噬菌体将部分遗传物质（DNA）包裹起来，在感染下一个细菌时将其转移过去。小片段的 DNA 也可以通过质粒在细菌间传播。水平基因转移极大地加速了细菌的演化。如前所述，我们还会在第十五章详细介绍，这一过程在细菌耐药性的产生中起了关键作用。

　　最后，某些微生物还会传播到动物或是昆虫身上，有的还会劫持控制其宿主。在后面的章节中我们将对此进行更多的介绍。

第三章
人类微生物组

细菌与人类息息相关。没有细菌，我们将无法生存。

——邦妮·巴斯勒

（译者注：美国分子生物学家）

我们从不会来去无痕。

——刘易斯·托马斯

从我职业生涯的早期开始，我就知道大多数微生物对人类健康没有什么影响，无害也无益。但是当时，我还对卡尔·乌斯及他在伊利诺伊大学的同事进行的开创性研究一无所知。如第一章所述，1977 年这些研究人员发表了他们在全新微生物领域——古生菌域的发现[1]。他们利用一种叫作宏基因组学（metagenomics）的技术，发现了这些以前不为人知的微生物，还包括其他无法在实验室中生长（用科学家的专业术语应称为"培养"）的微生物。宏基因组学可以用来探测地球各个角落乃至太空中微生物的存在。它为人类医学带来了诸多变革。

人们通常认为，微生物组（microbiome）一词最先是由分子生物学家乔舒亚·莱德伯格在 2001 年提出并定义的，用来描述那些在人类身体表面和内部，与人类共栖、互利共生或寄生的微生物群落[2]。简言之，人类微生物组指的是我们身体所携带的微生物群落。人体的微生物组总计有约 1.4 千克重，接近大脑的重量。

美国国立卫生研究院在 2008 年启动了为期五年的人类微生物组计划（Human Microbiome Project，HMP），该计划获得了极大成功。这项计划规模宏大，有来自 80 个研究机构约 200 名科学家参与，旨在确定人类微生物组与健康和疾病之间的联系。该项目招募了 242 名健康的年轻成年人。科学家们研究了这些志愿者身上 5 个不同部位的微生物群落：肠道、皮肤、口腔、呼吸道（肺和鼻腔）以及阴道，每一处都是微生物繁衍生息的小生态系统。

这项计划的研究发现实在令人震惊，可以不夸张地说，我们人类，或者进化上所称的智人人种（*Homo Sapiens*），其实就是一种经过长期演化的先进的微生物运载系统。正如美国记者迈克尔·斯佩克特所说："微生物是人类自身的成分。"[3]

让我们仔细想想以下这些数字所代表的意义。据估计人体中共有 37.2 万亿个细胞，而大肠，也就是绝大多数体内微生物生活的地方，居住着 39 万亿个细菌。人类基因组约有 23000 个基因，而我们的微生物组据估算包含 200 万~ 800 万个独特基因。可以说人类微生物组携带的遗传信息比人类基因组要大上 100 倍。从这个意义上讲，99% 人体携带的遗传信息实际是源于微生物。正如个体具有独特的指纹和基因一样，每个人所具有的微生物组也不尽相同。

实际上，许多研究人员认为，微生物组可以看作是一种新发现的人体必需器官[4]。和其他器官不同，微生物组要等到每个人出生后才开始发育，就是婴儿通过产道（或在剖宫产时经过腹部皮肤被取出）离开母体那一刻开始[5]。在这段短暂的离开母体的过程中，各种各样的微生物开始转移到婴儿身体上，在那里迅速安顿好新家。随着婴儿开始呼吸空气，饮用奶和水，以及触摸各种事物，马上又会有许多其他微生物到来，成为已有微生物的新邻居。婴儿长到三岁时，体表和体内的微生物群落已经和成人相仿了。

与人类本身的基因组不同，人体的微生物组会随环境变化和时间推移而改变。微生物能以惊人的速度在身体和周围环境间来回转移。微生物组与环境之间存在相互影响。芝加哥大学的微生物生态学家杰克·吉尔伯特（Jack Gilbert）是当地新成立的微生物组研究中心主任（现在美国各地类似的研究中心层出不穷）。他在 2014 年发表的研究中提到，一对年轻夫妇住进酒店房间后，24 小时之内房间里的微生物种群就与他们家里所差无几了[6]。

人体和人体的微生物组

人类微生物组计划同时也揭示了微生物与疾病之间的广泛联系。以前人们不认为某些疾病会起源于微生物，如肥胖、2 型糖尿病、炎症性肠炎即克罗恩病（Crohn's disease）和溃疡性结肠炎、肠易激综合征、心血管疾病、结肠癌、哮喘、过敏以及自身免疫性疾病（如多发性硬化症和系统性红斑狼疮）等。人类微生物组计划发现，这些疾病与身体内的微生物存在千丝万缕的联系。

当然，具有联系并不一定意味两者具有因果关系。但是现在看来，微生物可能至少在一些疾病中起着某种作用。现在许多研究人员正致力于研究微生物组的构成与多数疾病（如果不是全部疾病）之间是否存在因果关系。任何能想到的疾病，似乎都能找到微生物与之相关的研究报道，而且这些报道正如雨后春笋般，越来越多。在我职业生涯刚开始时，微生物组学的研究还没有像现在这样蔚然成风，无论是在传染病学还是在微生物学领域，这种快速和广泛地发展是前所未有的。杰克·吉尔伯特和他的同事在 2018 年发表的综述中，极为中肯地总结了这个领域的现状[7]。

鉴于微生物组的高度复杂性，从数以万计的微生物中寻找那些会影响健康甚至导致疾病的种类，是一项非常艰难甚至令人却步的工作。即便如此，仍有一些坚定勇敢的科学家们，借助先进的科学技术，正致力于挑战这项艰巨的任务。

罗格斯大学先进生物技术和医学中心主任马丁·布拉瑟，同时也是该校人类微生物组研究的亨利·罗格斯主席，在对幽门螺旋杆菌（*Helicobacter pylori*）的研究中揭示了人类与微生物之间前所未知的复杂关系（译者注：亨利·罗格斯是美国革命战争时期的战争英雄和慈善家，罗格斯大学接受其捐赠后易名以示纪念）。这种细菌的某些菌株是引发胃溃疡和胃癌的病原体，但其他一些菌株却似乎与人体互利共生，保护我们免于哮喘、花粉热、过敏以及胃食管反流（gastroesophageal reflux disease, GERD）等疾病的侵害。虽然幽门螺旋杆菌是否具有这些有益作用还有待证实，但现有的研究显示，盲目地从肠道微生物组中清除某种细菌，可能会带来损害健康的代价。

如今人们越来越重视微生物组在健康和疾病中的重要性，任何改变其构成的因素都会引起关注。最令马丁·布拉瑟以及其他许多科学家和医护专业人员最忧心和震惊的，是抗生素不正当使用和过度滥用，以及这些做法对人类微生物组造成的影响。抗生素经常被开给病人治疗病毒性感染，但实际上却完全无效。在如今的美国，平均每个孩子在出生后头两年会接受3个疗程的抗生素治疗，接下来的八年里会再接受8个疗程的抗生素治疗。

然而即便是短疗程的抗生素治疗也可能引起微生物组的长期变化。一项研究发现，在出生6个月内接受过抗生素治疗的儿童在七岁时体重超标的可能性会升高。另一项研究显示，在儿童时期接受过7次以上抗生素治疗的15岁青少年，会比那些没有接受过治疗的孩子平均重三磅。近来荷兰研究人员对32项观察性研究的结果进行分析发现，出生后头两年接受过抗生素治疗的孩子，成年后患花粉症和湿疹的风险显著升高。

抗生素并非是破坏微生物组的唯一因素。2018年丽莎·迈尔和同事在

《自然》（*Nature*）杂志上发表的一篇文章指出，在其测试的 1000 种上市药物中，有 25% 会抑制肠道微生物组中细菌的生长，以安定类抗精神抑郁药物的抑菌作用最为明显 [8]。一些研究还表明，剖宫产婴儿的肠道中会聚集更多母亲皮肤上的微生物，这与顺产婴儿肠道中的微生物多数来自母亲产道不同。这种微生物组的变化可能会对婴儿的新陈代谢产生影响。最近一份总结了 153796 例分娩记录的综述报告显示，剖宫产小孩成年后超重或肥胖的可能性比自然顺产小孩高 48%。然而，近年来剖宫产的比例急剧上升，在美国已超过 30%，而在巴西、埃及和多米尼加则高达 50% 以上（1970 年时美国的剖宫产比例仅为 5.5%，1980 年为 16.5%）。

有关个体出生后微生物组来源的研究仍在起步阶段。贝勒大学的研究人员于 2017 年在《自然医学》（*Nature Medicine*）上发表报告，显示阴道产和剖宫产婴儿在肠道微生物组上并没有差别。同样，迄今为止的研究还不足以证明，出生时或婴儿期的微生物组对以后的健康状况是否有决定性的影响。

毫无疑问，洗手、消毒、注意公共卫生以及清除食物和饮水中的病原体，这些卫生措施至少挽救了数百万人的生命，即便说这个数字达到几十亿也并不令人惊讶。但是，如今有些科学家倾向认为，人们已经变得过于讲究卫生。这种想法的支持者们提出，在儿童阶段缺乏对微生物的接触，会干扰免疫力的正常发展，长大以后更容易产生过敏。越来越多的证据支持这个"卫生假说"，即在儿童时期接触微生物有助于免疫系统的正常发育，使我们不对激发过敏和哮喘的物质产生过度反应，这种过度反应即免疫性疾病 [9]。

2016 年的《新英格兰医学杂志》（*New England Journal of Medicine*）发表了一项现在已广为人知的研究。米歇尔·斯坦和同事比较了阿米什和哈特儿童的免疫系统特征。阿米什儿童和哈特儿童的遗传背景相似，但阿米什人居住在小型个体农场，而哈特人则居住在大型的工业化农场中。生活环境中充满谷仓尘土（其中富含微生物）的阿米什人患哮喘的比例明显偏低。飞扬的尘土中似乎有某些物质改变了阿米什儿童的免疫细胞，保护他们免受哮喘的侵害[10]。

与此类似，阿尔伯塔大学儿科流行病学家安妮塔·考泽尔斯基于 2017 年发表的一项研究表明，在养宠物（主要是宠物狗）的家庭里，婴儿身体上的微生物组包含两种类型的菌株，可能与减少患过敏性疾病和肥胖症的风险有关[11]。这项研究为有小孩的家庭收养宠物又提供了一个好理由。除了狗，其他毛茸茸的动物或许也有帮助。

但是随着研究的深入，我们开始意识到，微生物组对人体健康的影响极其复杂，这种影响的好与坏并不总是黑白分明。我们才刚刚开始了解以下这两个新名词的意义：微生态平衡 eubiosis（人体中所有的微生物达到一种健康的平衡状态）和微生态失调 dysbiosis（微生物的失衡状态）。

到目前为止，对人体微生物组的研究大多数集中在细菌上，我们对生命进化树上这一分支也积累了不少认识。相比而言，对古生菌的了解就少得可怜了，虽然它们也是人体微生物组的重要组成部分。我们尚不知道，细菌与古生菌之间（乃至不同菌种之间）是如何构成和保持健康和谐关系的。

最后，别忘了还有病毒。健康的人类肠道中天然存在的病毒数量（或称为肠道病毒组）远远超过细菌和古生菌的数量之和。某些特定种类的病毒，例如噬菌体，可以钻入细菌细胞内部对其产生破坏。有种名为 crAssphage 的病毒，似乎可以抑制与肥胖和糖尿病相关的细菌生长[12]［译者注：此类病毒为噬菌体的一种，发现于 2014 年，名字来源于交叉汇编语言软件（cross assembly），是研究人员用电脑程序对人类粪便中 DNA 样品进行分析时发现的。科学家们认为这种病毒十分古老，且在人类中广泛发布］。

人体肠道微生物组还有其他种类的生物，例如真菌组（fungiome 或 mycobiome），由一百多种不同类型的真菌微生物组成。人们才刚刚开始研究这些真菌微生物在健康和疾病方面的影响。

人体的生态系统

一个普通人在一生中将吃掉约 30 吨食物，喝掉约 4.9 万升水。我们一生中会吃下多少微生物呢？肯定在 1000 万亿以上，甚至可能会更多。

虽然每年有六分之一的美国人会因食源性感染而生病，但我们吞咽下去的绝大多数微生物是不会致病的，它们只是在人体内来去匆匆，到此一游罢了。

也有许多种类的微生物会在我们的身体中度过它们的一生。在人类肠道中居住的 2000 多种细菌中，有许多会一直生活数十年。这些人类肠道中的定居者往往也生活在其他动物，如家养狗的肠道中。

科学家们现在正仔细研究饮食对肠道微生物组的影响。早期研究显示，食物中添加的防腐剂可能与体重增加和葡萄糖耐受下降（2 型糖尿病的前兆）有关，而其背后机制很可能就与微生物组发生改变相关。肠胃病学家罗宾·楚特坎在她的《微生物组解决方案：由内至外身体从根本上康复的全新方法》[13] 一书中，提出了所谓的"环境无须过于洁净，饮食则要精心调配"的说法。罗宾·楚特坎还与饮食心理和营养学认证专家爱丽丝·莫塞蕾丝一起合作设计食谱，帮助客户建立健康平衡的微生物组。

微生物组还会随着年龄增长而改变。一般而言，老年人的微生物组多样性会因年龄增长而降低，但百岁老人体内微生物组的多样性却要高于年龄相对较轻的老年人。由中国研究人员进行的一项大型横向比较显示，健康老年人的微生物组构成与健康年轻人类似 [14]（在第十七章还有更多有关微生物组对长寿影响的信息）。

对双胞胎的研究显示，遗传因素同样会影响肠道微生物组，进而影响我们的身体健康。近来的研究发现身体内肠道细菌的类型会对体重产生影响。华盛顿大学的研究人员提取了体型偏胖和偏瘦双胞胎体内的微生物，并将其分别移植至两组无菌小鼠体内。结果显示，虽然两组小鼠进食相当，但接受了来自肥胖双胞胎的微生物的一组小鼠的体重却增加得更多[15]。

2017 年《自然医学》杂志发表了一项来自中国的研究，发现肥胖症患者粪便中的多形拟杆菌（*Bacteroides thetaiotaomicron*）基本上消失了。将此种细菌转移到小鼠体内可以预防由饮食引发的肥胖。在接受过手术减肥治疗的肥胖症患者体内，多形拟杆菌的丰度逐渐恢复了[16]。那么，微生物移植真的能帮助保持体型或减轻体重吗？现在全球人口中的 44%（超过 10 亿人）体重超重或是患肥胖症，他们中一定有许多人乐意接受这种治疗。

最近在癌症相关领域对肠道微生物组的研究有不少令人兴奋的发现。越来越多的研究显示，肠道微生物菌群的组成与大肠癌有联系。同时，肠道微生物组与肝癌、胰腺癌、儿童白血病之间的联系也时有报道。

此外，在蓬勃发展的免疫疗法领域，肠道微生物组的适当轻微调整似乎还能增强某些免疫疗法的效果。美国和法国的研究人员发现，在某些病人体内，肠道微生物组的组成会影响人体对"免疫检查点抑制剂（immune checkpoint inhibitors）"类药物的反应。免疫检查点抑制剂作用于免疫系统关键性位点（即免疫检查点），通过去除免疫反应的抑制信号，这种药物会激活免疫系统，进而作用于清除癌症细胞[17]。研究者认为，免疫疗法在高度恶性癌症（如转移性黑色素瘤）的治疗中极具潜力，它有可能导致癌症治疗方法的变革。

皮肤微生物组则是另一个正在被深入研究的人体微生物生态系统。皮肤是人体最大的器官。一个普通体型成年人的皮肤总重约 9 千克，表面积约为 2 平方米，但厚度仅为 2 ~ 3 毫米。皮肤具有防水功能，可分泌多种抗菌物质，杀死致病微生物或保护人体不受其侵害，并在维生素 D 的吸收和代谢中起关键作用。

通过人类微生物组计划，我们认识到皮肤是一个具有丰富多样性的生态系统。尽管远远少于肠道内的细菌数目，皮肤上仍居住有约 1000 种细菌和数百种真菌。脚后跟上的真菌种类最多，大约有 80 种，而其中 60 种在剪下来的脚趾甲中也能找到。

皮肤上的微生物总数目在 10000 亿左右，它们不像在肠道中那样拥挤。与肠道细菌类似的是，几乎所有皮肤上的微生物都对人体无害，还可能是有益的。同样，每个人皮肤上的微生物组也是独特的。滑铁卢大学的研究人员近期进行了一项研究，参与研究的测试者为 10 对性生活活跃的恋人或夫妻。研究者从他们身体的 17 个不同部位取样进行检测发现，皮肤上的微生物群落在爱人间彼此相互影响很大。

我们现在才刚刚开始了解皮肤微生物多样性对皮肤疾病如痤疮、特应性湿疹、牛皮癣、酒糟鼻、皮肤癌等的影响。肠道微生物组对这些疾病可能也会起到一定作用。加州大学洛杉矶分校格芬医学院的艾玛·巴纳德和同事们认为，与皮肤健康或痤疮产生关系最紧密的，或许是皮肤微生物组中各种微生物间的平衡，而并非单一某种细菌的存在与否[18]。他们还提出，对这种联系进行深入研究，可能有助于开发新的疗法，利用益生菌和噬菌体对皮肤疾病进行有效治疗（在第十七和十八章还将谈到更多有关应用微生物治疗疾病的内容）。

加利福尼亚大学圣地亚哥分校的克里斯·卡勒瓦特对人类腋下皮肤微生物群落进行了研究，试图找到那些引起腋下狐臭的细菌种类[19]。他的研究导致了一种新疗法的出现，即腋下微生物组移植，但现在这种疗法还处于起步阶段（有关另外一种更完善的微生物组移植疗法——粪便微生物群落移植将是第十六章的主要内容）。

人体中的第三大微生物生态系统存在于口腔，那里同样有各种各样的微生物，包括种类繁多的细菌、古生菌、病毒、真菌以及原生生物。迄今为止，研究人员已经在人类口腔中发现了大约 1000 种细菌。口腔中的不同部位——牙齿、牙龈、上颚、口腔后部等形成了适合不同微生物群落长期生存的生态位。通常来说，这些菌落生活在生物膜内，紧紧地附着于口腔表面。数百万个微小的生物体们居住在这些群落里，外面的一层保护膜将潜在的入侵者排除在外。

大家都知道，口腔内有两种常见的细菌感染——蛀牙（龋齿）和牙周炎（牙齿周围的组织感染）。但是很少有人意识到，口腔中的微生物还与许多其他疾病，包括心血管疾病、胰腺癌、大肠癌、类风湿关节炎、早产以及头颈部的癌变有关。现在，研究人员正致力于弄清这些口腔居民是如何以及为什么会对全身产生重大影响的。

对人体中第四大微生物组——肺及鼻窦（呼吸道）微生物组——的研究也带来了惊人的发现。人类的呼吸道表面覆盖着上百万个被称为纤毛的细小毛发状结构，它们能帮助肺部保持清洁。这些纤毛将进入呼吸道的微粒向上推动，最后将其排至口腔或直接排出体外。

我在医学院做学生时学到的是，这些纤毛结构使我们的肺部大部分保持无菌状态。但近来科学家们发现，人类的肺部根本不是无菌的。虽然与口腔或肠道相比，肺部的微生物数量少了很多，但处于健康状态的肺部也长期生活着微生物群落，包括细菌、古生菌、病毒（有些是有益的）以及一些真核微生物（包含真菌类）。健康的肺部通常也带有青霉菌落，青霉菌正是产生青霉素的那一类霉菌。

罗伯特·迪克森及其合作者最近的发现，进一步展示了人类微生物组的复杂性，令人叹为观止。他们发现，肠道微生物组与肺部微生物组之间存在关联，并进而对肺部的健康与否产生影响。他们将这种联系称为肠-肺轴心（gut-lung axis），如今基于这个概念的临床实验正在进行中，目标是了解肠道菌群的调控是否会影响肺部健康[20]。

人类微生物组计划确定的第五大微生物生态系统是阴道微生物组。对自然分娩的婴儿来说，产道是首次接触微生物世界的重要途径。在此过程中进入我们身体的微生物，将终生保护我们的身体健康。近期阴道微生物组的研究大多集中在乳酸杆菌上。这种细菌有80多种，包括出现在酸奶中的一些菌类。乳酸杆菌对人体有很大益处，它们产生乳酸和过氧化氢，这两种物质都对潜在的有害微生物具有毒性，能阻止有害微生物竞争生态位。

大约有三分之一的美国女性患有细菌性阴道炎（bacterial vaginosis，简称 BV），这种炎症会提高患上艾滋病、淋病、衣原体感染、盆腔炎和发生早产（婴儿死亡的主要原因）的风险。

影响阴道微生物组的因素有很多，包括吸烟、压力、饮食、肥胖，以及性伴侣数量等。改变阴道生态系统最直接的方法之一就是冲洗阴道。尽管许多女性认为这是一种卫生习惯，但由于冲洗会对阴道微生物组产生不利影响，许多专家强烈建议不要这样做。

肠－脑连接

从进化的角度来看，肠道微生物组与大脑进行交流是有意义的。毕竟微生物已经在地球上存在了数十亿年，直到最近它们才搬到包括人类在内的哺乳动物身体里。所有的生物体都需要进食养分。

肠道微生物的营养来源于人体进食的食物。动物实验已表明，肠道细菌可能确实能够影响宿主对食物的选择。虽然大脑本身受到特殊保护（译者注：血脑屏障），使微生物不能轻易进入，而且似乎也没有脑部微生物组存在；但根据 2018 年神经科学年会上发布的一些初步研究报道，人们已经利用高分辨率显微镜在健康脑细胞中发现了一些细菌的存在。

我所在的神经免疫学实验室已就大脑保护进行了 20 多年的系统研究，如果健康大脑组织中确实存在细菌，这不仅会令我，同时也会令大多数神经生物学家感到异常震惊。这一发现若被证实，还将为某些病因不明的脑部疾病的研究开辟全新篇章。

我们现在已知的是，肠道和大脑之间经由自主神经系统进行着丰富的交流。举例来说，与肠道相连的神经可以释放对情绪产生影响的神经化学信号。接收到不同的化学信号，您可能会感到更快乐或是不开心，放松或焦虑，困倦或警醒，产生饥饿或饱腹感。人体天然的情绪促进剂包括多巴胺（dopamine）和 5–羟色胺（serotonin），其中超过半数是在肠道中产生的。一周 7 天，一天 24 小时，这些交流在自觉和无意识的情况下每时每刻地发生着。

微生物在多大的程度上对人类的神经发育、行为和脑部疾病产生影响？学术界现在才刚刚开始试图寻找这些重要问题的答案。例如，我们的肠道微生物组到底在人类认知、睡眠、情绪、饮食失调、情绪疾病中起到什么作用？我们对慢性疲劳综合征（又称系统性运动不耐症）和自闭症等疾病现在还没有充分的认识。在这些疾病的发生发展中，肠道微生物组又有什么样的影响（与普通人相比，自闭症患者更易出现胃肠道问题）？此外，加州理工学院的蒂莫西·桑普森和同事在 2016 年报道了一项研究。使用患帕金森病的小鼠作为模型，他们发现自闭症这种神经退行性疾病可能与肠道微生物组相关[21]。这一结果暗示激活小胶质细胞（脑中的免疫细胞）可能会对神经元造成损害。

埃莫兰·迈尔是加州大学洛杉矶分校的神经科学家和胃肠病学家。他在新书《头脑与肠道的联系：体内的秘密交流如何影响情绪、判断、身心健康》中指出："肠道与大脑之间的联系绝不是只有心理学家才会感兴趣的东西；这种联系绝非仅仅只是大脑中的想象。"[22]

在肠道菌落对情绪影响的研究中，最具启发性的证据来自对抑郁症小鼠模型的研究。该研究发现，常见于酸奶中的乳酸杆菌，在调节抑郁症相关的代谢产物中具有关键作用[23]（您还将在第十七章中读到更多益生菌的内容）。类似的动物研究为尝试通过粪便微生物群落移植治疗抑郁症提供了思路（这将是第十六章的主要内容）[24]。

目前，大多数关于肠道微生物在心理情绪层面和身体健康方面的影响，都还只是从动物实验中获得的推断而已。但随着人们越来越深入地认识到人类微生物组在健康和某些迫切需要新疗法的疾病中的影响，研究和分析人体微生物组也变得越来越重要。虽然如此，正如苏珊·林奇和奥鲁夫·佩德森 2016 年发表在《新英格兰医学杂志》上的一篇题为"健康和疾病中的人体肠道微生物组"的综述所强调指出的那样，在从适当的对照人体试验取得确切证据之前，我们需要对目前肠道微生物组的研究结论保持谨慎的态度[25]。无论如何，应用微生物组学于新药开发的思想依然吸引了许多研究人员和制药公司的注意力。

如今方兴未艾的精准医疗（或称个性化医疗）将每一名患者视为拥有独特基因组的特殊病例。其所面临的挑战之一就是如何将比个人基因组大得多的微生物组也纳入精准治疗策略。展望未来，康奈尔大学的免疫药理学教授罗德尼·迪特尔特预测，"超越生物个体的精准医疗将患者当作一个整体生态系统来对待。在考虑个人健康管理时，人体皮肤、肠道、口腔、鼻腔、呼吸道以及生殖道中生存的所有上千种微生物都将被包括进来。"[26]这个想法足够乐观吧？

读者一定知道血库，但您对在国际上收集储存粪便样本的事情可能还闻所未闻。这样的储存场所被称为粪便库，它集中收集来自世界各地不同种族的粪便样本。粪便库对保存肠道微生物组的生物多样性至关重要，因为如今肠道微生物组的多样性已明显被现代生活干扰。希望将来这些粪便标本会为开发许多疾病的新疗法做出贡献。

一般来说，我们人类比较倾向于以自我为中心，主要关注人类自身的微生物组，但许多研究小组也正在探索其他动物和植物的微生物组，以及我们每天生活的环境，如我们的住所、周围的建筑物、地铁、飞机等中微生物的分布。这一内容请参阅罗伯·邓恩的精彩著作《我们身体的狂野生活：掠食者、寄生虫和好伙伴，共同造就了如今的我们》。在这本书中，邓恩对微生物组研究做了非常全面的介绍[27]。

第四章
机体防御系统

不战而屈人之兵，善之善者也。

——孙子

多亏了乌克兰动物学家埃黎耶·梅契尼柯夫（Elie Metchnikoff）那次在西西里岛墨西拿的度假，为我们带来有史以来最了不起的生物学发现之一。那是 1882 年，梅契尼柯夫的家人都看马戏去了，而他独自一人，将橘子树的尖刺扎入透明的海星幼体中。第二天，在显微镜下，他看到细胞包围并吞没了尖刺的碎片。

梅契尼柯夫目睹的是海星幼体的免疫细胞在受伤部位聚集的过程。我们都在自己的身上见过多次类似的免疫现象：当尖刺或碎片扎穿皮肤，就会出现红肿、发热以及疼痛等炎症现象。

在那次家庭度假期间，梅契尼柯夫的脑中突然冒出一个想法：这些细胞后来被命名为吞噬细胞（phagocytes，来源于希腊语 phago，意为"吃"，cytes 意为"细胞"），可能在机体抵御外来入侵者（尤其是细菌）时起到关键作用。

梅契尼柯夫在墨西拿的发现与罗伯特·科赫（Robert Koch）发现结核病原菌发生在同一年。梅契尼柯夫的研究使人们了解了机体抵御病原体（引起疾病的微生物）保护自身的一种机制，现在被称为细胞介导免疫。1908 年，梅契尼柯夫因在免疫方面的杰出贡献被授予诺贝尔生理学或医学奖。

1888 年，梅契尼柯夫开始在巴黎的巴斯德研究所工作。那时，路易斯·巴斯德已经为细菌致病学说奠定了坚实基础。他与梅契尼柯夫及当时其他学者一起，为免疫学说的发展作出了贡献。

1885 年，巴斯德做出了他在免疫领域最为人所知的贡献。当时，他给一名被狂犬多次咬伤的九岁男孩接种了疫苗，疫苗来自毒性减弱的狂犬病毒株。狂犬病的致死率非常高，直到如今仍接近 100%。那个男孩在接种疫苗后没有得上狂犬病。自从约一个世纪以前，爱德华·詹纳为一名十三岁男孩接种痘苗使其具有对天花的免疫力后，免疫接种迎来了非凡的发展。有关这一内容的更多信息，请参阅第六章。

重要的问题

在过去的一个半世纪里，免疫学中的诸多问题吸引了很多人的注意，相关工作也多次得到诺贝尔奖的青睐。免疫细胞如何分辨机体自身与外来入侵者？对于外来微生物，免疫系统如何区分它们是对自身有害还是有益或无益无害的？这些问题的答案异常复杂。科学家们已经逐步解开了这些谜题的一部分，但绝不是全部。

另一个重要的问题是：在保护我们自身的同时，我们的免疫系统也有可能对自身造成损害吗？现在我们知道答案绝对是肯定的。

首先，让我们来看看到底什么是免疫系统？类似其他的身体系统，免疫系统是由细胞、组织和器官组成的网络，不同器官协同合作来保护机体免受外来入侵者（也就是微生物）的攻击。有趣的是，免疫细胞在清除自身异常细胞（例如癌症细胞）过程中也发挥着重要作用。费利克斯·麦斯纳（Felix Meissner）和同事的近期研究表明，不同类型的免疫细胞会形成一种社交网络[1]，和微生物群落非常类似。

免疫系统的主要细胞类型——淋巴细胞、巨噬细胞和嗜中性粒细胞，都能通过辨识细胞表面的某种成分来识别非自身正常细胞（例如微生物和癌细胞）。免疫细胞的这种识别能力简直不可思议，它有些类似人们不用品尝，就知道水果和蔬菜是否新鲜一样。

免疫系统虽对机体的生存至关重要，但它却是一把双刃剑。多数的时候，当我们被病原体感染后，并非感染本身使我们生病或死亡。免疫细胞在应对病原体时会释放出细胞因子（cytokines），这些细胞因子进入脑部后会触发类似感染的症状，如发烧、食欲不振、疲劳以及身体疼痛等。在某种程度上，出现这些症状对抵抗感染是有帮助的，因为它们会迫使我们放慢脚步和放松心情，也许有时还会多睡觉和多休息。但是，如果免疫系统反应过度，过度的反应本身就能令我们丧命，这正是1918年流感大流行时上千万人死亡的原因。

免疫系统还可以通过另外一种方式对机体造成伤害。如果它失去了辨识自身细胞的能力并进行无差别攻击，那就会导致自身免疫性疾病，如多发性硬化症、类风湿性关节炎和系统性红斑狼疮。

病原体通常很狡猾。它们会在迅速的进化中产生变异，躲避免疫系统的监视。作为回应，动物的免疫系统也进化出了多种不同的防御机制来识别和消灭病原体[2]。

其中一项机制被称为适应性免疫反应。免疫系统中某些特定细胞（称为B淋巴细胞和T淋巴细胞）具有出色的记忆力，它们可以记住之前曾遇到的入侵微生物。一旦再次遇见和识别出相同的微生物，包括细菌、病毒、真菌或寄生虫，它们便会迅速将这些敌人消灭。接种疫苗就是通过刺激机体的适应性免疫反应来获得对某种疾病的抵抗力。

如今免疫学领域里最令人兴奋的方向之一就与肠道微生物组有关。近来的研究证据表明，人体肠道中的微生物组能影响（甚至控制）体内的适应性免疫反应。它以某种方式来教育免疫系统，教它们如何辨别敌友。

以淋巴细胞为中心的适应性免疫反应大约出现在 5 亿年前。那时，神经系统也开始出现在脊椎动物中。淋巴细胞接触和识别病原体并建立适应性免疫是一个过程，需要耗费时间。在接触致病原的第一时间就可以进入战斗状态的先天性免疫则是一种更古老的防御机制。先天性免疫反应利用三种细胞——嗜中性粒细胞，巨噬细胞和自然杀伤细胞——来识别和迅速攻击病原体。这种反应也是造成机体炎症的原因。

以下三条是有关人体免疫系统的重要常识：

1. 微生物突破机体防御系统的第一道防线（皮肤和肠壁等）后，免疫系统可以作用于微生物使我们免于侵害。

2. 免疫系统包括四种高度特异的细胞：嗜中性粒细胞、B 淋巴细胞、巨噬细胞和 T 淋巴细胞。在下面的章节中，我们会仔细地探讨这些不同类型的细胞如何保护机体。

3. 如果某一种免疫细胞发生缺陷（称为免疫缺陷），那么本来可以由这些免疫细胞清除的微生物将成为机体的最大威胁。这些微生物是狡猾的机会主义者。常见的免疫缺陷是因服用对免疫细胞有害的药物所导致的。这些药物包括某些抗癌药物（其中一些可以彻底摧毁骨髓中的免疫细胞），防止器官移植排斥的免疫抑制药物以及减轻自身免疫炎症的药物等。另外，免疫缺陷还与年龄有关，婴儿尚未有足够时间来建立适应性免疫，而老年人的免疫系统功能也会衰弱减退。

直到最近，我们才刚刚开始深入理解人体微生物组在调节免疫细胞中的作用，也开始认识到微生物组对人体还有其他并非有益的影响。例如，在 2017 年来自以色列魏兹曼研究所的一项研究显示，人体微生物组中的某些细菌会分泌一种酶，干扰某些常见癌症药物的疗效[3]。当我和医学院学生讨论免疫系统时，我常常提醒他们，我们往往意识不到体内这些单细胞小战士们正不分昼夜不知疲倦地工作。我建议每天晚上休息之前，花点时间感谢一下它们，谢谢嗜中性粒细胞、B 淋巴细胞、T 淋巴细胞和巨噬细胞。

　　人体还有另外一种自我保护方式。就像中国的长城一样，这道防线用来阻止入侵者的闯入。人体的表面——皮肤、胃肠道（从舌尖到肛门末端）、呼吸道（从鼻腔和鼻窦到肺部深处）以及泌尿生殖道（连接膀胱至体外，和连接生殖器官至体外的通道），都覆盖着一层保护细胞，又称上皮细胞。肠道内壁将 40 万亿个细菌与身体的其他部分隔离开来。而结肠内壁上覆盖的上皮细胞（结肠细胞）除为身体提供阻止微生物入侵的物理屏障之外，还具有许多其他功能。

　　在大多数情况下，上皮细胞能非常有效地阻止微生物进入血液循环。可惜自然并不完美，病原体也非常难对付，有时微生物会越过这道防线，这也正是为什么我们需要免疫系统的原因。

第五章

命运共同体
人类、动物和地球的健康

值得不断强调的是所有生命都紧密联系在一起。无论是现在还是直到永远，我想它都是世间最为深刻和正确的表述。

——比尔·布赖森

让我们稍作调整，回顾一下 80 多年前亚瑟·乔治·坦斯利爵士最先提出的"生态系统"这一概念：生物群落（植物、动物和微生物）之间，以及它们与生活环境中非生命因素（如空气、水和矿物质土壤）的相互作用。

到了 21 世纪，这个定义逐渐演化为所谓的"健康一体"（One Health）概念[1]。对于人类的生存和福祉，"健康一体"这个概念既是目标，又是任务，同时也是必须达到的要求。它通常被定义为多学科、多地区和国家的全球协作，为人类、动物、植物以及生活环境达到最佳健康状态而共同努力。

正如坦斯利当年认识到的，健康的生态系统（环境）包括含有微生物在内的各种生物，以及水和空气等生物赖以生存的无机成分。我们在第三章中提到，对人体微生态系统（我们的肠道、皮肤、口腔、呼吸道及阴道）

的研究表明，我们的体表和体内有多种多样对健康有益的微生物生长繁殖。如果我们不承认它们的努力和价值，又不善待它们，可能不仅会使人类自身的生存繁衍受到危害，最终还会殃及整个生态系统。

　　然而，我们不能只关注人体携带的微生物，许多来自外界环境的微生物对人类同样大有益处。现在来看看皮乌斯·弗洛里斯在西班牙的工作吧[2]。弗洛里斯的公司将有益微生物——某种真菌掺入卡斯提尔–莱昂地区的贫瘠土地中，它们真的改善了土壤的状态，土地变得肥沃。弗洛里斯解释说：
"几十年来农民们忽视了这些共生物种，现在我们将它们重新带了回来。"

　　与此类似，如今人们还在发展利用植物根部的有益微生物群落的新技术。这些微生物群落也被称为根瘤微生物组（rhizobiome）。环境毒理学家艾米丽·莫诺森认为，植物中的根瘤微生物组与人体肠道的微生物组类似。在她的《自然防御：利用虫子和微生物来保护我们的食物和健康》[3]一书中，莫诺森警告道："无论对人体还是对农田，好坏不分地大规模杀死细菌将导致严重的破坏性后果。"

　　随着进化生物学领域的发展，环境科学在过去几十年里取得了非常显著的进步。尽管科学家和公众多数关注的仍是人体微生物组，但对其他生物（动物和植物）以及环境（土壤和水）中的微生物群落的研究也同时得到开展。例如，耶鲁大学的南希·莫兰和同事在最近发表的一份报告中指出，近年来蜜蜂蜂群衰退的部分原因就是滥用农业抗生素，导致具有耐药性的有害细菌在蜜蜂肠道微生物组中过度生长[4]。这一发现不禁让人联想到在第三章中提到的马丁·布拉瑟和其他研究者对人类滥用抗生素的担忧。

　　另外，过去几十年对土壤和海水的大量研究使人们逐渐认识到，有益的细菌、病毒和真菌在影响人类生存的关键物质循环中发挥着关键作用，例如生物固氮、营养循环利用、生物降解、氧气的产生以及清理大气中的二氧化碳等。

　　鉴于微生物对人类、动物、植物和地球整体健康的关键作用，我认为在未来十年里我们对"健康一体"的定义必将更多地考虑到微生物的影响。

"健康一体"的一个突出特点就是多学科的交叉合作。我任教40年的明尼苏达大学就是个很好的例子。明尼苏达大学的"健康一体"项目（也称为"医疗一体，科学一体"）由多院系参与，它们包括：兽医学院、公共卫生学院、医学院、食品学院、农业和自然资源科学学院、护理学院、动物健康与食品安全中心、全球卫生与社会责任中心、科学与工程学院以及环境研究所等。每一位参与者都意识到，如果这个地球整体中的任何一环——无论是人类、动物、植物、微生物还是环境的缺失或恶化，所有其他方面都会受到牵连。

全球"健康一体"的多学科交叉合作也源于资助基金来源的多样性，资助者包括美国疾病控制与预防中心、野生动物保护协会（Wildlife Conservation Society）、联合国粮食及农业组织（Food and Agriculture Organization of the United Nations）、世界银行（World Bank）以及联合国儿童基金会（United Nations Children's Fund，UNICEF）等。

应激、进化以及健康一体

> 如果问我最重要的长寿秘诀，我一定说是不操心、没压力和保持放松。当然就算不问我，我也还是这么认为。
>
> ——乔治·伯恩斯
>
> （译者注：美国喜剧演员）

1936年，内分泌学家汉斯·塞里首次将应激（stress）概念应用于生物学领域。在这之前，应激一直只是个物理学名词，它反映材料受外力压伸后的复原能力。在生物学领域，塞里将应激定义为在面对外界的要求和变化时机体产生的非特异性反应。

从进化角度来看，生命起源之初就伴随着环境压力，物种对环境产生适应性正是适者生存这一法则背后的主要驱动力。这里又要提到在地狱般的环境里生活的古生菌和其他微生物。人类微生物组中的大部分成员，以及地球上的很多其他微生物群落，都适应了它们周围的生存环境，虽然这些环境在我们看来非常恶劣。比如，在人类肠道这样的环境中就约有40万亿个微生物繁衍生息。

20世纪80年代初，心理神经免疫学领域开始蓬勃发展，这一跨学科领域专注于研究大脑、免疫和内分泌系统之间的相互作用[5]。该领域的早期研究提供了充分的证据，显示压力会对人类和其他动物的免疫系统产生负面影响。在研究中，实验动物首先接受了各种刺激，如寒冷、禁闭、噪声以及轻度电击等。然后在接触致病微生物时，受过刺激的动物出现了更为严重的感染。在人类中也有类似的研究，实验对象是承受很大压力的人群，如面临期末考试的学生或阿尔茨海默病人的照料者等，这些研究显示，压力使测试者的免疫系统出现类似的功能减弱现象。

还值得一提的是，从金鱼到蜥蜴到豹子再到人类，所有的脊椎动物都通过分泌相同或类似的激素来应对外界刺激。与这些激素成分类似的肽链因子也存在于蛇类中，甚至还出现在无脊椎动物中，例如昆虫、软体动物、和海洋蠕虫等（译者注：肽链是由氨基酸依次相连组成。当肽链具有一定空间折叠结构时便被称为蛋白质）。

从"健康一体"的角度来看，对任何生物（无论是动物，植物或有益微生物）的生存构成威胁的因素，同样也对整个生物系统构成威胁。这里的"威胁"是指可导致物种从地球上灭绝的潜在因素。读者会在第二十二章看到，地球上曾经存在过360亿个物种，其中的99%都已经灭绝了。无论具体原因如何，那些消失了的物种都可以说是被生存压力击垮了。在第二十二章我们还将谈到一个导致无数物种灭绝的强大环境压力，这个压力也在威胁现有的生物物种，那就是气候变化。

第二篇
致命敌人

第六章
瘟疫的祸首

人类的生存面临三大宿敌：疾病、饥荒和战争。迄今为止，三者中最可怕的还是疾病。

——威廉·奥斯勒爵士

（约翰斯·霍普金斯医学院创始人）

感染遍布的世界

感染到底是什么意思，它是否就等同于患上具有传染性的疾病呢？

即便是研究传染病的专家也不能给出一个毫无争议的答案，这未免令人惊讶。专家们在这个问题上有不同的见解，也存在许多争论。

因此，我在本书中引用了被普遍接受的定义，它们将有助于您了解感染这一概念。

感染（infection）就是指微生物和其宿主之间建立的稳定的联系，可以有很多种不同的情形。可以说，我们无时无刻不处于被感染中（或说微生物在身体里安家落户、发展菌落）。微生物们遍布身体，从头到脚，从舌尖到胃肠消化道的另一个末端。在超过 99% 的情形中，这种感染是由中性或有益的微生物（我们身体里的亲密朋友）引起的，它们不会给身体带来麻烦。

但是，当感染由病原体（有害微生物）引起时，就产生疾病。我们称这种情形为患上了传染病。与那些仅仅只在身体表面安家的微生物相比，细菌病原体会在体内产生有害因子，例如可以伤害宿主细胞甚至令其死亡的毒素，或者使细菌能够进入那些它们本来无法入侵的组织。

在过去的几十年里，只要翻开报纸几乎随时都能看到有关新传染病流行的报道，比如军团病（Legionnaires' disease）、莱姆病（Lyme disease）、艾滋病（HIV/AIDS）、非典型肺炎（SARS）、噬肉菌引起的坏死性筋膜炎（flesh-eating bacteria）、丙型肝炎（hepatitis C）、西尼罗河病毒性脑炎（West Nile virus encephalitis）、禽流感（bird flu）、埃博拉病毒（Ebola）感染、寨卡病毒（Zika）感染等，这还只是其中的一部分。这些疾病都被定义为新发传染病。正如在前言中谈到的，美国国家医学院（Institute of Medicine，IOM）在 1992 年出版的具里程碑意义的指导性文件，《新发传染病：微生物为美国公众健康带来的威胁》（*Emerging Infections: Microbial Threats to Health in the United States*）[1]，旨在敦促美国国会对新发传染病采取行动。

美国国家医学院对新发传染病的定义如今已被广泛使用，即一种近期在人群中新出现的传染性疾病，或者是由已知病原体引起但发病率上升或发病地区扩大的传染性疾病。

在 20 世纪 90 年代初，新的或重新出现的传染病的增长势头十分迅猛，令人震惊。为了帮助医生、参与传染病防治的医院护士以及公共卫生领域的从业人员了解传染病的最新动态和进展，我和同事麦克·奥斯特霍尔姆从 1992 年开始开设了一门名为"临床实践和公共卫生中的新发传染病"的课程。它得到了明尼苏达州卫生部和明尼苏达大学的资助。到现在已经连续开课 25 年了，每年都有超过 300 人选修这门课程。

是什么因素导致了 20 世纪最后 20 多年里出现了如此众多的新（往往又是致命的）传染疾病呢？是什么人或因素导致同疾病对抗的天平倾向了

我们的宿敌那一边呢？

　　问题的答案便是人类自己，这或许并不令人感到意外。众多新发传染病背后的主要推动因素往往是人类的行为，或者说是那些不适当的行为。

　　也许这其中最重要的因素就是航空业的飞速发展，如今通过飞机运送人员和食物已日益普及。这使得微生物被传播得更远更广泛，势头也更迅猛，这是其他传播方式所不能匹敌的。人类的其他行为也同样为传染病的广泛传播起到了推波助澜的作用，例如无保护的性行为、城市扩展、森林砍伐、水和空气污染以及政治动荡等。

　　在已知 140 种新发传染病中，有超过 60% 来源于动物。这意味着医生和兽医应进行合作。所幸现在这种合作正日益普遍。

　　在接下来的讲述中，我们将仔细剖析一些对人类威胁最大，但同时也具启发意义的新发传染病。我们还将探讨那些最具希望、往往也令人惊讶的处理手段和治疗方法，来预防感染，限制疾病传播，或是将疾病彻底根除。

　　在我们仔细探讨新发传染病之前，先转移一下视线，来看看到 20 世纪末之前人类社会疾病大流行的历史吧。

　　直到第二次世界大战期间，死于传染病的人数要超过在战争中丧生的人数。到 20 世纪后期，在世界范围内死于流行性传染疾病的人数要超过死于心血管疾病及癌症的人数总和。就纯粹意义上的屠杀而言，流行性传染病（epidemic）是人类最大和最凶狠的敌人。

　　然而，所谓的流行性传染病（epidemic），有时也被称为"瘟疫"（plague），具体指什么呢？

　　英文词 epidemic 中的 dem 来自希腊语 demos，意为"人"或"地区"。当某种传染病导致大范围内的众多人口患病或死亡，它便可以被称为流行性传染病。

　　如果一种传染病只限制在某个特定地理区域内，只感染某一特定人群，就可以称其为地方流行传染病（endemic）。当流行病跨越国际边界涉及多个国家时，我们便称其为世界大流行传染病（pandemic）。

在现代社会，epidemic（流行病）和 pandemic（世界大流行病）的使用已经扩展到那些非传染性疾病和有害的行为等，例如肥胖、心肌梗死、2 型糖尿病、高血压、癌症、药物滥用以及暴力行为等。

"plague" 一词则来源于拉丁语 plaga，特指恶性传染病或瘟疫。在中古英语中，plage 一词产生于 14 世纪，当时，鼠疫（bubonic plague）正肆虐不列颠。

最初，plague 这个词用来专指鼠疫，即后来发现由鼠疫杆菌（Yersinia pestis）引起的流行性传染病。不过到了后来，plague 被用来描述任何大范围传播的（也往往是致命的）流行性传染病，有时也用来表示那些极具破坏性的力量。设想一下，那些我们想远远躲开的蝗灾，或是特别令人讨厌的人，都可以看作 plague。

在过去的数千年，流行性传染病显著地改变了人类历史的发展轨迹。引起鼠疫、天花、流感、麻疹，还有沙门氏菌胃肠炎的致病微生物，由早期欧洲探险者带到了美洲新大陆。人们认为，这些微生物其实是欧洲移民者迅速战胜美洲原住民的一个主要原因。但是在此前和此后的几百年间，数百万欧洲人也在上百起瘟疫中丧命。

在公元 541—542 年查士丁尼瘟疫（Plague of Justinian）中，鼠疫令 40% 的欧洲人丧生。从那以来，有据可查的疾病大流行至少有 186 起，其中鼠疫 26 起，天花 21 起。其他常见的瘟疫还有霍乱（34 起）、黄热病（15 起）和流感（13 起）。由于直到 19 世纪后半叶人类才了解传染病的起因，对过去传染病种类的判断只能基于历史记录中的描述进行推测。

在过去的半个世纪中，由新出现的病毒引起的流行性传染病引起了全世界的关注，这其中包括几种新的流感病毒株、西尼罗河病毒、登革热病毒（dengue virus）、基孔肯雅病毒（chikungunya virus）、埃博拉病毒、寨卡病毒以及最出名的人类免疫缺陷病毒（HIV，或称艾滋病病毒）。我会在随后的几个章节中对它们一一进行介绍。

几乎毁掉人类的瘟疫

> 一个人的死亡是场悲剧，100 万人的死亡就变成了统计数字。
>
> ——约瑟夫·斯大林

长麻子的怪物：天花

天花大约出现于公元前 1000 年左右，古代历史曾多次记录天花流行。在 3000 年前的埃及木乃伊上能找到死者生前患天花的证据，其中包括埃及法老拉美西斯五世。

西欧历史上明确的天花记录出现在 581 年，圣·格列高利（Gregory of Tours）主教对这种疾病的特征性症状与身上出现的皮疹进行了准确描述。后来，欧洲成了天花传播的中心，这种疾病又通过那些去往世界各地的探险者在世界上传播开来。

值得庆幸的是，我们已经将天花从地球上清除干净。天花是迄今为止唯一一种被消灭的人类传染病。地球上最后一位天花病人在 1977 年死于索马里。

现在我们已经很难想象天花这种疾病的严重和强大毁灭性。患有天花的病人先是高烧，头部和身体疼痛难忍，有时还会呕吐，随后病人身上便会出现特征性的疹子，这些疹子可以使病人完全毁容。天花英文词"smallpox"中的 pox 在拉丁语中是斑点的意思，具体指天花患者脸上和身体上出现的肿包。这种疾病的患者经常被称为"长麻子的怪物"，疾病死亡率为 20%～60%。

天花由重型天花病毒引起，通过人与人之间的直接接触或长时间近距离交往传播。虽然直到 19 世纪末人类才了解微生物致病的机理（重型天花病毒直到 1906 年才被正式鉴别出来），在中世纪人们就已经意识到天花具有传染性。当城镇中有人染上天花后，很多人便会慌忙搬家逃离。但同时还有很多充满同情心的人们（包括患者的亲属、教堂牧师、医生）冒着患病的危险坚守原地，照料那些饱受天花折磨的患者。

在 18 世纪的欧洲，每年约有 40 万人口死于天花，其中包括 5 位在位的君主。据估计，死于天花的人口甚至超过那时所有在战争中死亡的人数总和。在 20 世纪，天花在世界范围内夺走了 3 亿~5 亿人的生命，死于天花的患者超过死于流感、结核、艾滋病和疟疾的患者总和。

从这些统计数据来看，根除天花可以说是整个人类医学史上最为重要的成就。

在为这一成就做出贡献的许多人和组织中，最值得一提的就是 18 世纪的英国乡村医生爱德华·詹纳，正是他发现了有效的天花疫苗。还有就是世界卫生组织在 1966—1980 年开展的"消灭天花计划"（Smallpox Eradicaiton Program）。

在詹纳医生发明天花疫苗之前，人们就从简单的观察中意识到，得过天花的幸存者会对疾病产生抵抗力。早在 15 世纪的中国（以及欧洲零星几个地方），人们利用所谓的"人痘接种术"（variolation）来试图对天花这种致命疾病产生免疫。其做法是从天花患者身上取下患病物质，通常是痘痂，将其植入皮肤下。虽然这种接种方法似乎很奏效，但偶尔也会使健康人患上天花病。

18 世纪早期，清教徒牧师科顿·马瑟（Cotton Mather）曾大力支持人痘接种术。这种做法在当时极富争议。马瑟因对接种术的支持而备受指责。有一次，反对人痘接种的狂热分子甚至将写满诅咒的纸条绑在腐臭东西上，从窗户扔进马瑟的家里。

到 18 世纪末，人们开始以科学的眼光看待事物。1796 年 5 月 14 日，詹纳完成了医学史上一个最为经典的实验。他用从挤奶女工身上牛痘脓疮里获得的成分给一个名叫詹姆斯·菲普斯（James Phipps）的 8 岁小男孩接种。詹纳认为，也许牛痘与天花起因不同，但两者相似而牛痘温和很多，挤奶工牛痘脓疮中的成分有可能使这个男孩免受天花之苦。两个月以后，小男孩詹姆斯接触了天花痘疮，但没有生病。牛痘接种在预防天花中真的起了作用。

爱德华·詹纳也是第一位使用"疫苗"（vaccine）一词的人。该词来源于拉丁语 vacca，意指母牛。詹纳也因此被称为"疫苗接种之父"。然而，阿瑟·博尔顿医生于 2018 年在《新英格兰医学杂志》（New England Journal of Medicine）上发表了一遍文章，题为"挤奶女工的神话"。作者举出一些令人信服的证据，指出利用牛痘预防天花感染的想法实际上是由另一位乡村医生约翰·富斯特（John Fewster）在 1768 年提出的 [2]。还有一些其他的发现，进一步打破了人们对这个神奇故事的好印象。之前的 2017 年一个国际研究小组同样是在《新英格兰医学杂志》上发文，指出詹纳当时接种的成分实际上来自马，也就是说詹纳接种的是马痘病毒，而非牛痘病毒 [3]。

我们对天花还是不能完全掉以轻心。虽然天花作为一种疾病已经被根除了，但病毒并没有灭绝。根据定义，疾病根除是指世界上不再会有新的天花病人，也不再需要对天花进行治疗。而灭绝则意味着致病的传染源不复存在，无论是在自然界还是在实验室里。

如今，在俄罗斯和美国亚特兰大的超级安全实验室中，依然保存有重型天花病毒样本。2001 年发生炭疽杆菌生物恐怖主义事件（见第二章），又有谣言称该病毒是伊拉克拥有的大规模杀伤性武器之一，人们对天花的恐惧又重上心头。在 2002 年，为了防范有可能发生的生物恐怖袭击，我和很多其他医护工作者再次补种了天花疫苗。

时至今日，美国国家过敏及传染性疾病研究所（National Institute of Allergy and Infectious Diseases，NIAID）仍然把天花病毒列为 A 类病原，这是对国家安全和公众卫生构成威胁的最高级别。

至今，人类仍在试图根除其他六种传染疾病。虽然还没有完全成功，但还是有了很好的结果。最有希望的是脊髓灰质炎，也是通常说的小儿麻痹症（俗称 polio）。世界卫生组织、联合国儿童基金以及扶轮国际（Rotary International）在 20 世纪后期共同发起了免疫协作行动。脊髓灰质炎病人数目锐减了 99.9%，在 2017 年全球仅有 22 例患者。但在 2018 年后根除脊髓灰质炎的行动停滞了下来。截至 2018 年 11 月，世界上出现了 27 例脊髓灰质炎感染。令人难过的是，2019 年 4 月，巴基斯坦的卫生官员暂停了其国内的抗脊髓灰质炎行动，起因是一名医护人员和两名警察在运送疫苗途中不幸被武装分子杀害。尽管如此，很多专家仍然对在未来数年内从地球上彻底根除脊髓灰质炎充满希望。

黑死病：鼠疫

就疾病的毁灭性而言，可以和天花相提并论的只有鼠疫，其死亡率达到 50%～60%。鼠疫的英文名为 bubonic plague。其中 bubonic 一词来自希腊语 boubon，指的是由淋巴肿大引起的腹股沟肿胀，英文为 buboes，这也是染上鼠疫后最明显的症状之一，其他常见症状还有发烧、发冷、腹泻，以及口腔、鼻腔、直肠和皮下等部位出血。当感染蔓延至血液时，胳膊和腿部组织会开始变黑和坏死（称为坏疽，necrosis）。

与天花不同的是，鼠疫是一种细菌感染，而非病毒感染。它通常由动物传播。

引起鼠疫的细菌是鼠疫耶尔森菌（*Yersinia pestis*），由亚历山大·耶尔森在 1894 年发现。亚历山大·耶尔森是路易·巴斯德和罗伯特·科赫的学生，当时他同时在大鼠身上发现了这种细菌。现在我们知道，包括小鼠和草原土拨鼠在内的多种啮齿动物都可携带这种病菌，但通过大鼠传播最为常见。

鼠疫并不是直接从大鼠传染到人类，跳蚤是中介传播者。首先，大鼠感染病菌，然后被身上的跳蚤叮咬，跳蚤也就带上了病菌；之后跳蚤附着在人身上，当它叮咬人时便把鼠疫传播给了人类。

最近研究人员检测了距今约 5000 年青铜器时代的人类遗骨，在遗骨中发现了鼠疫耶尔森菌的 DNA。在数个世纪里，许多贸易船只往返于不同港口，船上除了载有人类，自然还有携带跳蚤的大鼠。正是这种贸易往来导致了多起鼠疫的发生。

鼠疫实际上可以按感染途径分为三种。我们上述讨论的是最常见的那种，也称腺鼠疫。第二种是肺鼠疫（pneumonic plague），引起高度致命的肺部感染，可通过患者的咳嗽进行传播。当鼠疫杆菌入侵血液系统时会导致第三种形式，即败血性鼠疫（septicemic plague），死亡率几乎为 100%。垂死挣扎中的患者身体变为青黑色，所以有了黑死病这个名字。

历史上记载过 28 次鼠疫流行，其中包括雅典鼠疫（发生在公元前430—427 年）；查士丁尼鼠疫（公元 541—542 年），曾导致东罗马帝国2500 万~5000 万人丧生；黑死病（公元 1346—1353 年），将整个欧洲人口抹掉了 30%~60%；以及伦敦大瘟疫（公元 1665 年），仅在 7 个月内就令10 万伦敦人丧命，相当于当时 20% 的伦敦人口。

让我们仔细看看伦敦大瘟疫吧。当时多数的医护人员都逃离了这座城市，仅有小部分人选择了留下。作家塞缪尔·佩皮斯留在了伦敦，他用充满画面感的文字生动地记录了这场灾难。另一位作家丹尼尔·笛福在他的《瘟疫年纪事》（*A Journal of the Plague Year*）中也提供了类似描述。以下就是一段节选：

> 伦敦已满是泪水……哀悼者的号啕随处可闻。走在街上，妇孺于窗旁门边的啼哭不绝于耳，或许是他们最亲近的人正濒临死亡或已经断气。此情此景可以打动世界上最无动于衷的心肠……目光所及之处充斥着死亡。生者已不再为失去朋友而啼嘘，他们知道下个钟点来临时自己也大限将至。

与此同时，宗教领袖们将瘟疫归因于上帝对人类罪恶的惩罚——今天一些福音传教士仍会这么认为。

人们的认识在此时发生了变化。欧洲各国政府有史以来第一次开始认真地从医学角度看待疫情。公共卫生委员会就此成立。政府和公共组织建造了病人集中收留站，还建立和执行了严格的隔离措施。

在那时，人们对微生物的存在毫无概念。人们认为传染病来源于"腐坏"事物释放的毒气。在实际生活中，疾病的起因被归咎于穷人和他们肮脏的生活环境。

鼠疫病例如今仍时有发生，也会导致死亡。在 2017 年的马达加斯加，鼠疫就曾迅速传播开来，约 2000 人被感染，其中 165 人死亡。所幸世界卫生组织在同年 12 月宣布已将其有效控制。

抗生素的发明和使用改变了一切。在 20 世纪初的美国，鼠疫的死亡率高达 66%，一个世纪后已下降至 11%。如今鼠疫的传播更多是因为航空旅行，而不再是因为贫穷和战争。

印度于 1994 年发生的一场腺鼠疫引起了全世界的关注。在疫情暴发期间，如果从印度起飞的飞机上有乘客感到不适，其空乘人员需要及时通知卫生官员。飞机一着陆便有检疫人员登机检查，病人也会立即被隔离。

腺鼠疫约在一个世纪以前流行至美国西部。从那以后，鼠疫耶尔森菌就在当地野生啮齿动物种群中稳定地保留下来，其携带者包括草原土拨鼠。美国每年报告的 8 起左右鼠疫病例全部都发生在西部地区。

美国科罗拉多州在 2015 年暴发了一场小规模的肺鼠疫传染。据报道有四位患者染病，所有 4 人都曾与一只染病的家犬有过接触。总体而言，肺鼠疫在美国已极为罕见。从 1900—2012 年，一共只有 74 个病例见诸报道。美国新墨西哥州的圣达菲市在 2017 年有三位患者因接触草原土拨鼠而患病[4]。

由于至今仍未研发出鼠疫疫苗，游客们如欲游览美国西部国家公园，应记住喷涂含有 DEET（避蚊胺）的驱蚊虫剂，并应避免喂食松鼠、花栗鼠以及其他啮齿类动物。

其他仍在流行的瘟疫

白色瘟疫：结核病

引发结核的细菌是结核分枝杆菌（*Mycobacterium tuberculosis*），也称为结核菌，它非常有特点。通过咳嗽或打喷嚏，这种细菌仅在人与人之间传播。患者首先是肺部被感染，然后细菌扩散至身体的几乎全部器官。

但实际上，结核病（通常英文简写为TB）（译者注：又称"痨病"和"肺痨"）感染者出现症状的概率其实相对很低。被感染两周后，患者的免疫系统便开始发挥效力，其结果是只有约5%的感染者出现疾病症状，而其余的95%患者体内的结核菌则处于休眠状态，通常被称为隐性或潜伏性感染。

您或许就处于潜伏感染状态，只是自己并不知道而已。事实上，地球上每三个人中便有一个处在结核菌潜伏感染状态。

潜伏感染者中绝大多数终生都不会出现任何结核病症状。但是，一旦其免疫系统受损，如受到艾滋病病毒感染，使用某些有损免疫系统的药物或免疫系统功能因衰老而减弱，体内潜伏的结核菌便会死灰复燃，好似僵尸细菌复活一般。结核病会导致各种并发症，具体取决于重新激活的细菌所在的部位或器官。例如，当结核菌存在于大脑内时，症状会表现为头痛和颈部僵硬；当结核菌存在于腹腔内时，主要症状表现为腹痛；当结核菌来自脊柱部位时，常表现为后腰背部的疼痛。

与天花和鼠疫类似，结核病对人类历史进程产生了深刻影响。在19世纪和20世纪初，结核病被称为白色瘟疫（Great White Plague），"白色"是因为病人因结核导致贫血，面色苍白。与之前的黑死病一样，当时的结核病在工业化国家导致死亡的人数，也超过其他任何疾病。

在当时，社会阶层相关的因素，如贫穷、受歧视和生活环境的过度拥挤等，往往决定了哪些人更容易染上结核病。从20世纪开始，随着社会生活条件的改善，结核病的发病率稳步下降。到了 20 世纪 40—50 年代，治疗结核病的抗生素的出现彻底改变了局面。以前结核病人往往需要在远离社会的疗养所中隔离治疗，有时一隔离便是数年；有效抗生素改变了结核病的治疗，病人无需隔离，只是到门诊看病即可。

最近在非洲和秘鲁的古老人体骨骼标本中分离出结核菌的遗传物质，表明在大约 5000 年以前人类就被传染上了结核菌。我们的祖先还把这一病菌传播给了山羊、牛和其他家畜。这样传播的疾病也被称为人类传播传染病（anthroponosis）。而相反方向的传播，即从动物传播到人的疾病则被称为人畜共患传染病（zoonosis）。有可能是受感染的海狮和海豹将结核病从非洲带到了南美洲沿岸。但是，大多数证据显示，是欧洲探险者把这一疾病扩散到了新大陆。

如今，全世界每年有超过 1000 万人患上结核病，180 万人死于此病，死亡病例大多发生在发展中国家。目前，结核病已经成为世界上最致命的传染病。多数病人的死亡本是可以通过抗生素治疗得到避免的，只因那些患者生活的国家没有建立必要的医疗设施，无法对患者进行治疗和随访。

近年来最令人担忧的情形之一是出现了新的结核菌菌株，它几乎对所有已知抗生素都具有耐药性（在第十五章会对这类微生物做更多介绍）。世界卫生组织为此设立了专项基金，用来支持遏制这种新致命病菌的科学研究。

如今，制药公司、政府和慈善组织都在开发各种新的疫苗和药物。尽管如此，结核病尚未被根除。部分原因是没有足够资金投入到抗结核药物的开发，因为多数患者生活在非常贫穷的国家，这实在是个令人难过的事实。《柳叶刀》（Lancet）杂志最近刊登了一篇报道，呼吁增加对结核病诊断、治疗和预防的投入。只有这样，人类才有希望在 2045 年根除结核病 [5]。

瘴气：疟疾

行文至此，我们对致命病原体的回顾与探讨涉及了两种极危险的原核生物，鼠疫耶尔森菌和结核分枝杆菌，它们在生命进化树上归属于细菌域。

引起疟疾的微生物则与前两者截然不同，它的名字叫做疟原虫，也是一种单细胞生物，但在生命进化树上属于真核生物域。虽然疟原虫在进化上确实更接近人类，而非细菌或病毒，但其危险性绝对不容小觑。如今疟疾仍然是人类所面临的巨大健康威胁之一。疟疾的主要症状是发烧发冷（译者注：俗称打摆子）、头痛、呕吐、腹泻和严重的身体不适，有时疟疾也会致命。

疟疾的英文词 malaria 来自意大利语，其中 mal 意为"坏"，而 aria 则为空气之意。古罗马人将疟疾归因于来自沼泽的污浊有毒的空气（瘴气）。其实他们的看法也并不算错得离谱，毕竟疟疾是由疟蚊的叮咬传播的，而疟蚊则在沼泽和积水中繁殖后代。

这种微生物也在人类历史上多次造成巨大的破坏。古代中国、埃及和希腊的历史记录中都曾提到过疟疾，它还在罗马帝国的衰落中起到了重要的作用。

疟疾同时也在很多战争中成为决定胜负的关键因素。例如在美国南北战争期间，北方军队中有超过百万的将士染上疟疾，其中 3 万人为此丧命。在第二次世界大战的太平洋战区，美军健康的最大威胁就来自于疟疾，约有 50 万官兵被感染。

在疟疾最猖獗的热带国家，该疾病曾严重地阻滞了人类发展（即使现在，很多地方仍会受到很大影响）。例如在巴拿马，疟疾和黄热病使得法国人在 1869 年打消了建造巴拿马运河的念头。后来，美国成功地开凿了运河，但这并不是因为他们的工程技术更先进，而是因为沃尔特·瑞德和威廉·戈加斯一起制定了合理的公共卫生措施并强力加以施行。瑞德是美国陆军的病理医生和细菌学家，他曾帮助证明黄热病是由蚊虫叮咬传播的。华盛顿特区的沃尔特·瑞德医院便是以他的名字命名。威廉·戈加斯则是美国陆军的一名外科医生，他主张实行了以预防黄热病和疟疾为目的的蚊虫防控措施。

疟疾至今仍然是十分严重的疾病。2017 年，全世界范围内有约 2.19 亿人染上疟疾。让公共健康领导者稍微松口气的是那一年疟疾的死亡人数降到了 43.5 万。当然这一数字仍然令人触目惊心，而且死者大多数都是非洲儿童。

诺贝尔生理学或医学奖两次颁给了在疟疾致病机理方面做出突破性研究的科学家们。1902 年，苏格兰医生罗纳德·罗斯爵士因为揭示了疟原虫在蚊子体内的完整生命周期而荣获诺贝尔奖。他还将疟疾和雌性疟蚊的叮咬联系了起来。只有雌性的蚊子才叮人吸血，雄蚊则是以植物花蜜为食，不会传播疟疾。到了 1907 年，法国医生夏尔·路易·阿方斯·拉韦朗发现疟原虫寄生于人血红细胞内，并因此而荣获诺贝尔奖。

人们现已在世界范围内发现了至少 3000 种不同种类的蚊子，其中 430 种属于疟蚊。仅 30 ~ 40 种的雌性疟蚊会传播疟疾。

现在人们也已经了解到，世界上大约有 200 种疟原虫，其中只有 5 种与人类疟疾相关。五种中最为致命的为恶性疟原虫（*Plasmodium falciparum*），它引发的疟疾称为恶性间日疟。其他种类的疟原虫则会感染不同的动物宿主，如鸟类、啮齿类、爬行类和灵长类动物（猿和黑猩猩）等。

幸运的是，有几种疗法可以有效地治疗疟疾。奎宁（Quinine）是人们发现的第一种能够有效治疗疟疾的药物，最先由南美土著人从金鸡纳树树皮中提取，后来由西班牙殖民者获得，可以说是当时在南美的西班牙殖民者的重要发现之一。到了 1663 年，耶稣会的牧师们曾记录源自秘鲁的某种树皮具有治愈疟疾的作用，在罗马暴发疟疾之时，奎宁已经被派上了用场。今天，奎宁仍然被用于治疗疟疾，但是它的毒副作用也不可忽视。更为广泛应用的药物是青蒿素（artemisinin），提取自传统中医的一种草药（黄花蒿）。2015 年，中国中医研究院的科学家屠呦呦因发现青蒿素而获得诺贝尔生理学或医学奖。

近些年来，人们采取的一些预防措施，包括喷洒杀虫剂、清除积水和用杀虫剂处理蚊帐等，都起到了积极的作用。从 2000 年以来，世界上疟疾的发病率已下降了 60%。世界卫生组织前总干事陈冯富珍就曾对此给予高度评价，称之为新千年里的伟大公共卫生成就之一。

实际上，疟疾现在已经在 111 个国家绝迹，还有 34 个国家正在努力将之清除。正如前文所述，清除是在一定地理范围内消灭疾病，而根除则是世界范围内的清除。

在各国政府、慈善组织和企业的资助下，世界上一些最聪明的科学家正在积极开发针对疟疾的疫苗，只是直到如今仍未成功，还没有有效的疟疾疫苗问世。但是这些努力已经取得了一些重要进展。有一种疟疾疫苗很有希望，可以提供高达 100% 的保护效果。这个疫苗于 2020 年初在赤道几内亚海岸的比奥科岛上开展临床试验。

蓝死病：霍乱

霍乱是由霍乱弧菌（*Vibrio cholerae*）引起的小肠感染。这种疾病的最典型特征是极其大量的水样腹泻。腹泻量可达每天 11 ~ 19 升液体。

显而易见的是，如果不接受治疗，霍乱患者很快便会严重脱水。这种脱水会导致眼窝深陷和手脚皮肤出现皱褶，皮肤因此会呈现蓝青色——因此霍乱也被称为"蓝死病"。

在大多数情况下，合理的补水治疗，即补充大量的含有合适电解质比例的水，就可以治愈霍乱。这种治疗方法费用低廉也容易实施（患者只需喝电解质水即可）。每年这种简单疗法都可挽救数百万人的生命。只是即便如此，每年仍有 300 万~ 400 万人染上霍乱，有 5.5 万~ 13 万人死于此病。

霍乱的传播完全依赖于水，特别是被人类粪便污染后的淡水和海水。人类是霍乱弧菌感染的唯一高等动物。这种细菌在水中附着在一种简单微小的浮游动物身上。霍乱的暴发基本上与浮游动物的大量繁殖相伴，特别是在东南亚沿海地带。

牡蛎和贝类动物可以在取食浮游动物的同时染上霍乱弧菌。这也是为什么未经烹煮的贝壳动物是潜在的霍乱感染源。因为贝壳动物在暖和的季节更为活跃，特别是五月至八月期间，所以在北半球的民间谚语中说只在含有字母"R"的月份吃生牡蛎更安全，这也并非是无稽之谈（译者注：英文从九月至转年四月的月名中都含有字母"R"）。

霍乱的感染过程有一个比较复杂的环节，涉及一种常见的噬菌体病毒（感染细菌的病毒）。病毒侵入霍乱弧菌内部并控制和指导细菌合成毒素。其中的一种毒素就是令患者小肠大量泻水的真正元凶。

有关霍乱的最早文字记载出现于公元前400年左右，由印度教医生以梵文记述。但霍乱的英文名字cholera来自希腊语khole，意为胆汁。在西方社会，古希腊医生希波克拉底（Hippocrates）最早在他的著作中提及了霍乱。

直到1854年，人们才弄清霍乱的传染途径。当时正值霍乱暴发期间，"流行病学之父"约翰·斯诺准确地将疾病传染源定位于伦敦市的一个公共取水处。斯诺认为，霍乱在人体中进行复制繁殖，然后又扩散到饮用水中，是被污染的饮用水将疾病传播开来。

就在同一年，意大利解剖学家菲利普·帕西尼首次通过显微镜，在病人的小肠样本中观察到了逗号形状的芽孢杆菌。尽管帕西尼清楚地描述了他的发现，罗伯特·科赫却往往被认为是在1883年首先发现霍乱弧菌的人。

尽管在上千年的历史中记录了多次霍乱的暴发和流行，但它造成最惨重的灾难还是在19世纪和20世纪，共发生过七次全球大流行。仅在19世纪，霍乱就导致数千万人死亡。

如今在发达国家，因进行统一的净水处理和实施良好的卫生措施，霍乱已经不再对公共健康构成严重威胁。上一次霍乱在美国大暴发还是在1910—1911年。

但从全球来看，霍乱仍然会不时出现。2010年10月，近些年来最为严重的一次霍乱暴发发生在距离佛罗里达海岸700英里（约1127千米）远的海地。到了 2017 年的夏天，这次霍乱流行已使上百万人染病，上万人丧生。尽管人道主义援助大量涌入，包括各种医疗、技术和公共卫生方面的支援，还在 2016 年开展了一场霍乱疫苗接种运动，但仍有不少海地人染上霍乱。令人难过的是，在 2016 年 10 月马修飓风袭击海地后，霍乱的患病人数又出现了急剧增长。

2016—2017 年，非洲之角（译者注：非洲东北部的索马里半岛）一些长期处于贫困的国家——苏丹、索马里和也门发生了大规模霍乱疫情，世界卫生组织紧急向当地输送了霍乱疫苗。截至 2017 年 7 月中旬，超过 30 万人感染了霍乱，1700 人因此丧生。到了 2017 年底，仅也门一国就记录了超过 100 万的霍乱感染病例，成为近代历史上最大的一次霍乱暴发。这次暴发在当时被认为是世界上最为严重的人道主义危机。可悲的是，就在撰写本书的 2019 年初，霍乱仍然在也门肆虐，如同恐怖战争中的致命武器一般。在 2019 年莫桑比克遭受伊赛飓风过后，当地人进行了霍乱疫苗接种。

预防霍乱看起来如此简单：为人们提供洁净的饮用水即可。然而达到这一条件远非想象的那么容易。在地球上，有 7.5 亿人口仍无法获得安全饮用水。据估计有 25 亿人缺乏基本的卫生环境，例如具有正常功能的马桶或厕所，以及人类垃圾废物的安全处理。

更好的预防霍乱的疫苗会很有帮助，但是改变霍乱流行真正需要的是摆脱贫穷的良方。

现代世界的流行病

在 21 世纪，发展中国家有了长足发展，逐渐向发达国家靠拢。这既是个好消息，也是个坏消息。

好消息是因为传染病在世界范围内已不再是人类死亡的主要原因，坏消息则是，与发达国家类似，同样的慢性疾病也在发展中国家里变成了人类的主要杀手。包括心脏病、中风、慢性呼吸道疾病、癌症以及糖尿病在内的慢性疾病是工业化发达国家成年人死亡的主要原因。现在，世界上70%的人死于慢性病。不仅如此，每5个死于慢性病的病人有4个来自中低收入国家。虽然时常被忽视，但慢性病的流行也是导致贫穷的一个因素，同时也严重阻碍了一个国家的经济发展。

到底是为什么慢性病会在近几十年迅猛增长，原因尚不清楚。在发展中国家，卫生状况的改善和疫苗的普及应该是降低传染病死亡率的重要原因。人类微生物组研究专家马丁·布拉瑟提出了一个令人深思的假说。他认为慢性病的增长源于体内有益细菌被杀死或减少。还记得第三章中曾提到的吗？幼年时接受抗生素治疗会清除肠道微生物群落中的细菌，这一做法有可能增加成年后患肥胖、2型糖尿病、过敏以及其他慢性病的风险。布拉瑟在2017年《自然综述免疫学》杂志上发表的文章中提出这个理论，认为人类体内的微生物群经过多年的演化一代代继承下来，一旦某些种类缺失，会在早期引起身体免疫、代谢和认知发育的改变，正是这种改变导致成年后患慢性疾病的风险增加[6]。

虽然慢性疾病成为现在成年人过早死亡的主要原因，但儿童却不是这样。两种最常见的感染，腹泻和肺炎，仍然是全世界范围内最常见的儿童死亡原因。在5岁以下的婴幼儿中，每年死于肺炎的人数高达130万，死于腹泻的约为70万。

有证据表明，严重腹泻患者中接近三分之一的儿童，以及三分之二的死于肺炎的儿童，其患病或死亡是可以通过使用疫苗而得到避免的。那些本可幸存的儿童死亡病例还在持续发生，真是令人痛心的悲剧。

虽然慢性疾病是如今人类死亡的主要原因，新传染病流行仍在继续出现。在人类的致命敌人面前，我们依然十分脆弱。人类最好的医学防卫也在其中有些毒株（如新的流感病毒）面前束手无策，我们有可能再次体验20世纪初流感大流行的惨痛遭遇。

无处不在的微生物

　　自 1975 年以来，世界上出现了 140 多种新发传染病。在"致命的敌人"这一篇的以后几章，我们将仔细审视其中几种。它们中的多数是人畜共患传染病，来源于动物，直接或间接通过昆虫传染给人类。每种传染病都带给了人类深刻教训。

第七章
杀手病毒

令宿主丧命的病毒并不会有效传播，狡猾的病毒会与宿主共存。

——詹姆斯·洛夫洛克

（英国科学家）

在第六章中，我们讲述了一些历史上传染病大流行的故事，这些传染病几乎将人类彻底摧毁。在致命的敌人中，天花病毒最令人闻风丧胆。谢天谢地，如今天花已经被彻底根除。

本章我们将讲述两种在现代社会新出现的病毒：艾滋病病毒和埃博拉病毒。流行病学家们仍为这两种致命病毒而忧心焦虑，坐立不安。

根据本章开头詹姆斯·洛夫洛克的定义，这两种病毒都算不上高效。如果不加治疗，艾滋病病毒会令所有患者丧命，埃博拉病毒则会杀死大多数患者。不过，它们的策略也不可谓不聪明。在多数的情形下，艾滋病病毒会在被感染者体内潜伏十余年，然后突然发难，导致患者身上出现疾病症状。一旦症状出现，即便采用最积极的抗病毒治疗方法也无济于事。这两种病毒都狡猾到可以成功躲避人类免疫系统，夺去患者的生命。

人类免疫缺陷病毒 / 艾滋病

> 性，这种事情耗时最少，产生的麻烦却最多。
>
> ——约翰·巴里摩尔
>
> （译者注：美国 20 世纪初期电影明星）

艾滋病全球大流行

1981 年，当艾滋病病例最早见诸报端，我才刚刚成为传染病专科医生。人们对这一疾病的了解越多就越是感到惊讶不已。我有时会想，有关这种疾病的故事若是出现在某本小说里，没有人会相信它们会真的发生——因为情节太匪夷所思了。

据说，以下名言出自丹麦物理学家和诺贝尔奖获得者尼尔斯·波尔（译者注：量子力学奠基人之一）："预测是件极为困难的事，特别是预测未来。"这句话非常适合用来描述艾滋病。它在美国出现后的头一年，所有病例都集中在加利福尼亚州和纽约市。当时人们做了很多有关这种疾病的预测，只有以下三点后来证明是正确的：

1. 根据高患病风险人群判断（性生活活跃的男同性恋者，静脉注射毒品的瘾君子，接受输血的血友病患者），无论引发原因为何，疾病是通过性接触和血液进行传播的。

2. 因为最常见的并发感染源自某种不经常出现的机会性致病真菌，可以推论引发这种疾病（后来被称为艾滋病，全名为获得性免疫缺陷综合征）的病原体严重抑制了细胞介导的免疫反应（译者注：细胞免疫缺陷使患者易受致病真菌感染）。

3. 发现致病原因的人将会获得诺贝尔生理学或医学奖。2008 年，诺贝尔奖颁给了两位法国病毒学家，吕克·蒙塔尼和弗朗索瓦丝·巴尔–西诺西，以表彰其在 1983 年发现人类免疫缺陷病毒（艾滋病的元凶）的工作。

在 1981 年，没有人能预见到，这种看起来只在美国局部地区出现的流行病，会迅猛扩散为全球范围的爆炸性流行。截至 2013 年，约有 3900 万人因艾滋病丧生。也没有人会想到 2013 年时，3500 万艾滋病病毒携带者中的 70% 生活在非洲。谁也不曾预见，这一疾病将严重破坏美国和其他地方男同性恋者的生活和艺术家社区。同样无法预测的是，随着时间推移，女性和男性一样会被感染。人们也没有料到，这一疾病带来的痛苦，令社会中最为脆弱、边缘化和饱受污名的群体更加不堪于生活的重负。

病原体、感染途径及发病症状

蓬勃发展的分子病毒学直接导致了人类免疫缺陷病毒的发现，之后又引发了一个接一个突破性的进展和新发现。

我们在第一章就曾介绍过，病毒是非常简单的微生物。它们仅包含一个蛋白外壳和由其包裹的一段含有若干基因的 DNA 或 RNA 遗传物质。艾滋病病毒的遗传物质是 RNA。同其他所有病毒一样，艾滋病病毒侵入细胞后会夺取细胞的控制权，并使其大量制造新的病毒拷贝。但与其他病毒稍有不同的是，艾滋病病毒是一种反转录病毒，能把自身的遗传信息整合到宿主基因组中。

一旦艾滋病病毒进入细胞内，依赖它自身携带的一种特殊蛋白，即反转录酶，它可以利用 RNA 作为模版合成 DNA 分子。这个 DNA 模版会被用来合成病毒复制所需的蛋白，它还会被整合到细胞的染色体上。遗传物质在细胞中的通常走向是以 DNA 为模版指导 RNA 合成，也就是所谓的转录过程。这个由 RNA 到 DNA 的反向过程被称为反转录。

就病毒而言，艾滋病病毒自身结构非常简单，只携带了 9 个基因。因为反转录生成的病毒 DNA 会整合到宿主细胞的基因组中，身体的免疫系统很难将之清除。艾滋病病毒的基因还会频繁突变产生新的变异体。病毒经过变异后可能会对免疫系统和抗病毒药物产生抵抗力。

艾滋病病毒究竟来自何方？遗传学研究表明，它在 19 世纪末或 20 世纪初来源于中非西部。与大多数新发病原体类似，HIV 病毒来源于动物。许多证据表明，它可能来源于非洲灵长类动物身上的类似反转录病毒，经不同物种之间的交叉感染传染到人身上。灵长类动物包括大猩猩、猿类、狒狒、黑猩猩、猴子、狐猴和人类。

在艾滋病全球大流行的早期，人们就已鉴定出两种艾滋病病毒：人类免疫缺陷病毒-1 出现在世界各地的艾滋病患者中，而人类免疫缺陷病毒-2 主要出现在西非。

现在我们知道，人类免疫缺陷病毒-1 至少有 4 种不同病毒株，其中两种在 1908 年来自喀麦隆西南的黑猩猩，另外两个则来自相同地区的大猩猩。

人类免疫缺陷病毒-2 的起源时间稍微靠后，来自西非地区一种名为乌黑白眉猴（sooty mangabeys）的灵长类。在非洲某些地区，人们有吃灵长类动物肉的习俗。很有可能就是因为接触了被感染的动物肉（当地人称之为丛林肉）中的血液，导致原本在猴子身上的反转录病毒被传染至人类。

过去的研究已经确定，最早感染人类免疫缺陷病毒-1 的患者为生活在刚果民主共和国金沙萨的一位男性，时间是在 1959 年。病毒可能是在 1970 年左右通过加勒比海地区到达美国纽约，至于具体细节不得而知。

直到 20 世纪 80 年代末有效的抗病毒疗法出现之前，艾滋病患者死亡率达 100%，仅有为数不多的几种病原体有如此可怕的杀伤力。这样一个仅仅具有 9 个基因的简单生物是如何击败并杀死其人类宿主的呢？人类基因组约有 20000 ~ 25000 个编码蛋白质的基因，人类还拥有比其他任何物种都要强大的大脑。

问题的答案是艾滋病病毒具有的骇人听闻的独特能力：它专门侵袭人类的 CD4 淋巴细胞，并在这种细胞内进行复制。CD4 淋巴细胞是血液里白细胞中的一种，是人体免疫力形成的组织者之一（见第四章）。这类细胞遍布身体各部位，集中出现在淋巴结里。一旦艾滋病病毒侵入 CD4 淋巴细胞内，它们就会疯狂地进行复制，最终令细胞死亡。

一些人在感染初期会表现出类似流感的症状，然而大多数人在被感染后的头十年里没有任何症状。随着身体里 CD4 淋巴细胞的逐渐减少，免疫系统受损的状态会开始表现出来。

当人体内血液里 CD4 淋巴细胞的数目低于 300 个细胞 / 微升（正常数目是 500 ~ 1500 个细胞 / 微升，1 微升 =1 立方毫米），就会出现严重的免疫缺陷。免疫力降低后，生活中的各种病原体都有机会侵入体内，包括真菌（例如耶氏肺孢子菌，*Pneumocystis jirovecii*，一种在艾滋病流行之初最为常见的病原体；还有新型隐球菌，*Cryptococcus neoformans*，是目前导致非洲艾滋病病人死亡的最常见病原体）、细菌（例如引起结核的结核杆菌）、病毒（主要是疱疹类病毒）和寄生虫（例如弓形虫，*Toxoplasma gondii*，以前曾是艾滋病患者脑部形成肿块的最常见诱因）。恶性肿瘤，例如卡波西肉瘤（Kaposi's sarcoma）和淋巴瘤，也会随着免疫力的进一步丧失而出现。

艾滋病病毒还会引起神经退行性失智症，症状类似阿尔茨海默病（Alzheimer's disease），表现为记忆力丧失，表达能力下降，目光呆滞。在艾滋病刚开始流行时，我曾接诊过一些处于这一凄惨阶段的病人，那段记忆至今会让我悲伤不已。

治疗与预防

在美国出现艾滋病后 6 ~ 7 年，几乎所有患者都死于此疾病[1]。直到1987 年，随着第一个被美国食品和药物管理局批准的抗病毒药物齐多夫定〔（zidovudine），商品名立妥威（Retrovir）〕问世，这种极为悲惨的情形开始得到改善。药物的商品名隐喻了药物会抑制病毒反转录酶的活性。此后不久，几家制药公司开发了多种其他抗病毒药物，具有类似的效果，使疾病治疗效果大为改观。制药公司都在努力制造出效果更好的抗反转录病毒的药物。

1996 年的发现真正改变了艾滋病治疗的局面。当时多项研究显示，将抗病毒药物组合起来，或称为高活性抗病毒疗法（highly active antiretroviral therapy, HAART，也称鸡尾酒疗法），疗效十分显著。接受鸡尾酒疗法治疗后，艾滋病患者被从死神手中抢救回来，甚至恢复了正常生活。此时，艾滋病的治疗已相当复杂，以至于很多传染病医生成为治疗艾滋病的专科医生。在 20 世纪 90 年代中期，我的那些专于治疗艾滋病的同事们才明显体会到了努力后获得回报的喜悦感觉。

如今，至少有 27 种被美国食品和药物管理局批准用于治疗艾滋病病毒感染的药物。医生一般会选用其中的 3 ~ 4 种药物进行组合治疗，治疗可以有效降低血液中的病毒数量（或称病毒量，viral load）。随之而来的是血液中 CD4 淋巴细胞数量的回升和病人免疫力的恢复。

有效的疗法对病人绝对是好消息，其不如人意的地方就是不能彻底消灭体内的艾滋病病毒。病毒会在身体里躲藏起来，病人必须终身接受治疗。

无论如何，鸡尾酒疗法仍然非常成功。在世界很多地方，艾滋病已转变为一种慢性病，而不再是很快就致命的疾病。如今，被成功治疗的艾滋病人的主要死因也与未感染者相同，即心血管疾病和癌症。

在鸡尾酒疗法开展的早期，人们进行了很多实验来确定何时开始治疗效果最佳。现有数据表明，一旦病人被确诊感染，就应立即开始接受治疗。

近些年来，治疗方法也得到简化。3 ~ 4 种药物的组合被制成药片，每日只需口服一粒。也有新的研究表明，每 8 周一次，注射两种长效药物，治疗效果与每日口服三片药物的疗法相当。如果这一结果被其他研究证实，对于艾滋病的治疗就又进一步得到了改进。

对抗艾滋病全球流行还带来了另一个值得一提的成果，那就在世界范围内建立应对严重公共卫生危机的反应机制。为防止出现 HIV 抗药性，病人需要接受药物组合疗法。然而，这种疗法价格不菲，最初治疗只能在发达国家开展。由于医学、公共卫生、制药业、政府、非政府组织等领域的诸多人物的积极倡议和努力，加上社会明星和病人权益组织的参与，近年来，这种不平等现象已大大得到改善。越来越多的证据表明药物组合可以挽救生命，具有很好的治疗效果。两个非常特殊的协作组织也应运而生，即 2002 年成立的全球抗艾滋病、结核、疟疾基金会（Global Fund to Fight AIDS, Tuberculosis and Malaria）和 2003 年成立的美国总统艾滋病救援紧急计划（the U.S. President's Emergency Plan for AIDS Relief, PEPFAR）。

美国艾滋病救援紧急计划主要是为非洲贫穷国家的艾滋病患者提供抗病毒治疗。由于救援计划和其他非营利非政府组织提供了资金支持，到 2016 年中，已有 1820 万非洲艾滋病患者开始接受抗病毒治疗。其结果便是艾滋病死亡率从 2005 年以来下降了近 50%。由于对艾滋病孕妇患者的积极治疗，全球有 100 万婴儿诞生时免于艾滋病感染。正是艾滋病救援紧急计划的存在使这一切成为可能。

预防艾滋病病毒感染的措施也被广泛实施。在疾病流行初期开发了针对艾滋病病毒感染的筛查，清除血液制品中的病毒污染。对艾滋病病毒阳性的母亲进行治疗也几乎可以完全阻断母婴间的病毒传播。

近期研究显示，对于那些与男艾滋病患者有性关系的未感染男性来说，日服抗病毒药物组合片剂可以显著降低染病风险。这种预防方法被称为"暴露前预防"或简写为 PrEP（pre-exposure prophylaxis），推荐所有具高感染风险有同性性交行为的艾滋病病毒阴性的男性使用。虽然这种预防方法的出现令人振奋，但担忧也随之而生。因为有了这种预防方法，反而使不少人在性交时不再使用安全套来避免疾病传播。更令人担心的是，实际上并没有多少人切实按预防的要求服药。2018 年在波士顿召开的反转录病毒和机会性感染大会上，有报告显示，在美国食品和药物管理局批准了"暴露前预防"疗法的 6 年后，在所有可能会受益的男性中，只有很少一部分按要求服用药物。

如果所有感染者停止无保护的性交，静脉注射的瘾君子不再共用针头，那艾滋病的流行就会终止。当然，这样的行为改变说起来容易做起来难啊。

经验教训

机体对艾滋病病毒产生保护性免疫反应的机理还不清楚。有别于其他已知的微生物，艾滋病病毒入侵细胞的过程极其独特，它已进化到可以躲过免疫系统的监视。免疫系统很难（或根本就不能）防御这种病毒。

——安东尼·福奇

（Anthony Fauci，美国国家过敏症和传染病研究所所长）

虽然对艾滋病的治疗已取得长足的进步，但在 2014 年，3690 万感染者中的 54% 没有得到任何治疗。同年又新增了 200 万感染病例，其中有 5000 例出现在美国。由于感染后的头 10 年病毒基本处于隐形状态，大多数感染者没有症状，甚至都不知道自己已被感染。直到 2017 年 7 月，联合国艾滋病机构才宣布，在世界范围内首次有超过半数的艾滋病病毒感染者接受了抗病毒药治疗。

成功的治疗方案也带来了自满和对疾病的轻视，有人相信艾滋病已在人类掌控之中，无需太过担忧。然而对于数以百万、千万计的艾滋病病毒感染者而言，情况并非如此。为了活着，他们必须终身服用价格昂贵的药物，在性生活中保持高度警惕。不过也有些好消息，制药公司正在研制新药，其目标是清除那些基因组里含有病毒 DNA，处于隐性潜伏期的细胞。

尽管面临艰难的挑战，世界卫生组织、美国国立卫生研究院、美国疾病控制与预防中心的领导人们还是对未来充满信心。他们认为，通过全面推行通用的抗病毒药物组合疗法，人类有望在 2030 年遏制艾滋病的流行势头。在发展中国家出现了高度耐药性的艾滋病病毒株，"艾滋病救援紧急计划"项目的资金来源也可能会出现问题，这些负面因素则有碍这一目标的实现。

自从 1983 年艾滋病病毒出现以来，开发疫苗顺理成章地成为该病毒研究领域的头等大事。多年以来，世界上许多优秀的病毒学家和免疫学家都共同致力于实现这一目标。但是，由于艾滋病病毒可以将自身遗传信息整合入 CD4 淋巴细胞基因组，而 CD4 淋巴细胞又是人体形成免疫力至关重要的成员，目前虽有上百种艾滋病疫苗被研制出来，却还没有一种在临床测试中取得成功。艾滋病研究先驱科学家罗伯特·加洛几年前开发了一种独特的疫苗，并于 2015 年在美国进入了临床试验[3]。2016 年在南非约翰内斯堡也启动了另外一种新疫苗的临床测试。这些临床测试使人们对疫苗依然抱有希望，或许有朝一日艾滋病会从这个世界完全消失，就像 1976 年的天花一样。

埃博拉病毒

　　骚乱开始暴发。隔离中心已经不堪重负。在医疗前线被感染和牺牲的医护人员人数更是触目惊心。

——廖满嫦

（Joanne Liu，无国界医生组织国际主席）

埃博拉流行

　　目前出现的 140 多种新发传染病中，埃博拉病毒导致的疾病（也被称为埃博拉出血热，或简称埃博拉）最令人感到惊惧不安。

　　与艾滋病病毒一样，埃博拉病毒也来自非洲，也同样是因为接触被感染的动物而传播至人类。与狡猾但可被控制的艾滋病病毒不同，埃博拉病毒感染发展很快，短时间内就会令 50% 以上的患者在痛苦中丧命。

　　埃博拉病毒感染后的 4 ~ 9 天为潜伏期。潜伏期一过，患者会突然出现发热和发冷，接下来是流感样症状（肌肉疼痛、流鼻涕和咳嗽），胃肠不适（腹泻、恶心、呕吐和腹痛），重症患者还出现体内外出血（眼睛、耳朵和口腔部位）。在疾病的末期（感染后 7 ~ 10 天），患者神志不清，陷入昏迷。过度腹泻和呕吐导致的脱水和出血还会引起休克。

　　埃博拉病毒同样是躲避人类免疫系统的高手。它不仅感染免疫细胞，还利用被感染的细胞到达肝脏、肾脏、脾脏和大脑等身体部位。

1976 年在扎伊尔（Zaire，现在的刚果民主共和国）和苏丹同时发生了两起埃博拉流行，人们首次见识了埃博拉病毒的厉害。自那时以来，至少有 21 起埃博拉暴发，多数发生在赤道附近的非洲国家。

2013 年 12 月暴发的埃博拉流行无疑是目前已知规模最大也最为恐怖的一次。这也是埃博拉第一次出现在西非国家，主要是几内亚、利比里亚和塞拉利昂。罪魁祸首正是当年在扎伊尔首次分离出的病毒株（称为 EBOV）。病毒通过何种途径从中非扩散到西非仍不清楚，科学家猜测可能是果蝠将其携带至西非的。专家们推测，水果蝙蝠携带着埃博拉病毒从赤道非洲来到西非并感染了其他动物，如黑猩猩、大猩猩、猴子、森林羚羊或刺猬等。通过与包括果蝠在内的被感染动物的接触，如血液、分泌物、器官或其他体液等，人类也被感染。在西非，人们会食用上述一些动物的肉类。很有可能正是在猎取或宰割动物的过程中，病毒感染了人类。

疾病的流行最初始于几内亚的一岁男婴，然后扩散至利比里亚和塞拉利昂。附近的其他非洲国家也有小规模暴发和孤立病例出现。在非洲以外，英国和意大利撒丁岛有输入病例的报道。西班牙和美国也有输入病例出现，并曾导致医护人员感染。这些事件不免会在公众中引发恐慌。幸运的是，埃博拉并没有进一步扩散开来。

埃博拉主要通过与皮肤接触和体液传播。因此多数的传染病例与直接照顾埃博拉病人相关，通常是家庭成员和医护人员（约有 25% 的感染发生在医护人员中）。在传统的葬礼中，死者下葬前由家庭成员对尸体进行处理，这种做法也促进了埃博拉病毒在家庭成员间的传播。

很多埃博拉幸存者都体会到了恢复过程的缓慢和痛苦。他们感到乏力和食欲不振，出现脱发和眼疾。疾病症状已消失后数月病毒仍会出现在母乳和精液中。最近的研究发现，1% ~ 2% 的痊愈男性在康复整整一年后，其精液中仍可检测到病毒。其中一位男性感染 565 天后的检测精液仍然带有病毒。在此期间，埃博拉仍然可以通过性交或母乳进行传播。

人们总是担心有朝一日埃博拉病毒会突变，变得可以通过飞沫传播，所幸这种情形至今还未发生。

自几内亚首例病例出现两年多后，截止到 2016 年 4 月，共有 28616 例感染和 11325 例死亡记录在案。世界卫生组织认为实际死亡数目要远高于此。西非埃博拉流行也造成了巨大的经济损失，考虑到直接的经济影响和间接对社会的冲击等因素，估经济计损失达 530 亿美元，这着实令人震惊。

利比里亚、几内亚和塞拉利昂都是贫穷国家，那里的医疗保健系统远远不能应对埃博拉这样毁灭性的疾病。患者所在的家庭和村庄简直就是惶惶不可终日，医护人员也担惊受怕，死者横尸街头常常多达数日。埃博拉流行所带来的悲惨景象不免会让人联想到 350 年前发生在伦敦的那场鼠疫。

病原体、感染途径及发病症状

丝状病毒科（Filoviridae）埃博拉病毒属（Ebolavirus）下五个物种中的四个可以引起埃博拉感染，它们都是 RNA 病毒。该病毒科的取名 filoviridae 来源于拉丁语 "filo"，即为细线之意。我们对丝状病毒还知之甚少，它们的高致死率和强传染性为研究带来了困难。以下是目前我们对此种病毒的一些了解。

1976 年人们发现了埃博拉病毒属五种病毒中的两种。其发现者是美国疾病控制与预防中心的一个科研小组，以及比利时微生物学家彼得·皮奥特（Peter Piot）。彼得·皮奥特现任伦敦卫生和热带医学院院长。当时，研究者们检查了来自曾在扎伊尔工作过的比利时修女的血液样品，他们吃惊地在电子显微镜下看到巨型爬虫形状的结构。这里所谓的"巨型"是与普通病毒的尺寸相比较而言的。他们以流经扎伊尔亚布库村庄的河流的名字"埃博拉"命名了此病毒。研究人员在发现病毒之初就十分精确地描述了埃博拉的疾病特征。他们特别强调，正确安全地处理死者尸体和对感染者进行隔离在疾病控制方面至关重要。

研究人员在 2015 年对 78 位患者的 99 个埃博拉病毒样品进行了基因组

测序。他们发现，在 2013—2015 年埃博拉暴发中的病毒株与之前分离的病毒株相比，存在 341 处遗传变异。埃博拉极其危险。虽然采取了最大程度的防护措施，研究团队里还是有 5 位成员染上了埃博拉，在研究结果发表之前就去世了。

治疗和预防

一般而言，任何疾病都是越早开始治疗效果越好，最好能在症状出现之前就开始治疗（如同艾滋病病毒感染一样）。但是埃博拉的很多初期症状，如发热、发冷、呼吸困难和肠胃不适等，和其他常见疾病类似，这就为早期确诊增加了难度。尤其是在发展中国家或远离埃博拉疫情范围的地方，准确诊断更是难上加难。

在 2014 年，一位来自利比里亚的访问者出现在美国得克萨斯州某个医院的急诊室，他实际上已感染了埃博拉病毒，但因为没有出现发烧等症状而被告知回家休养。那时人们尚不清楚，约 18% 的埃博拉病人并不会出现体温升高现象。在有大量利比里亚移民居住的美国明尼苏达州，2014—2015 年有不少来自利比里亚的游客因发烧到医院急诊室就诊，可想而知这样的病人往往会在公众中引起有关埃博拉的恐慌。

目前埃博拉尚无药可治。对病毒感染的治疗主要以减轻症状和维持身体重要器官的基本功能为主。因为严重腹泻会导致身体缺水和血管破损，所以及时补充液体和监测血液内的电解质水平成为治疗的关键。

在西非埃博拉暴发期间，一些实验性药物和免疫学疗法被用于个别病例的治疗。其中几种药物在猴子身上进行动物实验时效果不错。一种名为 ZMapp 的药物（三种埃博拉病毒抗体的组合），在小规模随机临床测试中显示可以降低疾病死亡率。但就在开发新治疗方法的同时，埃博拉流行势头也变缓了，以至于无法招募到足够多的病人开展大规模临床实验。有人建议，如果埃博拉重新抬头或有新的疫情出现，应尽早对那些最有前途的药物进行测试。实际上，当 2018 年刚果出现第 10 次埃博拉暴发时，两种单克隆抗体的临床试验也随即展开。在 2019 年，这两种药物的早期试验结果看起来都很有希望。

自从四十年前第一次埃博拉暴发之后，人们就总结出了很多疾病预防的经验和教训，这些经验和教训在西非埃博拉流行中又重新被加强巩固。最重要的措施莫过于建立并严格执行隔离制度。隔离不仅指患者，也包括所有与患者有过接触的人员，包括来自疫区的旅行者和医护人士。照顾患者的医院工作人员必须穿戴特定的防护装备，而且在穿脱时要格外小心；与病人接触后，防护装备需及时消毒或销毁。

2015 年在几内亚进行的一项临床测试，为预防埃博拉带来了最令人兴奋的消息：一次性疫苗注射使接种者全部免于埃博拉感染。虽然还需要更多的研究数据，前世界卫生组织总干事陈冯富珍称赞该疫苗为"针对目前和未来埃博拉暴发的极具前途的进展"。2017 年，几种埃博拉疫苗的一期临床测试（主要测试疫苗的人体安全性）都取得了成功。所以如果埃博拉病毒再次出来逞凶（有人认为病毒的再次肆虐是必然的，问题只是何时出现），我们已经做好了充分的准备，应该可以从容应对。

当 2017 年 4 月刚果再次出现小规模埃博拉疫情时，由默克（Merk）制药公司生产的疫苗已在美国准备就绪，可以随时运往灾区。埃博拉已成为刚果的地方性流行病，从 1976 年以来已经暴发了 10 次。幸运的是，世界卫生组织在当年 7 月就宣布疫情结束，4 人死亡，没有大范围疫苗接种的必要。

然而，2018 年 7 月埃博拉又在刚果死灰复燃。令事态变得更为复杂的是，这次疫情发生在军事交火地带。到了 12 月中旬，已有 505 位患者确诊，298 人死亡。至 2019 年 4 月底，这一轮新疫情已导致约 1400 人患病和 900 人死亡。特别令人感到心情沉重的是，准备好的有效疫苗没有用武之地，疾病因社会动荡而迅速蔓延开来[4]。

值得一提的是，与应对西非埃博拉流行时的迟钝反应相比，这次国际卫生机构迅速组织了人力物力抗击疫情。还处于临床开发期的药物也投入了使用，其中包括 ZMapp 等单克隆抗体；装备有空气控制系统生物安全隔间被用来安置病人；免疫接种也得到了开展。

经验教训

埃博拉在几内亚、塞拉利昂和利比里亚的肆虐为我们敲响了警钟：我们必须为将来的未知传染病做好准备，新的疾病或许比埃博拉的传染能力更强。

——比尔·盖茨

2014 年 8 月，在几内亚和利比里亚报告首例埃博拉患者后 5 个月，世界卫生组织宣布这次流行为引发国际关注的突发公共卫生危机。当时，埃博拉已经在几内亚、塞拉利昂和利比里亚夺走了数千人的生命，包括病人和医护人员，当地完全陷入了恐慌。考虑到医疗从业人员短缺和医疗资源捉襟见肘，能在两年内将疫情消灭可以说是一项了不起的成就。公共卫生、人道主义以及科学研究领域迅速行动，汇集了巨大的力量。这个成就的取得是众多政府和非政府组织协同合作的结果，它们包括世界卫生组织、美国疾病控制与预防中心、无国界医生组织、美国国立卫生研究院以及比尔和梅琳达·盖茨基金会等。

但是，如果世界能够再多一点关心，对疾病暴发再多一些关注，也许能更早阻断疫情，数千个生命或许会被挽救。我一直怀疑，如果这样的流行病发生在发达国家而非发展中国家，应对步伐应该会大大加快。世界卫生组织也因为没有履行其有效监督职能而备受指责。

令人感到宽慰的是，到 2015 年底，有众多专家小组对疫情应对进行了反思。出于亡羊补牢的考虑，专家们明确指出世界卫生组织和其他机构的监管缺陷，并建议建立有效监管协调机制，以应对未来的新传染病暴发。2016 年 5 月，由四个全球埃博拉委员会做出的指导性建议发表在了《PLOS 医学》（*PLOS Medicine*）杂志上。所有专家一致指出监管失效的错误不可再犯，这也是世界范围内所奉行的道义要求。

　　就在 2016 年 1 月 14 日世界卫生组织宣布西非暴发埃博拉疫情的同时，一位 22 岁塞拉利昂学生被确诊埃博拉病毒感染。这个病例和近来在刚果民主共和国暴发的疫情一起，警示我们在东非和西非都必须保持对埃博拉的高度警惕。大家都知道，病毒仍然藏身于野生动物中（通常是蝙蝠），它迟早会再次传播给人类。

　　在发达国家，公共卫生官员、医院和其他护理人员之间已经建立起了有效的监测通信网络。控制传染的程序已被严格监管，在将来发生传染病流行时，监测网络和严密程序应该能确保普通百姓和医护从业人员的健康安全。

　　至 2015 年底，美国仅发现 4 例埃博拉确诊患者。第一例就是那位前往得克萨斯州达拉斯的利比里亚访客，后来死于埃博拉。第二位患者是一名来自几内亚的医生，在纽约市被成功治愈。其他两例是在得克萨斯州接触了首例患者的医护人员，都战胜疾病幸存下来了。

　　埃博拉病毒曾在美国全国造成短暂恐慌。对我们这些亲历过艾滋病初期流行的人来说，这种经历使过去恐怖的记忆又重新浮现脑海。那时，恐惧、猜疑和歧视也很普遍，以吸引眼球为目的各种煽情消息压倒了严肃客观的新闻报道。但幸运的是，在两次疾病暴发中，智慧和同情也无处不在。随着时间的推移，以科学为依据的公共卫生管理最终扭转了艾滋病和埃博拉流行的局面，人类最终还是取得了胜利。

　　就在我于 2019 年 8 月写下这些文字的同时，从西非埃博拉暴发中吸取的许多经验教训，已经被用于应对发生在刚果的疫情。大规模埃博拉疫苗的推广，以及单克隆抗体在临床测试中的初步成功都令人们欢欣鼓舞。虽然如此，现在谈论埃博拉何时消失还为时过早。2019 年 7 月 17 日，世界卫生组织宣布埃博拉暴发为国际性紧急突发事件。无国界医生组织的医疗团队带头人阮荣金（Vinh-Kin Nguyen）博士强调，认真倾听来自疫区的声音和获得社区的信任是成功对抗疫情的关键。从长远来看，期待人类有朝一日彻底根除埃博拉，我们必须认识和努力解决贫穷和不公正等人类社会中存在的问题[5]。

第八章
蚊子传播的传染病

如果蚊子也有灵魂的话，那它的灵魂一定充满邪恶。蚂蚁会赢得我的些许尊重，但我不会对蚊子有什么悲惨遭遇而忧心。

——道格拉斯·霍夫施塔特

（印第安纳大学认知科学杰出教授）

蚊子是世界上最致命的动物，每年令数以百万计的人和动物丧生。蚊子这般厉害，是因为它可以传播多种病原体，最常见的就是引起疟疾的寄生虫即疟原虫，和其他一些虫媒病毒（或称节肢介体病毒）。

还记得在第六章中我们提到过，世界上有3500种蚊子，其中仅约40种疟蚊属蚊子会携带疟原虫。我们在本章中会谈及三种虫媒病毒（登革热病毒、基孔肯雅病毒和寨卡病毒），它们是由伊蚊（aedes）属中的蚊子携带并传播的。

无论蚊子的种类如何，它们都有两种共性。首先，只有雌蚊吸食动物血液，并利用血液中的蛋白养分供虫卵发育。其次，所有的蚊子都生活在有水的温暖潮湿处，它们需要在水中产卵。

这也是为什么多数种类的蚊子都只在热带地区出现的原因。在巴西有450种蚊子，美国大陆发现约166种，而在挪威则仅仅生活着微不足道的16

种蚊子。然而种类的多少并不反映出实际个体总数的多少。在美国明尼苏达州生活的人都领教过那里蚊子的数量，该州人自己甚至开玩笑把蚊子列为州鸟。

蚊子嗅觉极佳，它借此本能发现叮咬对象。它们会被我们呼出的二氧化碳和从皮肤释放的某些化学成分所吸引[1]。我们在第三章也提到过，皮肤上生活着约 1 万亿个细菌，它们构成了皮肤微生物组。最近的研究显示，这些细菌决定了您的体味是否会吸引蚊子。如果是的话，那您就是那 20% 特别招蚊子的人之一。

以下是一些有关蚊子的有趣常识：蚊子生活在除冰岛和南极大陆以外的所有国家；它们在地球上出现的时间要比人类早至少两亿年；它们是许多鸟类、蝙蝠和鱼类赖以生存的食物。事实上，如果没有蚊子，地球上的很多生态系统便会崩溃。所以下一次当您愤怒地打算一巴掌拍死讨厌的蚊子时，请再想想，如果没有它们，很多动物将无法生存。

登革热

埃博拉的流行使我们见识了传染病在这个全球化世界中的传播。传染病传播的条件和环境会因时间的推移而发生改变，加之人类社会和环境的持续变化，登革热这样的传染病在全球的分布也将随之改变。

——科琳·舒斯特－华莱士
（联合国大学水资源、环境及健康研究所项目官员）

登革热的全球流行

登革热有很长的历史，有关登革热的最早记录出现在中国晋朝（公元265—420）时期的医学百科全书中（译者注：有可能指晋朝葛洪著《肘后备急方》）。

在近代西方世界，本杰明·拉什（Benjamin Rush）首次报道了登革热确诊病例。他在 1789 年发明了"断骨热"一词，指肌肉、骨骼和关节的剧痛，这正是登革热的最常见症状。

登革热病毒有四种类型，DENV1、DENV2、DENV3 和 DENV4，它们同属于黄热病毒属（*Flavivirus*）。其他黄热病毒还包括寨卡病毒和最令人讨厌的黄热病毒，这一属的属名就来自黄热病毒，拉丁语"flavus"正是黄色之意。近年中部非洲正经历黄热病流行。2017 年巴西黄热病患者激增，以致政府订购了大量黄热病疫苗。

所有四种登革热病毒均由埃及伊蚊（*Aedes aegyoti*）和白纹伊蚊（*Aedes albopitus*，或称亚洲虎纹）传播。约 25 亿人（占如今世界人口的 35%）的生活环境中有伊蚊出现，这就为登革热从 20 世纪 70 年代开始的大流行创造了条件。美国疾病控制与预防中心主任托马斯·弗里登，将埃及伊蚊称为"蚊类中的蟑螂"，因为它们不仅乐于生活在人类居住环境中，还喜欢叮咬人类，吸食人血以提高繁殖率。埃及伊蚊也很狡猾，经常叮吸脚踝等人们不怎么注意的部位。

到 2018 年，登革热已出现在亚洲和太平洋地区、非洲、南北美洲和加勒比海地区的至少 120 个国家中。斯里兰卡的登革热疫情格外严重。2017 年上半年，该国就有超过 10 万人患登革热，296 人为此丧命。越南也报道了类似数目的病例，比 2016 年同期增长了 42%。2019 年，中美洲出现了几十年以来最为严重的登革热疫情。

世界卫生组织估计每年有 5000 万~1 亿人染上登革热，其中约有 50 万病人会出现严重的登革出血热，有 2.2 万人死于登革热。一些专家估计实际患病人数可能是世界卫生组织公布数字的 3 倍以上。每年约有 50 万人因登革热住院治疗。仅在美国，每年用于登革热疾病治疗的费用就高达 21 亿美元。

为什么登革热会在过去的 50 年间迅猛增长呢？其中一个主要的原因

是盲目的城市扩张，以及由此导致的供水短缺和废水、废物排放管理混乱。另外一个原因则是国际旅行的增加。伊蚊在美国大陆地区并不常见，几乎所有病例都是因为移民或旅行者在境外接触到伊蚊而被感染。

在我任明大医学院国际医学教育和研究项目主任的 16 年里，我们为 500 多名前往热带国家进行临床实习的医学院学生提供过咨询。虽然蚊类传播多种病原体，像恶性疟原虫和登革热病毒等会导致危及学生生命的传染病，当然其死亡风险更多的还是来自交通事故。

病原体、感染途径及发病症状

登革热病毒的确切来源目前尚不清楚，但这四种致病的病毒似乎来自猴子，从距今 800—1000 年前，它们各自独立地在非洲和东南亚等地跨物种传播给人类。

美国陆军医疗队的两位年轻军官 P. M. 阿什伯恩和查尔斯·克雷格在 1907 年被派往菲律宾研究登革热。他们最先发现该疾病由病毒感染引起。一直到了 1943 年，登革热病毒（DENV1）才由木村仁（Ren Kimura）和堀田进（Susumu Hotta）首先分离出来。数年后另外 3 种登革热病毒也得到了分离鉴定。

登革热病毒的基因组是单链 RNA。四种致病病毒在进化上十分接近，约 65% 的基因组相同，但同时每一种病毒又与人血中不同的抗体产生相互作用。四种登革热病毒导致相同的症状，但是即使对其中一种产生免疫，还是有可能被另外三种病毒感染。

被感染后的 4 至 8 天为潜伏期，之后便会出现多种症状，不同人的症状存在很大差别。好的方面是有 80% 的被感染者不表现任何症状。若出现症状，通常表现为突然高烧（体温可高达 41 摄氏度）、头痛、眼疼、肌肉骨骼和关节剧痛、恶心与呕吐等。很多病人在发烧 2～5 天后还会出现皮疹。

所幸绝大多数的病人会在 2～7 天后自愈，但是接近 5% 的病人会出现致命的登革出血热。当这些不幸的患者在退烧时，疾病进入一个关键期。

此时，血浆从血管中渗出，并在胸腔和腹腔中积聚，导致血管中循环的液体迅速减少，产生休克和重要脏器供血不足，通常还会发生胃肠道严重出血。

感染过一种类型的登革热病毒不仅不能提供对其他三种病毒的免疫，还会变得对登革热更加易感。如果以前曾经感染过一种病毒，又被传染了另一种，出现严重症状的风险将会增加。

随着近些年来检测诊断手段的改进，以及严重登革热早期症状识别指南的制定，对这种传染病的预防和治疗都有了长足进步。理论上讲，严重登革热患者是可以被快速诊断，并转移至重症监护室进行抢救的。然而在现实中却往往做不到迅速诊断和重症护理，因为大多数的病例发生在贫穷的国家，每年仍有超过 2 万患者死于登革热，更令人难过的是多数死者为儿童。

治疗和预防

目前，美国食品和药物管理局还没有批准任何用于治疗登革热的药物，但业界正在大力开发新药。当前的治疗仍着重于缓解症状，而重症患者还需接受输血或其他方式来补充体液。

在登革热疫苗开发方面已有显著进展。在拉丁美洲，一种针对所有四种登革热病毒的疫苗已经通过测试，具有不错的效果。这种疫苗名为"Dengvaxia"，由法国制药巨头赛诺菲（Sanofi Pasteur）研制，现已在全球20 个国家/地区获得许可并进行销售，在 2019 年初时它仅在 10 个国家有售。

现阶段这个疫苗存在一些缺陷。一方面，它将成人感染登革热的概率降低了 60%，但另一方面，它在儿童中的效果却不尽人意，甚至会使 6 岁以下儿童的患病风险上升。2017 年有接种前未被感染的患者在接种后死于登革热，悲剧的发生导致这种疫苗的使用受到了很大限制[2]。

另一种疫苗在 2015 年启动了临床试验，并引起了业界的广泛关注。在实验中，21 位健康成年志愿者每人都接种了针对所有四种病毒的单剂量减毒活疫苗。接种后志愿者接触了登革热病毒，全部免于感染。很明显疫苗能够防范全部 4 种病毒。与此同时，20 位接受安慰剂注射的志愿者在接触病毒后都生了病。登革热研究领域资深专家杜安·古柏勒（Duane Gubler）激动地说："这是 50 年来第一次，我太激动了，很有信心登革热疫苗一定会成功。这种疫苗在未来几年就应该可以投入使用。"这项研究也为开发其他虫媒病毒疫苗，例如寨卡病毒疫苗，带来了希望。

创新性灭蚊方法可能也有助于限制登革热的传播。新策略之一是利用一种与昆虫共生的细菌沃尔巴克氏体（*Wolbochia*）。做法是从果蝇中分离这种细菌，然后将其喷洒至伊蚊生活的环境中。这种细菌可以缩短蚊子的寿命并阻断登革热病毒的传播。沃尔巴克氏体作用的具体机制目前还在研究中。

生物科技初创公司 MosquitoMate（蚊伴）的沃尔巴克氏体杀虫剂产品，近来已申请并获得了美国环境保护署的批准。根据《自然·新闻》（*Nature News*）在 2017 年 8 月的报道，在野外释放被沃尔巴克氏体感染的蚊子，有望在未来 10 年内彻底消灭南太平洋一些岛屿上的所有蚊子。2018 年有报道称，在澳大利亚的汤斯维尔（Townsville，一座人口为 18.7 万的城市）进行的一项利用沃尔巴克氏体感染蚊子的试验表明，登革热发病率被显著降低了。可以说，沃尔巴克氏体是世界上最成功的细菌。它感染 40% 以上的节肢动物，包括昆虫、蜘蛛、蝎子等。它是改变宿主性行为的高手，能将雄性昆虫雌性化并杀死被感染个体。

但是，在高度有效的疫苗问世之前，如读者欲前往那一百多个暴发过登革热的国家旅行时，以下是一些主要的注意事项：

1. 带好驱蚊剂，应含有 20%～30% 的避蚊胺（DEET）。柠檬桉树油或派卡瑞丁（Picardin）也起作用。

2. 穿上长袖上衣和长裤，尤其是在白天伊蚊出没觅食的时候。

3. 在所有门窗通风处使用纱窗，及时修补纱窗上的破洞。

4. 这也是最重要的一点，清除有水残留的容器（甚至包括瓶子盖），因为蚊子可能会在其中产卵。把玻璃杯、水杯、盘子、烟灰缸和其他类似物品都放在密封的橱柜或柜子中。

经除虫菊酯（Pyrethrin）浸渍的蚊帐是行之有效的阻挡按蚊（疟蚊）的方法，因为这种蚊子夜间出没活动，但它们并不携带登革热病毒。蚊帐在对付传播登革热病毒的伊蚊时并不十分有效，因为伊蚊只在白天叮咬人类。但是，在白天用蚊帐罩好婴儿提篮或婴儿车非常重要。

经验教训

传染性疾病每年扰乱了数百万美国人的生活，其中大多数感染是可以预防的。但国家在基础保护方面投入不足，未能有效防控疫情暴发，也因此导致数十亿美元不必要的医疗费用。

——美国健康信托基金会（Trust for America's Health）

传染病政策报告（2015）

生活在伊蚊出没的地区（包括登革热、基孔肯雅病和寨卡等蚊媒传播疾病流行地区）的人们往往负担不起昂贵的医疗费用。虽然美国和欧洲的人们因身边传染病的风险很小而感到放心，但是对于那些生活在非常贫穷的国家的人们来说，染病风险仍很高，蚊子的一次叮咬就可能使自己患上这些严重的传染病。

很多积极的研究者、医药公司、政府和非营利性组织为遏制蚊媒传染病做了很多工作，但是这些努力迫切需要更多的资助。如今的气候变化至少在一定程度上使蚊子（及其传播的疾病）发生迁移，伊蚊数量在北方出现增长着实令人感到担忧（在第二十章我们还将探讨更多这方面的内容）。

基孔肯雅病

伴随着一架架喷气式飞机划过长空以及飞行常客们里程的增长，虎纹传播的基孔肯雅病逐渐向着气候凉爽的地方蔓延。几年之内，这种病毒就出现在了法国和意大利。长着黑白相间条纹的虎蚊作为媒介，将疾病在人与人之间传播。

——内森·塞帕，《科学·新闻》（*Science News*）撰稿人

基孔肯雅病大流行

基孔肯雅病的名字来自东非马孔德语，意为"弯腰走路"，这是因为疾病的典型特征正是严重的关节疼痛。

疾病的致病病原体，即基孔肯雅病毒由蚊子携带传播，最早于 1952 年在当今的坦桑尼亚地区被分离出来。从历史上来看，这种病毒主要出现在非洲，偶尔也在其他区域出现短暂暴发，在记载中可以追溯到 18 世纪。

近年来，基孔肯雅病被认为是一种新发传染性疾病，因为病毒不仅开始在新的地方出现，而且传播势头十分迅猛。疾病在印度洋周围的国家和太平洋岛屿上暴发，并于 2013—2014 年开始出现在美国。据估计每年有约 300 万人感染此病。尽管基孔肯雅病死亡率较低（低于 1/1000），但严重的慢性关节疼痛在患者中十分常见，有很高的致残率。

基孔肯雅病疫情在 2005 年首次于印度洋上的法属留尼汪岛暴发。估计有 26.6 万人（占当地总人口的 35%）被传染。这个疾病暴发地点很特殊，因为留尼汪岛过去极少或根本就没有埃及伊蚊——基孔肯雅病毒最常见的携带者。研究人员很快就发现，非洲基孔肯雅病毒株到达留尼汪岛之后已经发生变异，变异病毒能在其他的蚊种（例如亚洲虎蚊，或称为白纹伊蚊）中繁殖。这种蚊子不仅叮人更凶猛，而且还能在热带气候以外的地区生活。

留尼汪岛基孔肯雅病暴发之后没过几年，这种虎蚊又出现在了气候温

和的意大利和法国，数百名欧洲人染上此病。在 2013 年，基孔肯雅病又令人出乎意料地登陆了加勒比海地区的圣马丁岛。在不到一年半的时间里，基孔肯雅病几乎蔓延至整个加勒比海地区，以及中美洲和南美洲北部，甚至还登陆了美国佛罗里达（到 2015 年底，已有 11 人感染此疾病）。2016 年在土耳其境内的蚊子身上也首次发现了这种病毒。

如同登革热一样，缺乏计划的城市扩张和全球范围内的人员往来是基孔肯雅病扩散的主要原因。

病原体、感染途径及发病症状

1952 年坦桑尼亚暴发基孔肯雅病之后，R.W. 罗斯于 1956 年最先分离鉴定了基孔肯雅病毒。和登革热病毒一样，基孔肯雅病毒的基因组也由单链 RNA 组成。

绝大多数被基孔肯雅病毒感染的人都会出现疾病症状。这些症状与登革热类似：症状会持续 5～7 天，经常伴有高烧、头痛和极度疲倦。然而，基孔肯雅病有一个与登革热不同的明显特征，那就是腿、胳膊和手脚关节出现难以忍受的疼痛。疼痛持续数月甚至数年。该病还似乎与严重脑部感染和大脑炎有某种关联，它可以导致脑炎风险增加。另外一个与登革热不同的地方在于，基孔肯雅病很少威胁生命也不会引起出血。

基孔肯雅病重症患者需要住院治疗。死亡风险最大的患者为新生儿、老人以及患有基础疾病的人。

孕妇患者也面临特殊的风险。在留尼汪岛的疫情中，39 位临产孕妇染上了基孔肯雅病，其中 19 人的婴儿也受到传染。有 10 个被感染的新生儿出现了严重的并发症，包括脑肿胀和发育异常。

基孔肯雅病毒可以在人与人之间直接传播，并非仅通过蚊子叮咬传播。猴子、鸟、家畜和啮齿类动物等都可以携带病毒，通过与这些被感染动物的接触也有可能染上疾病。

治疗和预防

除了使用消炎类药物帮助控制关节疼痛有外，目前还没有其他治疗手段或疫苗来对付基孔肯雅病。试验性疫苗正在开发中。2018 年发表的一篇报道指出，一种名为 MV–CHIK 的疫苗在 2 期临床测试中表现理想[3]。其他疫苗目前还处于开发初期。

同时，对基孔肯雅病的预防与前文提到的登革热预防措施类似。

经验教训

做事应力求简单到极致，但不可简单过了头。

——阿尔伯特·爱因斯坦（Albert Einstein）

没有什么一劳永逸的简单办法可以根除基孔肯雅病等虫媒疾病。病毒已经走过了相当长的进化历史，就算没有数十亿年，也至少有上百万年。

好消息是在开发有效疫苗及控制疾病传播的蚊类方面，我们已经积累了很多宝贵知识。如果虎纹在美国和欧洲等温带地区导致新的基孔肯雅病疫情，对疫苗的紧迫需要将推动疫苗的研发进程。

寨卡病毒

寨卡大流行

在我刚学会说和写"基孔肯雅"这个词的时候，另一种蚊子传播的疾病开始威胁美洲，它就是寨卡。

寨卡在很多方面都和登革热以及基孔肯雅病类似，不同的是寨卡的流行有以下两个重要特点：

首先，寨卡暴发非常迅猛，可以称得上爆炸性传播。在 2015 年 5 月，巴西报道发现寨卡，这是美洲第一个发现此种疾病的国家。在不到一年的时间里，巴西出现了超过 150 万的病例。发现后数月内寨卡便开始在巴西以外的 31 个美洲国家和地区肆虐。2016 年 2 月 1 日，世界卫生组织宣布寨卡为"引发国际关注的突发公共卫生危机"。

其次，寨卡病毒攻击神经系统，这也是寨卡令人生畏的主要原因。具体而言，它在母体内使胎儿的神经系统受损，以致被感染的婴儿大脑受损或头部非常小，或二者兼而有之。那些患儿的照片已传遍世界各地：妈妈抱着她们小脑新生儿，那情景实在令人心碎。

早在1947年，研究人员在乌干达的寨卡森林中研究黄热病时就已首次发现了寨卡病毒。最早的感染者是一只饲养在笼子里的短尾猴。到2007年，记录在案的人类寨卡病毒感染仅有14例。那一年疾病出现在西南太平洋的雅浦岛上。只过了短短几个月，所有3岁以上的岛民中已有近四分之三被感染。所幸疾病程度轻微，雅浦岛没有患者死于疾病。

到了2013年，寨卡又突然出现在法属波利尼西亚的塔希提岛和其他地区。据估计约有2.8万岛上居民（刚刚超过10%的当地人口）出现症状需要治疗。

继波利尼西亚暴发之后，寨卡到达美洲，登陆智利的复活节岛。然后于2015年5月在巴西大规模暴发。

谁会被传染上寨卡呢？答案是所有人，只要以前没有被携带寨卡病毒的伊蚊叮过，就有可能染病。这就意味着数十亿的人口存在感染风险，其中多数生活在热带地区。

由于感染者受孕产下婴儿发生畸形的风险很高，孕妇最好避免前往那些曾经出现过寨卡疫情的地区。这些地区的女性也要注意避孕。由于伊蚊不喜欢冷的地方，墨西哥城和其他高海拔的地方相对比较安全，那里夜间温度会降到摄氏5度左右甚至更低。

到目前为止，寨卡病毒最常见的传染方式还是通过携带病毒的蚊子叮咬传播。但是，寨卡还可以通过包括口交在内的性行为传播。这种蚊媒感染通过性行为传播并引发婴儿先天畸形的情况前所未闻。因此世界卫生组织建议，前往寨卡流行地区的男性应进行安全的性行为。如果他们感染寨卡并且配偶已有身孕，整个孕程应当避免性生活。其他可能的传播方式还包括母乳喂养，由被感染的母亲传染给婴儿，或通过被感染的血液制品输血传播。

没有人知道寨卡的流行会如何发展。截至 2016 年 12 月，世界卫生组织报道已有 61 个国家和地区出现由蚊子传播的寨卡疫情，其中 13 个国家和地区还出现了人与人之间的传播。在北美，到 2016 年 9 月中旬，共有 3176 例寨卡病例被上报至美国疾病控制与预防中心。大多数患者有出国旅行的历史，但有 43 例病例是在佛罗里达州当地经由埃及伊蚊传播的。在 731 例孕妇感染病例中，有一小部分为性传播。在美国，约十分之一被感染孕妇的婴儿出现先天缺陷。

美国的寨卡疫情首先出现在波多黎各地区，截止到 2016 年 9 月共报道了 22358 例病例，其中包括 1871 名怀孕妇女。波多黎各的儿科医生认为寨卡病毒是胎儿健康发育的大敌。

在美国本土，第一例由伊蚊传播的寨卡病例发生在 2016 年 7 月的迈阿密。当时研究者认为，美国可能有 50 个城市会暴发寨卡疫情。美国东南的一些城市，特别是在佛罗里达州，以及东海岸，往北直至纽约市，都有寨卡暴发的风险。公共卫生专家曾担心那年去巴西参加夏季奥运会的旅行者会将病毒带回美国，并在美国南部地区酝酿一场疾病大流行的"完美风暴"。一些美国奥林匹克运动员确实因蚊子叮咬而感染疾病，但并没有人确诊为寨卡感染。

2016 年夏天，寨卡疫情在巴西发展到顶峰。同年 11 月，世界卫生组织宣布解除寨卡的全球性突发公共卫生危机状态。然而寨卡病毒绝不会就此消失。相反，世界卫生组织发布公告称寨卡将会长期存在，对危机的应对也同样要长期坚持下去。这种情形与在美国传播的西尼罗河病毒感染类似。这种流行病于 1999 年在纽约出现后迅速蔓延至整个美国，已经成为每年病毒性脑炎的主要原因。我们将在下一章探讨更多有关西尼罗河病毒的内容。

据美国的公共卫生官员预计，佛罗里达湾将会成为寨卡病毒下一次暴发的起点。虽然一些科学家认为寨卡在佛罗里达的暴发将是小规模的，而且会在冬天结束，但另外一些专家则认为疾病会在海湾周围流行至少两年以上。实际上，到 2017 年底，佛罗里达只报道了为数不多的几例由当地带毒蚊子传播的寨卡病例。到了 2018 年 10 月，只有 52 例寨卡患者被报道，他们都曾有过出国旅行的经历，基本肯定为在境外感染的输入型病例。有些人不免会问这是怎么回事呢？寨卡这个新传染病现在是隐藏起来了吗？是否在将来某个时候又会重新暴发？只有时间会给出答案。

寨卡的染病风险与伊蚊的出现正相关。埃及伊蚊在美国南方各州都有出没，而耐寒性更高的虎纹甚至可以在北至明尼苏达州南部的地区存活。基于这些蚊子的分布地点，美国有 41 个州的居民都有染病风险。

寨卡病毒在美洲的传播已经使流行病学家寝食难安，2016 年夏天，寨卡病毒入侵了东南亚地区。到同年 9 月，新加坡已有 356 例患者在本地被感染，美国疾病控制与预防中心也发布了旅行警告，提醒孕妇应避免前往包括印度、孟加拉国、泰国和越南在内的 11 个东南亚国家。对于那些已经怀孕或计划怀孕的女性，在海外旅行之前，应该去美国疾病控制与预防中心的旅行指南网站查看最新信息，尽量避开那些有疫情暴发的国家。遗传学研究显示，东南亚地区的寨卡病毒与美国的相比存在一定差异。

病原体、感染途径及发病症状

与登革热病毒一样，寨卡病毒同样属于单链 RNA 黄热病毒属。尽管寨卡病毒是 1947 年在乌干达的一只猴子身上最早被发现的，但研究人员还不能肯定是否是由灵长类动物跨种族传染给人类的，就算来源确实如此，但人类是在何时以何种途径感染也还不清楚。除蚊子外的其他动物在疾病传播中起了何种作用也仍属未知。寨卡病毒的遗传学分析显示，疾病在巴西的暴发可能是由一位来自南太平洋的被感染旅行者引起的。

和登革热类似，80% 的寨卡感染者没有任何症状。如果症状出现，通常为不超过一周时间的发烧、肌肉和关节疼痛、结膜炎（红眼病）和皮疹等，目前尚无出血热的报道。在赛卡扩散到美洲之前，没有出现疾病致命的记录。在2016年初，委内瑞拉、哥伦比亚和巴西共报道了7例病人死于赛卡。到了7月，一位73岁的犹他州男居民成为首位美国境内死于赛卡的患者。病人是在墨西哥旅行时被感染的，而他38岁的儿子似乎在看护他时通过汗液或泪液接触也被感染，这不禁令人担忧疾病是否出现了新的传播方式。

如果不是因为令胎儿或新生儿致畸，或导致罕见的被称为格林-巴利综合征（Guillain-Barre syndrome）的神经性疾病[4]，人们可能将赛卡看作是一种只是引起身体不适的小麻烦。只是现实情况并非如此，赛卡正在演变成一出出不断上演的悲剧。

如今已有许多研究阐明赛卡病毒感染后大脑先天性损伤的特征，其中一些为赛卡所特有。病毒进入脑部后会感染小胶质细胞，这是一种具有保护神经系统功能的细胞。病毒的攻击引发系列级联免疫反应，导致神经元和其他不同类型的脑细胞受损。2015年以来的几项研究显示，在母亲感染赛卡病毒后，其新生儿有5%～7%的可能发展出与赛卡相关的先天缺陷。

治疗和预防

与登革热和基孔肯雅病一样，还没有针对赛卡的特效药物问世。目前的主要疗法是用非类固醇/甾体类抗炎药物缓解肌肉和关节疼痛。目前也没有赛卡疫苗，但学界正在加紧开发。美国食品和药物管理局2018年1月对日本制药公司研发的一种疫苗给予了"加快审批"的特殊待遇。现在在预防方面，建议采取与预防登革热和基孔肯雅病类似的措施。

最令人难过的是，对由赛卡引发的严重并发症——先天脑疾和格林-巴利综合征，当前没有任何治疗方法。

随着对赛卡病毒在精液中的持续存留情况的研究和了解不断深入，美国疾病控制与预防中心会时常更新其网上指南，指导人们如何在性生活中加以防护。这些建议可以随时从网上获取。

为预防寨卡病毒通过血制品传染，美国红十字会要求，人们在从寨卡感染地区旅行返回后的 28 天以内不能献血。至于像波多黎各和维尔京群岛这样寨卡病毒已经扩散开来的地方，美国食品和药物管理局建议那里的血库从其他没有寨卡疫情的地方输入血液。从 2016 年秋天开始，美国食品和药物管理局又建议，美国国内所有血液和血制品都需进行寨卡病毒检测。

过去，人们通过喷洒杀虫剂来清除蚊子。这对消除本章中提及的三种蚊媒病毒并不奏效。我们需要有针对伊蚊的创新方法。目前一种新方法正在测试中，向环境中释放生殖系统因辐射而受损的绝育雄蚊，它们仍然可以和雌蚊交配，但不会产生后代。

或许还有一种方法非常有希望，即利用一种称为"基因驱动"（gene drive）的高效基因工程手段。所谓的基因驱动是利用一段在实验室合成的 DNA 序列，与普通 DNA 不同的是它可以自我复制并不受自然的遗传规则约束。有性繁殖中通常只有一半的后代会继承其中一个亲代的基因，但基因驱动序列会出现在几乎所有子代细胞，也就是蚊子的所有后代中。通过控制此种特殊 DNA 序列在蚊子种群中的传播，人类可以使特定的遗传变化，在短时间内传播至所有野生蚊子种群中，包括那些传播寨卡、登革热、基孔肯雅病的伊蚊和传播疟疾的疟蚊。

另一种创新方法是，人工改变雄性蚊子的遗传基因然后将其释放到自然环境中，这些蚊子与雌蚊交配产生的后代因携带特殊基因无法活到性成熟阶段。英国公司 Oxitech 已经获得了美国食品和药物管理局对该技术的初步批准。2016 年 10 月，美国国际开发署（U.S. Agency for International Development, USAID）将 3000 万美元的研究资金授予特拉华州的一家公司 WeRobiotics，研究利用无人机向那些人迹罕至的地方投放不育雄蚊。这些雄蚊将使埃及伊蚊的种群数量大幅减少，从而降低寨卡病毒的传播。这种方法对减少登革热病毒和基孔肯雅病毒的传播也会同样有效。

另外，澳大利亚正在进行实验，向野外释放沃尔巴克氏体感染的蚊子来消除埃及伊蚊，上文我们谈及登革热的预防时提过此种方法。2017 年，佛罗里达群岛蚊子控制中心释放了 20000 只携带沃尔巴克氏体的雄蚊。

前文中我们还谈到，不同机构正在积极开发寨卡疫苗。根据世界卫生组织的报告，现有超过 60 多个科研机构和公司在开发抗寨卡病毒的产品。2016 年 8 月，美国国立卫生研究院启动了寨卡疫苗的首次临床试验，人们对此寄予厚望。但是，开发一种安全有效的疫苗通常需要好几年的时间。一些权威人士预测，至少要到 2020 年疫苗才能问世。可悲的是，现在疫情正席卷拉丁美洲和加勒比海地区，并扩散至美国和亚洲，到疫苗问世可能为时已晚。

开发登革热疫苗的曲折经历，也引起了人们对寨卡疫苗开发的关注和担忧。接种登革热疫苗的儿童反而在感染时出现更严重的疾病症状，对寨卡疫苗而言，这也是需要考虑到的可能情况。

最后还要提到的是，寨卡病毒感染对胎儿和其家庭造成的巨大悲剧性影响。非常不幸的是，由于寨卡的流行，巴西将有超过 2500 名患有小头畸形或其他脑损伤的婴儿出生。这些孩子很可能会经历严重的学习障碍，需要长期医疗护理。前世界卫生组织总干事陈冯富珍最近在公开场合表示，迫切需要制订计划应对这一悲剧对许多国家医疗保健系统造成的影响。

经验教训

教训：生活在世界最危险地区里最脆弱的人们有多安全，我们大家就有多安全。

——无国界医生组织

由于处理埃博拉疫情时的拖沓，世界卫生组织至今仍饱受批评。吸取了以前的教训，世界卫生组织迅速将寨卡流行宣布为公共卫生危机，并呼吁各方增加应对资金，仅世界卫生组织自身的努力就需要约 2500 万美元的投入。陈冯富珍为这次行动身先士卒据理力争，但她所呼吁的对公共卫生系统、医疗护理和相关研究追加投资的倡议，至今仍没有得到积极响应。

美国疾病控制与预防中心和美国国立卫生研究院的负责人也呼吁获得紧急资助，向国会申请调拨数十亿美元。2016 年 2 月，奥巴马总统要求美国国会批准拨款 18 亿美元对抗寨卡。经多方政治争执和讨价还价后，10 月份终于获准资助 11 亿美元。白宫不得不将本来用于对抗埃博拉病毒的资金挪作对抗寨卡之用，这也就是种拆东墙补西墙的做法。

目前最紧要的科研任务之一是开发出简单易行的检测方法，区分寨卡、登革热和基孔肯雅三种病毒感染。因为这三种疾病流行的地理区域重叠，感染后症状也很相似，所以迫切需要一种能将三者快速进行区分的检测方法。

如前所述，开发出适用于孕妇的寨卡疫苗也是当务之急。但这绝非易事，有不少科学和伦理难关需要克服。

埃博拉疫情才过，寨卡流行又紧随而至，这更凸显出世界卫生组织、美国疾病控制与预防中心、美国国立卫生研究院，以及其他企业和组织等各方快速反应和精诚合作的重要性。2016 年 3 月，全球健康风险框架委员会（Global Health Risk Framework Commission）委员和美国科学院、美国工程学院和美国医学学院（National Academy of Sciences, Engineering, and Medicine）的院士们正式提出建立快速反应和各方协作的要求。他们提议，每年增加 45 亿美元资金用于医疗卫生系统进行应急响应和传染病的科学研究。从长远角度来看，这些投资将会挽救数百万人的生命。寨卡疫情所导致的这些关键举措，会成为人类对抗传染病流行的转折点吗？

第九章
飞来的微生物
鸟类与蝙蝠

如果万能之神要重建世界并向我咨询，我希望每个国家都有像英吉利海峡一样的深沟环绕。任何想要飞越的物体都会在空中着火燃烧。

——温斯顿·丘吉尔

如果温斯顿·丘吉尔得其所愿，我们就不需要本章来讨论鸟类和蝙蝠携带的微生物了，当然也无需上一章对蚊媒传染病的讨论了。

以此理类推，这本书都没有存在的必要了，因为很多致命微生物的传播流行都与航空业的发展相关，飞机把被感染的乘客运送到世界各地。飞行的能力（无论是鸟类、蝙蝠、昆虫，还是航空乘客）对那些会令人类丧命或生病的微生物的大范围传播不可或缺。

西尼罗病毒

坏鸟带不来好天气。

——冰岛谚语

西尼罗病毒大流行

西尼罗病毒已被发现至少 80 年了，但由于近来其流行的地理范围发生了很大变化，我们也将其视为一种新发传染病。

顾名思义，西尼罗病毒于 1937 年在乌干达的西尼罗河省首次被发现。几十年间，它曾在非洲一些国家、欧洲一些国家以及以色列引发地方性流行。不过人们一直没有将西尼罗病毒视为危害人类健康的大问题，直到 20 世纪 90 年代，阿尔及利亚和罗马尼亚报道了与西尼罗病毒相关的一种脑部感染（脑膜炎）。没过几年，病毒出现在纽约市，人们才意识到问题的严重性。

纽约布朗克斯动物园的首席病理学家崔西·麦克纳马拉于 1999 年夏天首次鉴定出了西尼罗病毒。她注意到当时动物园里有数量极多的鸟类死去，其中包括乌鸦和火烈鸟。同时，纽约市的医生报告了邻近皇后区的地方发生好几起致命的脑炎病例。麦克纳马拉发现鸟类和人类的感染之间存在联系。

很快，西尼罗病毒迅速在全美传播开来，感染并导致大量鸟类死亡，也波及人类和其他动物。

我们尚不清楚西尼罗病毒经何种途径进入美国。很有可能是一只被感染的候鸟，或是来自别的国家的航班上带来的蚊子。短短几年间，它已成为美国国内最常见的蚊媒病原体。

起初，所有的西尼罗病毒感染病例都发生在东海岸，但经由被感染的候鸟携带，感染迅速蔓延至美国大陆全部 48 个州。直到如今仍不可掉以轻心。

每年报道的西尼罗病毒感染病例数量时有不同。2012 年情形恶化，共286 人死亡，其中得克萨斯州的情况最为严重。到 2015 年底，美国疾病控制与预防中心共统计了 49937 例患者，其中 1911 人死亡。但 2018 年仅有2544 名病例被报告至疾病控制与预防中心。

与第八章中提到的三种蚊媒病毒一样，西尼罗病毒也是由蚊子携带并传播的。经由带毒蚊子叮咬后的其他动物也具传染性。西尼罗病毒引起的疾病症状与登革热、基孔肯雅病和寨卡类似。但西尼罗病毒和其他虫媒病毒有明显的区别：西尼罗病毒涉及的微生物复杂得多。

登革热、基孔肯雅病和寨卡仅由两种蚊子传播，即埃及伊蚊和白蚊伊蚊，但现在已知至少有 65 种不同的蚊子可以携带西尼罗病毒（包括以上两种和其他伊蚊，以及按蚊，即导致疟疾的那种蚊子）。

西尼罗病毒主要的携带者还是库蚊属的蚊子。库蚊属有多种蚊子，其中跗斑库蚊（*Culex tarsalis*）是科罗拉多州西尼罗病毒感染的主要祸首。此外，尖音库蚊（*Culex pipiens*）既叮咬人类也叮咬鸟类，也造成了很多感染。

西尼罗病毒的第二个独有特征是，它会侵扰多种动物，以鸟类受害最重。现已从超过 250 种鸟类中分离出了该病毒。

麻雀等一些雀形目的鸟类是西尼罗病毒的天然宿主。这意味着当麻雀被带毒蚊子叮咬后并不会患病死亡。病毒会在鸟体内存活和稳定繁殖，传染给包括人类在内的其他动物。

小乌鸦、大乌鸦和冠蓝鸦等鸦科鸟类就没有那么幸运了。它们也是病毒的宿主，但却属于终结型的宿主，即在被西尼罗病毒感染后，病毒会在体内生长并杀死宿主。结果自 1999 年以来，美国一些地区的家庭后院里常见的鸟类种群遭受了毁灭性的打击，包括美洲知更鸟、莺鹪鹩、山雀和冠雀等。

人类和马等至少 26 种哺乳动物都可以被看作是西尼罗病毒的终结宿主，甚至鳄鱼等爬行动物也未必能幸免。很难想象蚊子是如何刺穿鳄鱼坚韧厚实的外皮的，但它们确实可以做得到。

病原体、感染途径及发病症状

与登革热病毒和寨卡病毒一样，西尼罗病毒属于黄热病毒属。这一病毒属还有 70 多种其他黄热病毒，其中最臭名昭著的当属黄热病毒、日本脑炎病毒和圣路易斯脑炎病毒，它们都会引起危及生命的严重脑炎。1937 年肯尼思·史密斯伯恩首次在一名有发热症状的乌干达妇女身体中鉴定出西尼罗病毒时，他就发现这种病毒与黄热病毒相关。当西尼罗病毒最初在美国出现时，人们也曾将它与圣路易斯脑炎病毒相混淆。

与其他蚊媒病毒类似，只有雌性蚊子才会传播西尼罗病毒。80% 的病毒感染者完全没有症状。当疾病症状出现时，99% 的情形下不会波及患者的神经系统。绝大多数疾病感染者的表现被称为"西尼罗热病"。西尼罗热病的潜伏期（从最初感染到出现疾病症状）约为 2 ~ 15 天。西尼罗热病的常见症状为发烧、头痛、疲劳、肌肉疼痛、恶心、呕吐，有时还会出皮疹。这些症状通常会持续五天到一个月。

但是，西尼罗病毒偶尔会攻击神经组织，这点和寨卡病毒类似。有不到 1% 的病例会出现神经系统损伤，当疾病涉及大脑时，就会引发脑炎。神经系统受到攻击的患者常常会出现剧烈头痛、颈部僵直、肌肉无力或精神错乱等症状。这种类型的西尼罗热病很可能是致命的。

在极少数情况下，西尼罗病毒会攻击神经系统的其他组织导致炎症，当炎症涉及软脑膜时，便出现脑膜炎。

还有极少数感染者会出现手臂和腿部的急性肌无力，甚至导致瘫痪。由于这些症状与脊髓灰质炎的症状类似，这种形式的疾病也被称为西尼罗脊髓灰质炎。

西尼罗病毒感染者有时还会表现出与帕金森病非常类似的症状，如震颤、肌肉僵硬和头晕等。

70 岁以上的西尼罗病毒感染者出现神经系统症状的风险会升高，可能是因为随着年龄的增长患者免疫系统功能减弱了（这一过程也被称为免疫衰老）。基于同样的推断，由于接受器官移植等原因导致免疫系统受损的人，在感染西尼罗病毒后出现神经系统疾病的风险也会增加 [1]。

人们最初估计疾病致死率为 4%，死者主要是年龄在 70 岁以上的脑炎患者。但是近来的研究表明，疾病相关致死率可能比最初的预计要高很多，因为感染了西尼罗病毒后康复的患者，会对其他传染病变得易感，同时还伴有肾脏损伤的后遗症。贝勒大学的研究者们最近报道，有一半患者在康复后的头十年里还是出现了神经系统的进一步损伤，并有逐渐恶化的现象[2]。

人们一开始普遍认为，只要被西尼罗病毒感染，无论出现症状与否都会终身对病毒免疫。但近来以色列研究人员发表的一项研究表明情况可能并非如此。这项研究中有 50 名患者以前曾经感染过西尼罗病毒，后来不仅发生了二次感染，还出现神经系统的症状，最终死亡率也有所上升。还有其他一些令人担心的事。某些患者体内一直存有病毒，在特定条件下会再次被激活。这种病毒甚至会在某些患者中引起精神错乱[3]。

治疗与预防

与所有其他的蚊媒病毒感染一样，现在还没有针对西尼罗病毒的特异疗法问世。业界在这方面已经进行了一些实验，但还没有确定的结论或值得推荐的疗法。

到目前为止，对于西尼罗神经系统疾病的患者，最好的治疗方法还是非甾体 / 类固醇类消炎药。只是，病毒引起的大脑损伤会使很大一部分患者在患病后数月甚至数年里饱受折磨。

现在也同样没有研发出预防西尼罗病毒感染的疫苗。在 2015 年，由美国过敏和传染病研究所资助的一项疫苗研究启动了临床实验，早期结果令人鼓舞。利用灭活的西尼罗病毒制成的疫苗已经可以用于马匹。一些动物园也用这种疫苗来免疫鸟类。但是，到撰写本文时，疫苗的有效性尚未确定。

保护自己免受西尼罗病毒侵害的最佳办法是避免被蚊子叮咬。记住使用含有避蚊胺 DEET 的防蚊喷雾。如果您已年逾 70 岁，或是曾经接受过器官移植，更要特别注意。在蚊子多的地方要穿长袖衣服和长裤。还要清除所有可供蚊子繁殖的储水容器。

由于西尼罗病毒可以通过输血传播，美国的血库会对该病毒进行常规筛查。

经验教训

拒绝不仅是一条埃及的河流。

——马克·吐温

［译者注：拒绝或否认的英文单词 Denial 发音类似尼罗河（the Nile）。这里意指人们往往拒绝接受明显的事实。］

令人遗憾的是，近年来制药业对开发抗西尼罗病毒药物缺乏兴趣。在这方面投入的研究资金日渐减少。

科学家们发现，西尼罗病毒每年的感染病例大致与天气变化模式相关。其背后的原因不难推断，如果前一年的温度高于平均水准，蚊子的数量就会大量增加。因此，全球变暖很可能导致各种蚊媒疾病都会有所增加。降雨量的增加也同样有利于蚊子的繁殖（我们还将在第二十章详细讨论气候变化对媒介传播疾病的影响）。

气候变化也会影响到鸟类的种群和它们的迁徙模式。正如在第五章所述，所有的事物都是相关联的。

禽流感

流感的全球大流行将会在一夜之间改变世界。疫苗难以在数月之内研制成功，而抗病毒药物的库存量非常有限。为了阻止病毒进入各国，国际贸易和旅行将减少甚至终止。为了控制小规模社区内的疫情发展，国内的旅行和运输也很可能大大减少。

——迈克尔·T.奥斯特霍尔姆（译者注：本书作序者）

禽流感的暴发，地方性和全球大流行

您对流行性感冒（简称流感）应该并不陌生，您可能已经对鸟类（禽类）流感和人类流感之间的联系有所耳闻，相关消息常常使公共健康方面的专家寝食难安。不过这些术语还是经常令人费解，我们有必要先做一下必要的说明。

禽流感（或鸟流感）是病毒在鸟类体内引起的流行性感冒。令公共卫生官员最忧心也是最危险的病毒为高致病性禽流感病毒（highly pathogenic avian influenza，HPAI）。这些病毒具有在 48 小时之内消灭整个鸡群的恐怖能力。高致病性禽流感病毒中的一种亚型 H5N8，在 2014—2015 年曾侵袭美国中西部。为控制疫情，近 5000 万只鸡和其他商业饲养的鸟类被宰杀，经济损失估计超过 30 亿美元。

幸运的是，至今尚无人类感染 H5N8 的报道。公共卫生专家担心，高致病性禽流感可能会出现跨物种传播给人类的能力。一旦人类被传染，病毒又可以在人与人之间传播，重型流感在大范围内传播就成为可能。传染病流行病学家权威迈克尔·T. 奥斯特霍尔姆著有《最致命的敌人：我们与致死病原体的战争》一书，他在书中令人信服（也是令人震惊）地警告说："作为研究传染病的流行病学家，我们都知道流感的全球大流行必将发生。"

所幸大多数鸟类携带的流感病毒并不传染人类。虽然这些病毒在鸟类（尤其是水禽）中广泛传播，通常也不会引起任何症状。不过那些确实会引发疾病症状的病毒一旦发作，就会对鸟类种群造成毁灭性打击。鸡类和火鸡种群中的禽流感暴发对家禽养殖业构成持续的威胁。

禽流感病毒中的某些病毒株确实可以跨物种传播，也可以传染给人类。历史上最有影响的一次人类禽流感病毒感染发生在 1918—1919 年，它导致了禽流感在全球范围的大流行，世界上有 20%～40% 的人口患病，估计有 5000 万～1 亿人死亡。这也是美国历史上最致命的流行病事件，我们曾在 2018 年对这次流感大流行进行了百年回顾和反思。

流感病毒分为三种类型：甲型（A）、乙型（B）、丙型（C）。我们每年谈到的年度或季节性流感就是由甲型和乙型流感病毒引起的。每年它们都能使多达 20% 的人口患病。甲型流感病毒主要见于野生鸟类，但在人类、猪、马，甚至鲸鱼中也有发现。乙型流感病毒则仅限于在人类中广泛传播。

下面是些容易令人迷惑的术语。根据病毒表面的蛋白质——血凝素（hemagglutinin，H）和神经氨酸酶（neuraminidase，N）类型的不同，甲型流感病毒又分为多种亚型。目前一共发现了 16 种不同的血凝素蛋白亚型，和 9 种神经氨酸酶亚型。除两种亚型组合仅在蝙蝠中发现外，甲型流感病毒的其他所有亚型都在禽类中出现。问题是甲型流感发生变异的可能性很大，变异的毒株往往会引发严重问题。

世界卫生组织前总干事陈冯富珍曾说："流感病毒的特殊在于它能够不断发生遗传变异。"当一种新的甲型流感病毒变异型出现，流感的全球范围大流行就有可能出现。与每年发生的地方性季节流感不同，全球范围的大流行相对罕见，但可能的致命性危险要高很多。

流感流行已经有千年的历史了。2400 年前希波克拉底就曾在其著作中提到过流感相关的症状。首次流行相关记录出现在 16 世纪的欧洲，我们几乎可以肯定那是一次流感大暴发。18 世纪和 19 世纪都发生过严重的流感流行。

20 世纪有三次世界流感大流行。其中发生在 1918—1919 年的西班牙流感最具毁灭性，被流感专家杰弗里·陶滕伯格和大卫·莫恩斯称为"疾病大流行之母"。

其实这次大流行很有可能始于美国。但当时正值第一次世界大战期间，美国媒体刻意压制了美军士兵患病严重减员的报道。而西班牙为战争中立国，有关疾病流行的报道没有受到压制，反而使人们错误地将这次流行称为"西班牙流感"。在这次大流行中死亡的人数超过了 20 世纪所有战争死亡人数的总和。

那次西班牙流感的罪魁祸首是禽流感病毒 H1N1 亚型。H2N2 亚型于 1957—1958 年出现并引起了亚洲流感大流行。到了 1968—1969 年，H3N2 又引发了香港流感大流行。

21 世纪以来，仅在 2009—2010 年发生了一次全球范围的流感大流行。这次流行的病毒株被命名为 H1N1v，是 H1N1 病毒的变种，从猪传播而来，也被称为猪流感。后来，人们发现在农展会或家畜市场上与生猪接触，也会导致其他亚型猪流感病毒的感染。由于猪身上可以同时携带来自鸟类和人类的流感病毒，同时又有它们自己的流感病毒，这些病毒株可以在猪体内发生基因间的交流和重组（这种现象也被称为重配，reassortment），这是产生新流感病毒的机制之一。

近年来，数个流感病毒亚型引起了公共卫生官员的关注。H5N1 亚型于 1997 年首次出现在中国香港的家禽市场，这是一种高致病性的禽流感病毒。此后，该病毒从亚洲传播至欧洲和非洲，导致数百万只鸟类患病和死亡。H5N1 也影响了数十万人的生计，对十几个国家的经济造成了损害。到 2016 年初，据统计有 850 例人类 H5N1 感染，将近 450 名患者死亡，致死率高达 53%，实在令人震惊。相比之下，1918—1919 年的 H1N1 病毒大流行的致死率仅为 2.5%。此种病毒亚型尚未传播至美洲。

2013 年中国在家禽中发现了流感病毒亚型 H7N9。截至本文撰稿时，共有约 1600 例人类 H7N9 病毒感染的报道，其中 40% 的患者死亡。H7N9 的感染人数在短时间内出现激增，并超过 H5N1，使各国的公共卫生官员十分紧张。

更糟糕的是，在 2017 年圣诞节当天报道了一起新禽流感病毒亚型 H7N4 的首次感染人类的病例。患者为一名 68 岁妇女，在中国南方的一家医院接受住院治疗。她是被自己饲养的鸡传染的。

值得注意的是，在 H5N1 和 H7N9 病毒亚型的人类感染中，患者都有与被感染家禽近距离接触的历史。幸运的是，与造成 20 世纪三次流感大流行的病毒不同，这两种危险的病毒亚型都还没有获得在人与人之间传播的能力。

虽然人们十分担心新型禽流感引发全球大流行，但千万不要忘记，普通的季节性流感仍在严重影响人类健康。例如，每年美国有 5%～20% 的人口患季节性流感，有 20 多万人因流感及其并发症而住院治疗。在 1976—2006 年，每年季节性流感导致至少 3000 人死亡，多的时候可达 4900 人。2018 年暴发了 10 年以来最为严重的季节性流感，美国有约 8 万人丧命。许多医院不堪重负，只得使用"急救帐篷"收治过多的病人。至 2019 年 4 月，2018—2019 年流感相关的死亡人数为 5.7 万，这是一个很大的数目。

值得注意的是，患季节性流感风险最高的人群为五岁以下幼儿、老年人和基础疾病患者，而大范围流行的流感则往往影响年轻健康的人。1918—1919 年流感大流行导致的死亡患者大多数都是健康的年轻人。那次大流行范围广，蔓延势头迅猛，以至于 1918 年人类的平均寿命下降了 12 岁。我们尚不清楚年轻人在过去（或现在）因禽流感而死亡的风险如此之高的原因。

病原体、感染途径及发病症状

纵观流感大流行的悠久历史，以及禽流感、猪流感、人流感之间的相似性，科学家们认为，人流感最初可能就是源于人类对动物的驯养。但是直到 1918 年，人们才意识到动物流感和人流感之间的生物学联系。兽医库恩观察到，一种发生在猪身上的疾病与当时著名的 1918—1919 年大流行的人流感非常相似。

在 1918 年人们还不了解流感病毒，大多数医生和科学家错误地认为，流感由菲佛氏（Pfeiffer）杆菌引起。人们当时对科学的理解还不足以认识到，这种细菌实际上导致的是另一种极其危险的致命肺炎，而这种肺炎又是流感的常见并发症之一。后来这种细菌被重新命名为流感嗜血杆菌。

1928 年，任职于洛克菲勒比较病理学研究所（Rockefeller Institute for

Comparative Pathology）的罗伯特·肖普（Robert Shope）在健康的猪身上接种了过滤后的病猪体液，健康的猪也患上了猪流感。这是当时得到的第一个确凿证据，证明流感由病毒引起（译者注：细菌可以被过滤器滤掉，但病毒可以通过过滤器）。不过，也正是这个实验使人们最初错误地认为，H1N1 流感来自家猪，而非鸟类。

流感病毒都是正粘病毒科（Orthomyxoviridae）的成员。与艾滋病病毒一样，流感病毒的基因数目极少，只有 8 个。但是，流感病毒的基因处于永恒变化之中，具有不断改变其组成的能力，变异的病毒既能躲开人体的免疫系统，也使开发的疫苗失去效力。

能够感染动物的流感病毒都具有入侵宿主呼吸道（包括鼻窦、咽喉、肺部）上皮细胞并在其内繁殖的能力。生物体间的直接接触会造成传染，但感染者打喷嚏或咳嗽时喷出的带有病毒的飞沫才是流感传播的主要途径。

人们至今还未能完全理解引发流感大流行的各种因素间的复杂作用。例如，目前我们并不清楚为何某些病毒亚型的毒力如此之强，如 H1N1、H5N1 和 H7N9 等。目前看来，这些病毒感染人体后会使我们的免疫系统发生过度反应，释放出大量被称为细胞因子的蛋白质。这种现象也称为细胞因子风暴，进而会触发其他炎症分子的释放，对肺和肾脏等重要器官造成严重损伤。

同样不清楚的是为什么 H1N1 亚型极易在人群中传播，而 H5N1 亚型则完全不可以。我们也不知道是否 H5N1 或 H7N9 病毒会发生变异，使其具备在人和人之间传播的能力；或者这些病毒是否曾经具有这种能力后来又失去了。基于 H5N1 和 H7N9 的高致死率，一旦发生人群间的传播，人类将面临一场劫难。

所有的流感病毒都感染呼吸道。最常见的症状包括咽喉痛和干咳，并伴有发烧、头痛、肌肉疼痛和疲劳。有时也会出现胃肠道症状，如恶心、呕吐和腹泻。所谓的胃肠道流感通常并非流感，而是由其他类型的病毒引起的。

当流感病毒进入肺部时，通常会引起病毒性肺炎，或是进而带来继发性的细菌性肺炎感染。当肺炎发生时，病情会加重甚至危及生命，需要住院治疗。

有时很难将流感和其他普通感冒区分开来，普通感冒是由其他种类的呼吸道病毒引起的。流感症状通常更加严重，比普通感冒严重很多。天气较冷时易患流感，北半球的秋冬季节也因此经常被称为流感季节。

治疗和预防

有关流感，读者需要记住的最重要一件事就是：如果觉得自己患上了流感，一定要及时联系医生。医生会确定最佳的治疗方法。

抗病毒药物可以成功治疗流感，但必须在症状出现之初就开始服用才起作用。儿童、老人、重病患者和有基础疾病的患者，一旦怀疑患上了流感应立即服用抗病毒药，不可浪费时间等待检测结果返回。

到 2019 年，美国疾病控制与预防中心共推荐四种由美国食品和药物管理局批准的抗病毒药物来治疗流感。美国疾病控制与预防中心的网站上提供了关于流感治疗的丰富信息。最近，新药巴洛沙韦（Baloxavir）受到了大家的广泛关注，因为它只需服用一剂即可。

然而，即使是在发病之初就开始服用，抗病毒药物也并不总能起效。有些流感病毒具有耐药性。好在制药业仍在努力开发新药，毕竟这样的药物拥有巨大的市场。

如何能够预防禽流感在人类中大规模流行呢？通常人们会将患病禽类宰杀。例如，2008 年在香港及周边地区家禽饲养场市场就两次大规模宰杀了数百万只家禽。第一次是因为对粪便样本进行常规测试时发现了 H5N1 病毒。第二次则是因为一个养鸡场里数十只鸡因病毒感染死去。

尽管注意个人卫生（包括洗手和在咳嗽与打喷嚏时掩住口鼻）有一定的保护作用，但接种疫苗无疑是预防流感的主要手段。疫苗的作用对象通常涵盖各种不同类型的流感，其组成也是随病毒的变化每年有所改变。每年流感季节开始之前，专家会研究并预测当年流感疫苗应该针对的病毒类型。有时专家的预测很准，例如2015—2016年的流感疫苗效果就很好，这也是2015—2016流感季疫情较轻的原因之一。有时专家的预测则有偏颇，在2014—2015年可能因为疫苗针对的病毒之后又发生了变异，当年的流感疫苗几乎没有效果，那一年的流感疫情也很严重，尤其年龄在65岁以上的老人受害最深。2017年的情形类似，流感疫苗设计时考虑了H3N2亚型，但不久H3N2发生了变异，导致那年流感疫苗有效率仅为25%。

就算是理想情况，流感疫苗的有效率最多也只有约60%。美国疾病控制与预防中心在2017年的报告中指出，虽然研究者已经为H7N9禽流感病毒创建了候选疫苗，但我们仍急需开发出更加有效的疫苗。（更多信息请参阅第十九章。）

2018年有一些鼓舞人心的好消息。美国国会提出一项草案，要为通用型流感疫苗开发提供充足资金。通用疫苗是指能够预防包括禽流感在内的所有类型流感病毒的疫苗。2018年4月，比尔·盖茨宣布捐款1200万美元，用来帮助制造通用疫苗。这一目标如能实现，无疑将具有非同寻常的重大意义，它将是拯救人类生命的巨大成就。

经验教训

对于一般严重的疾病大流行，最大的挑战之一就是让人们了解什么时候无须过度担心，以及什么时候应立即去医院接受紧急救治。

——陈冯富珍

由于疾病的特点，禽流感必然会成为国际性问题，需要多方政府和组织（如世界卫生组织、美国疾病控制与预防中心，以及美国国立卫生研究院等）通力合作，共同制定对策。作为疫苗和抗病毒药物的主要开发者，制药行业也必须参与其中，群策群力。

读者一定还记得在第八章谈到寨卡疫情时曾提到的"全球健康风险框架委员会",美国科学院,美国工程学院和美国医学学院的院士们曾提出建立协作组织的设想。如果这样的机构能够成立,那为流感全球大流行做好准备无疑会是其主要议题之一。

在流感大流行所带来的诸多挑战中,最令人忧心的是我们无法预测它会在何时发生。阿伯丁大学细菌学名誉教授休·彭宁顿曾说:"试图预测流感大流行及其影响是一场徒劳无功的愚人游戏。"尽管如此,我们仍然需要高素质的研究者加入这一领域,尽他们最大的努力来预防和控制季节流感和危险的流感大流行。

著名流感研究者张文庆(Wenqing Zhang)和罗伯特·韦伯斯特(Robert Webster)于 2017 年在《科学》(*Science*)杂志上撰文指出,在 1918 年西班牙流感百年纪念日来临之际,我们仍然对流感缺乏基本的了解,无法判断是否以及何时某种病毒亚型会通过突变获得大范围传播的能力[4]。一个世纪前的那次流感大流行是历史上最严重的公共卫生危机之一,百年后的今天我们的研究仍然缺乏突破,这一事实实在发人深省。

尼帕病毒

蝙蝠不需要银行。它们既不酗酒,也不犯罪,还从不缴税。蝙蝠的生活真是快乐无忧。

——约翰·贝里曼(美国诗人)

在我们提及蝙蝠对人类的害处之前,先来看看有关这种神奇生物的两则事实:

首先,全世界已知有 1240 种蝙蝠,大约占所有 5416 种哺乳动物物种数量的 20%。其次,食虫蝙蝠每年为北美农业贡献了约 37 亿美元的价值。就是那些在黄昏时分利用回声定位轻快地掠过住家后院的蝙蝠们。一只蝙蝠每小时可以吃掉多达 1200 只蚊子大小的昆虫，这意味着每晚吃掉 6000～8000 只虫子。是蝙蝠令您家后院更加舒适宜人。

现在说到蝙蝠带来的坏消息了。从较小的食虫蝙蝠到体型较大以水果为生的狐蝠，蝙蝠体内已知可携带 66 种不同病毒。但是一般来讲，蝙蝠自己并不会被这些病毒感染致病。动物学家认为，蝙蝠对病毒具有显著的抵抗力，这可能是因为它们在飞行时新陈代谢率会增加 15 倍，体温显著升高至病毒难以忍受的程度。这 66 种病毒中的 8 种会感染人类产生严重疾病，尼帕病毒就是其中之一[5]。

尼帕病毒引起的疾病暴发

1999 年在马来西亚和新加坡暴发了一种流行病，养猪场的猪农和一些曾与家猪有过接触的人们患上了脑炎和呼吸系统疾病，在对这些病人的研究中首次发现了尼帕病毒。病毒的名字来自养猪场所在的村庄名双溪尼帕新城（Sungai Nipah）。尼帕病毒与亨德拉（Hendra）病毒相关，后者也是一种由蝙蝠携带，在马匹和人类中引起脑炎的病毒。人们很快鉴定出，果狐属的蝙蝠，又名狐蝠，是尼帕病毒的天然宿主。

狐蝠并不会被其所携带的病毒感染致病，家猪感染后也只表现出轻微的症状，但人类感染尼帕病毒后却可能致命。疫情最初暴发时，据报道有近 300 病例，100 多人死亡。为了遏制疫情扩散，马来西亚宰杀了超过 100 万头猪，造成了巨大的经济损失。幸运的是，此次疫情人与被感染家猪的接触正是病毒传播的主要途径，因此这项策略相当奏效。实际上尼帕病毒也可以通过接触携带病毒的狐蝠传播。

2001 年，尼帕病毒再次出现，这次是在印度和孟加拉国。遗传检测显示，这次流行的尼帕病毒毒株与上次在马来西亚流行的毒株有所不同。印度和孟加拉国共报道了接近 300 例病毒感染，死亡率在 40%～70%，与马来西亚的疫情类似。但是，有报道称医院中发现了直接人传人的现象。科学家发现，这次疫情尼帕病毒传播至人类的途径与家猪毫无关系，很有可能是因为当地人食用了由狐蝠污染的含有病毒的生椰枣汁。马来西亚仅暴发了一次尼帕病毒流行，而孟加拉国之后几乎每年都会有疫情发生。

病原体、感染途径及发病症状

尼帕病毒属于亨尼帕病毒属（*Henipavirus*），感染后侵袭家猪和人类的大脑。对尼帕病毒的进化研究显示，它最早出现于1947年，具体地点尚不清楚。

尼帕病毒的潜伏期为5~14天，发病初期症状为发烧和头痛，随后出现嗜睡，迷失方向，以及精神混乱现象。在感染的早期，有些患者还会出现呼吸道症状。在马来西亚疫情暴发期间住院治疗的病例中，超过一半的患者脑干部出现了独特的疾病症状。约有三分之一的患者很快死亡，15%的人出现了癫痫发作和长期神经系统疾病，只有53%的人完全康复。本书写成之际，尚无治疗尼帕病毒感染的有效药物，治疗仅限于缓解症状。由于尼帕病毒具有直接人传人的能力，所以必须采取措施防止受感染住院者无意中传染他人。在疫情暴发地区人们应避免接触被感染的家猪和蝙蝠，也不要饮用生椰枣汁。

2012年有一项针对马匹的亨德拉病毒疫苗投入使用，尼帕病毒与亨德拉病毒类似，相关性很高。由于亨德拉病毒引发的抗体也能预防尼帕病毒，因此亨德拉病毒疫苗可能很快会被改造成尼帕病毒疫苗。

经验教训

> 无论是人类，还是大猩猩、马、羊、猪、猴、黑猩猩、蝙蝠
> 以及病毒，我们彼此息息相关。
>
> ——戴维·夸曼（美国自然与科学作家）

二十年前尼帕病毒的出现警醒了人类：新的致病原会在人类浑然不觉的情形下不断出现。凯文·奥利瓦尔（Kevin Olival）和同事最近在《自然》杂志上发表了一篇题为"宿主与病毒的特征可以预测人畜共患病从哺乳动

物到人类的跨物种传播"的文章，文中特别提到了蝙蝠，因为蝙蝠是许多病毒跨物种传播至人类的天然哺乳动物宿主。

当然，与另外两种病毒相比，尼帕病毒对人类的影响可以说还微乎其微。这两种病毒就是狂犬病毒和日本脑炎病毒（JEV），它们主要在亚洲流行，长期在动物与人类之间交叉传播。这两种病毒由来已久，流行地域也一直没有改变，所以我们并不将其视为新发或再发致病原。

狂犬病毒和尼帕病毒一样，也可以由蝙蝠携带传播。据估计，狂犬病每年会导致 5.9 万人丧生。狂犬病通过被感染动物的咬伤传播，发病后致死率几乎高达 100%。

日本脑炎病毒则是一种由蚊虫叮咬传播的黄热病毒，与西尼罗病毒类似，每年致死人数据估计在 1 万~1.5 万。蝙蝠并不携带日本脑炎病毒。但与尼帕病毒类似的是，家猪是人类感染的主要来源。

在我们与狂犬病毒和日本脑炎病毒的对抗中，积极的一面是有高度有效的疫苗可以用来预防这两种疾病。但是，就像尼帕病毒一样，我们仍然迫切需要开发出有效的治疗方法。对这些病毒和疾病的预防和治疗凸显出多学科联合研究的重要性，兽医、生态学家、流行病学家和医生们必须携手合作，共同应对。

严重急性呼吸系统综合征（SARS，译者注：即非典型肺炎）

非典型肺炎现在已成为全球性的健康威胁……世界需要携起手来共同努力，寻找其病因，治愈感染者，并阻止其扩散。

——格罗·哈莱姆·布伦特兰，

前世界卫生组织 1998—2003 年总干事

我们已经遏止了非典型肺炎传播的步伐。

——格罗·哈莱姆·布伦特兰

非典型肺炎大流行

非典型肺炎以迅雷不及掩耳之势袭来，但又转瞬偃旗息鼓，如此态势几乎前所未见。从 2002 年 11 月到 2003 年 7 月，非典型肺炎暴发起始于中国，迅速蔓延至 37 个国家和地区。8096 人患病，约 774 人死亡，致死率为 9.6%。2003 年 3 月 15 日，当时的世界卫生组织总干事格罗·哈莱姆·布伦特兰和她的团队为这种新疾病起名为 SARS。他们还向全世界的卫生部门发起呼吁，号召大家协同努力遏制该疾病。

2003 年 7 月 9 日，就在短短四个月之后，非典型肺炎就得到了遏制，世界卫生组织宣布大流行已经被控制住。几乎像是一个奇迹，2004 年之后再也没有出现任何非典型肺炎的病例报道。

非典型肺炎史无前例的迅速传播和及时遏制可以说是现代科技发展的结果。2002 年 11 月报道的首例患者是一名中国广东省的农民。之后不久中国政府就开始意识到疾病暴发带来的潜在恶果。

2003 年 2 月，一名美国商人乘坐飞机离开中国时出现了类似肺炎的症状，后来在河内死于一家法国医院。

2003 年初，世界卫生组织、美国疾病控制与预防中心，以及其他的公共卫生机构通过互联网发布了与非典型肺炎相关的报道，全世界都开始关注这种症状类似严重流感的疾病。2003 年 3 月下旬，这种流行病的病因被确定出来，源于一种新型冠状病毒，后被命名为 SARS-CoV。这一病毒的鉴定由中国香港、美国和德国的研究团队共同努力完成。

非典型肺炎病毒起源的谜题也很快有了解决途径。2003 年 5 月，在广东本地食品市场出售的野生动物果子狸中发现了该病毒。但是，继续寻找人类非典型肺炎病毒最初的天然宿主则花费了较长的时间。起初人们就怀疑是蝙蝠，后来在 2013 年终于将中华菊头蝠（又名中国马蹄蝙蝠）确认为人类非典型肺炎病毒的源头。

非典型肺炎病毒通过咳嗽或打喷嚏时产生的呼吸道飞沫在人群中近距

离传播，这种典型传播方式在疾病暴发的早期就很明显。2003 年 2 月香港大都会酒店发生了疾病暴发。后来的回溯研究表明，最初的病例是一位来自中国广东省的医生。这名"超级传播者"在酒店停留期间，一共传染了16 名同住的旅客，这些受感染的旅客后来乘坐飞机旅行至加拿大、新加坡、中国台湾地区和越南，并将病毒带到了这些国家和地区。

非典型肺炎病毒最令人担忧的特点之一是，医院内的护理人员比较容易被感染。一般而言，医院的工作人员从病人那里传染疾病的概率是比较低的。但是非典型肺炎病毒在这方面是个例外。例如，多伦多的一家医院一共收治了 128 位感染者，其中 37% 是医院内部员工。

2004 年，我访问了一家香港大学附属医院，这家医院曾在非典型肺炎病毒处理和研究中做出了很多杰出工作。当时多名工作人员被非典型肺炎病毒感染，有些人还献出了生命。这家医院所实施的高水平感染防控措施，给我留下了非常深刻的印象。

病原体、感染途径及发病症状

非典型肺炎病毒是一种单链 RNA 病毒，属于冠状病毒科。在非典型肺炎病毒出现之前，人们认为冠状病毒只在人类中引起轻度的呼吸道感染。冠状病毒与鼻病毒都是引起普通感冒的常见原因。冠状病毒感染了许多动物。一种冠状病毒可以引起犬类患上传染性上呼吸道感染，也被称为犬舍咳 Kennel cough。

非典型肺炎的初始症状类似流感——发烧、咽喉疼痛、咳嗽以及肌肉疼痛。有些患者会出现呼吸急促现象，此时感染已由上呼吸道（鼻窦和喉咙）下行至肺中。肺部感染是患者死亡的主要原因。

与严重的流感类似，非典型肺炎也使免疫系统过度激活，引发细胞因子风暴并因此导致器官严重受损甚至衰竭死亡。同样，非典型肺炎也可能带来继发性肺部细菌感染，严重时也会危及生命。

治疗与预防

与所有其他病毒感染一样,抗生素对非典型肺炎的治疗无效。但是,如果出现了继发性肺部细菌感染,就需要用到抗生素治疗。

由于非典型肺炎致死性高和传染性强,任何怀疑感染了这种病毒的人都应该被隔离治疗。如果可能的话,应该在负压病房内隔离治疗。所谓的负压病房,是某些医院中装备的一种隔离设施,可以阻止空气从病房中流出。在非典型肺炎流行的早期,世界上很多医院都增加了这种病房,并加强了许多控制感染的措施。

如今还没有开发出预防非典型肺炎病毒的疫苗。幸运的是,至少在目前,我们还不需要这种疫苗。

经验教训

尽管非典型肺炎大流行很快被遏制下来,其潜在威胁却依然存在。在2003年初期的调查中,人们在许多动物中都发现了该病毒,其中包括貉类(一种小型哺乳动物,又称浣熊狗或狸猫)、雪貂和家猫,当然也有果子狸。如今这些生物可能仍然携带有病毒。最近对35种蝙蝠的研究发现,大约有6%携带一种或多种与非典型肺炎病毒类似的冠状病毒(共计有10种之多)。2017年11月,中国的一个病毒学研究小组在《PLOS病原体》(*PLOS Pathogens*)杂志上报告,在云南省偏远的洞穴中的一群菊头蝠身上,发现了所有非典型肺炎病毒基因的构建模块。

非典型肺炎的大流行表明,对新发传染性疾病采取迅速而积极的应对措施,不仅对世界健康与卫生至关重要,而且也会对当地或举国经济造成影响。非典型肺炎大流行造成的全球经济损失估计可达540亿美元。

第十章
不能呼吸的空气

水，空气和清洁是我最常用的三种药物。

——拿破仑·波拿巴

　　大家都知道空气是多种气体的混合物。但是，我们呼吸的空气中还充满了称为生物气溶胶的颗粒，它们随着空气的流动被传播至各处。所谓生物气溶胶，是指空气中的细小悬浮物，包括各种固体和液体物质以及附着其上的微生物（主要为病毒）。本书前文已经谈到过许多非常危险的生物气溶胶，它们可能会含有天花病毒、流感病毒、非典型肺炎病毒等。

　　许多在人类中引起疾病的病原体，包括病毒、细菌、真菌，都可以通过空气在个体间传播。这些病原体通常由咳嗽或打喷嚏从体内排出。一次喷嚏就可以向周围的空气中喷出数百万个微小液滴，其飞行速度可达320千米/时。喷出的微生物或含微生物的液滴可以悬浮在空中继续扩散至房间各处。

　　在单个的微小液滴中就可能包含数万个微生物。要知道病毒极其微小，其直径仅 0.02 ~ 0.3 微米（1 厘米等于 1 万微米）。细菌稍大些，但其直径通常也不超过 2 微米。

本章重点介绍两种新出现的可以通过空气传播的病原体，一种是中东呼吸症病毒（MERS-CoV），另一种是约 40 年前在费城发现的嗜肺军团菌（Legionella pneumophila），即引起军团病（Legionnaire's disease）的元凶。

中东呼吸综合征（MERS）

> 信任真主安拉的同时，也别忘了拴好你的骆驼。
>
> ——阿拉伯谚语

中东呼吸综合征大流行

非典型肺炎疫情刚结束，人们还在庆幸，以为这种新型致命冠状病毒已在掌控之中。2012 年 6 月 12 日，一名患者在沙特阿拉伯吉达地区（Jeddah）的一家医院里死去，是首例确认死于另一种严重呼吸系统疾病的患者。疾病后来被命名为中东呼吸综合征，其病原体正是另一种新型冠状病毒，后来命名为 MERS-CoV（中东呼吸综合征病毒）[1]。中东呼吸综合征的流行凸显了地理因素在流行病发生和发展中的重要作用。虽然中东呼吸综合征的首例确认患者于 2012 年 6 月出现在沙特阿拉伯，但后来的回顾性研究发现，当年 4 月在约旦就已经出现了小型疾病暴发，共有 13 名患者记录在案。从那以后，中东地区的所有国家都发现了中东呼吸综合征的确诊病例。而在中东以外的地区，共有 17 个国家出现中东呼吸综合征患者，他们都有中东地区旅行史。

截至 2018 年 8 月，在 27 个国家和地区一共出现了 2229 例中东呼吸综合征病毒感染，致死率达 35%。有 83% 的病例来自首先发现这一疾病的沙特阿拉伯。年长患者，或那些原本患有慢性肺病、糖尿病、肾衰竭或其他严重疾病的患者死亡风险会更高。

与非典型肺炎类似，中东呼吸综合征也是通过与感染者密切接触而传染。另外中东呼吸综合征也多次出现医院相关的传播和暴发。在中东以外的最大规模医院感染于 2015 年发生在韩国，共有 186 名患者，涉及 16 家医院，共发生了 5 次医院内"超级传播"事件。其中一次发生在一家医院的急诊室内。那里人满为患，有 82 个人在那里与同一名患者接触后被感染。谢天谢地，如今这种疾病的流行已经结束。

由于中东呼吸综合征在医院系统之外的传播并不常见，它对全球人类健康的威胁并不大。还好如此，因为每年的麦加朝觐（Hajj，穆斯林的麦加朝圣活动）会吸引 200 万~ 300 万人，人们会聚集到沙特阿拉伯的一个特定的小范围区域（译者注：即圣城麦加）。到目前为止，还没有出现与朝觐相关的疫情暴发。

中东呼吸综合征与非典型肺炎有很多相似之处，最明显的是二者都会引发危及生命的严重肺炎。然而，二者显著的区别在于病毒来自不同的动物宿主。蝙蝠是非典型肺炎病毒的主要祸首，但中东呼吸综合征病毒则主要在单峰骆驼中生存繁衍，它并不影响骆驼的生活或健康。在中东呼吸综合征最严重的沙特阿拉伯，研究者相信病毒变异和传播至人类之前，中东呼吸综合征病毒已在单峰驼中寄生了很长时间。他们还认为，该病毒很可能不止一次从骆驼传播给人类。

目前还不清楚病毒是如何从骆驼传播给人类的。事实上，中东呼吸综合征的确诊者中有骆驼接触史的并不多。人们怀疑患病可能与饮用未经巴氏消毒的骆驼奶有关，这是一种在沙特阿拉伯很受欢迎的饮品。疾病在人群中的传播则已经了解得比较清楚了，空气中的飞沫是病毒传播的主要方式，接触被病毒污染的物体表面也是一种可能的传播途径。

病原体、感染途径及发病症状

首例中东呼吸综合征确认患者出现在吉达地区，后来当地一家医院的著名病毒学家阿里·穆哈默德·扎基发现了中东呼吸综合征病毒。与非典型肺炎病毒类似，中东呼吸综合征病毒也是一种单链 RNA 病毒，同属于 β – 冠状病毒属。两种病毒都对肺部气管表面的细胞有很强的附着力。近来，一项来自中国的研究报告显示，中东呼吸综合征病毒还可以感染并杀死 T 淋巴细胞，这是一种在人体免疫系统中起关键作用的白细胞（我们在第四章讨论过这种细胞在适应性免疫中所起的重要作用。这也许是中东呼吸综合征如此危险，常常令患者丧命的原因之一）。

中东呼吸综合征感染潜伏期长达 12 天。有的患者不表现任何明显症状，有的只出现轻度呼吸道问题，类似普通感冒。但有的患者却出现严重症状，包括发烧、咳嗽和呼吸急促，并可能在一周内发展成为肺炎。还有的患者会出现腹泻等胃肠道症状。大约半数的患者会出现严重的呼吸系统疾病。如前所述，约三分之一的患者因此死亡。当中东呼吸综合征严重到可能致命的情形时，除了肺部疾病之外，还会出现心血管系统崩溃和肾衰竭。

治疗与预防

目前尚没有任何针对中东呼吸综合征的有效治疗方法或疫苗。据报道，2018 年启动了针对中东呼吸综合征的第一个疫苗临床试验，疫苗名为 INO-4700 或 GLS-5300，很有希望研制成功。缓解症状的辅助疗法仍是主要的治疗手段。当肺部出现严重症状时，在重症监护室使用呼吸机进行机械通气和辅助支持就变得十分必要。

防控中东呼吸综合征的主要措施是戴口罩，以避免接触携带病毒的飞沫液滴。由于中东呼吸综合征病毒、非典型肺炎病毒以及其他严重的呼吸道病毒感染会在医院内传播，因此医护人员需要特别注意佩戴有效类型的口罩（可参阅世界卫生组织，美国疾病控制与预防中心，或是沙特阿拉伯卫生部网页上有关中东呼吸综合征的相关信息）。此外，还建议在进入中东呼吸综合征患者的病房时，穿上防护服和戴手套，并在离开病房脱掉这些防护装备。中东呼吸综合征患者应在负压病房内隔离治疗，以防止病毒扩散。

带有中东呼吸综合征病毒的骆驼有可能会出现鼻炎（流鼻涕），或是根本没有任何症状。世界卫生组织、美国疾病控制与预防中心和沙特阿拉伯卫生部为在工作中需要接触骆驼的人们制定了安全指南。

经验教训

凡事都需要考虑到地理因素。

——朱迪·马茨（Judy Martz），美国蒙大拿州前州长

在中东呼吸综合征病毒开始流行之后的几年里，我们学到了很多东西，也发现还有很多问题需要解答。中东呼吸综合征病毒到底来自哪里？疾病的免疫机制是什么？是否能够开发出有效疫苗和抗病毒药物？也许最最重要的问题还是，中东呼吸综合征病毒是否会发生基因突变，从而使该病毒能够轻易地通过空气在人群中传播？如果发生这种情况，我们将会面临严重的世界范围大流行。

了解了有关病毒，尤其是中东呼吸综合征病毒以及第八章所涉及的那些病毒的常识之后，读者一定会明白，为什么在去诊所、医院或急诊室就诊时，医生总要问"在过去 3 个月是否曾去国外旅行？"这个问题确实非常重要。在我职业生涯开始的头几年，我和同事们惊讶地发现，一些医护人员对地理因素在某些传染病中的重要作用知之甚少。所幸的是，如今几乎每位合格的医疗专业人员都能理解，通过飞机旅行，一种危及生命的传染病很可能在不经意间就来到身边。

军团病

后来一些卫生官员表示，就军团病而言，正是新闻媒体的刨根问底，才促使他们出来承担责任。媒体施加的压力也激励科学家们重新审视与疾病暴发相关的线索，并最终找出疾病暴发的原因。如果像很多其他情形一样轻松放过，很可能军团病的暴发至今依然是个谜。

——劳伦斯·奥特曼，《纽约时报》科学撰稿人

军团病的流行

与中东呼吸综合征类似，军团病也是一种肺部感染疾病，会引起肺炎。导致军团病的嗜肺军团菌（*L. pneumophila*）也是通过气溶胶飞沫传播进入肺部的。但是，军团病并不会在人与人之间直接传播。嗜肺军团菌的传染媒介是受细菌污染的水。

在美国，肺炎在最常见的死亡原因中排名第八位，而在世界上，肺炎是儿童死亡的最常见原因。细菌是引起肺炎最常见的病原体，但是包括军团病在内的大多数细菌性肺炎并不会直接在人与人之间传染。当然结核分枝杆菌是个例外，它完全是通过患者的咳嗽或打喷嚏在人与人之间直接传播的，会引发肺结核病。

时间回到 1976 年 7 月，正值美国宣布脱离英国独立 200 周年，全国各地开展了各式各样的庆祝活动。然而，正在费城参加第 58 届美国退伍军人年度大会的 4000 名第二次世界大战老兵及其家人和朋友，却无法欢庆起来。

7 月 4 日的庆祝活动刚过去，贝尔维尤–斯特拉特福德酒店就暴发了肺炎感染，当时许多与会者都住在这里（军团病由此而得命名，也被称为退伍军人病）。共有 182 人患病，29 人死亡。许多患病者并不住在那里，也从来没有进过酒店。这意味着细菌已经扩散到了酒店外的空气中，并在空气中传播开来。

当年 12 月，军团病的致病原因被确定，源于一种前所未闻的可以引起肺炎的细菌。进一步的调查发现，这是一种可以通过空气传播的病原体，通过酒店的空调系统扩散到各处。解开军团病暴发背后的谜团，确实是现代流行病学和微生物学最杰出的成就之一。

后来的回顾性研究表明，至少从前有过两次类似但规模较小的暴发事件。1957 年的夏天就暴发过一次，地点在明尼苏达州奥斯汀市的荷美尔肉类加工厂。1968 年，又一次流行发生在密歇根州的庞蒂亚克，当时人们将疾病命名为庞蒂亚克热。由于某种尚不明确的原因，这两次较早时期的暴发病程温和，患者无需住院治疗便会痊愈。

自 1976 年以来，西方很多国家出现过军团病的小规模暴发[2]。多数情形与受污染水源形成的气溶胶有关，这些水源有可能来自冷却塔、空调、下水道、热涡流浴缸或澡盆、呼吸器和雾化器设备、装饰性喷泉等。疾病暴发通常始于旅馆、娱乐设施、医院下水道系统和淋浴设备。

人们还发现，引起军团病的细菌能在饮用水中生存，尤其是未经氯化消毒的水质。疾病暴发常见于夏季，或是（大雨引起）洪水或局部积水之后。

该病的风险因素还包括吸烟、年龄超过 50 岁、患有慢性肺部疾病以及免疫力受损等。

在美国，军团病占所有肺炎感染的 2%～9%。据估计每年有 8 千到 1.8 万名军团病患者接受住院治疗，但很多专家认为，这个数字被严重低估了。

军团病的总体致死率在 5%～30%，而在医院中染上军团病的医源性感染致死率则在 28%～50%。

1995—2005 年，欧洲军团病工作组一共报告了 3.2 万个病例，以及 600 多次集中暴发。其中很多病例都与地中海地区的某些酒店旅馆有关。世界上最大的一次军团病暴发发生在 2001 年 7 月，当时很多患者都在西班牙穆尔西亚地区的一家医院就医。最终共有 449 例病例确诊，但至少有 1.6 万人接触了致病菌。

多年以来，军团病流行一直在稳步增长，从 2000 年到 2009 年，每年病例增加 192%。仅 2015 年一年就报道了多次疫情暴发，发生地点有纽约南布朗克斯酒店（128 例病例），伊利诺伊州昆西市的伊利诺伊退伍军人之家（46 例病例），以及加利福尼亚北部的圣昆丁州立监狱（56 例病例）。密歇根州弗林特市曾经被铅污染水源所困扰。在 2014 年 6 月到 2015 年 10 月间，那里至少有 87 人患上了军团病。以上暴发地点的病菌来源却都是未知。

2016 年 9 月，就在距离我家仅几英里远的地方，明尼苏达州的霍普金斯市报道了一起涉及 23 例患者的军团病暴发。不到一个月人们就找到了疾病的来源：一个被军团菌污染的冷却塔。时隔一年，一些游客在迪斯尼主题乐园游玩后染上了军团病，在一番调查后迪斯尼关闭了两个冷却塔。

美国各地经常有新军团病疫情的报道。根据疾病控制与预防中心的数据，自 2000 年以来每年病例数已增加了 5 倍多。为什么会这样？有可能是因为人们更加关注病情和样品检测数量增加，但也有可能与日渐老龄化的人口结构和气候变化有关。

病原体、感染途径及发病症状

1976 年 7 月军团病在费城暴发之初，科学家们感到非常困惑，无法确定其致病原因。公众对此感到非常失望，以至于在当年 11 月还就此举行了国会听证会。所幸的是，美国疾病控制与预防中心邀请了细菌学专家约瑟夫·麦克戴德博士参与调查。麦克戴德博士是立克次氏体专家，这是一种在细胞内寄生的细菌。1976 年 12 月 28 日，麦克戴德博士宣布发现了一种前所未知的细菌，后来将之命名为嗜肺军团菌。这种细菌具有在肺部巨噬细胞内生长和繁殖的能力。

很明显，嗜肺军团菌离不开水，水是其生存的必要条件。但这种细菌最喜欢栖居的地方是其他微生物的细胞之内。嗜肺军团菌可以与包括阿米巴虫在内的嗜水原生生物建立共生关系，在原生生物细胞内定居下来，共同生活在一种被称为生物膜（biofilm）的膜层结构中。这种生物膜附着在各种管道表面，例如水管和淋浴喷头表面。尽管我们尚不清楚生物膜在这些表面形成的确切机制，但军团菌在阿米巴变形虫内的共生似乎起到了一定作用。这种共生关系还给细菌带来了其他益处，不仅使其躲过免疫系统的攻击，还保护它们免受高温的伤害。水管中蠕动着数百万的细菌。瑞典隆德大学（Lund University）的凯瑟琳·保罗专注于这些微生态系统的研究。她发现热水管中至少生活着 2000 种不同种类的细菌。还好几乎所有生活于此的细菌都对人类无害，有的甚至还有助于水的净化。

现在已知军团菌属包括 58 种细菌，其中至少有 6 种可以导致军团病，它们包括嗜肺军团菌（*L. pneumophila*）、长滩军团菌（*L. longbeachae*）、麦氏军团菌（*L. micdadei*）、菲氏军团菌（*L. feeleii*）、阿尼斯军团菌（*L. anisa*）等，其中嗜肺军团菌是最常见的病原体。

尽管大多数军团菌生活在液体环境中，长滩军团菌等也能在潮湿的花园土壤中存活。这种军团菌似乎是澳大利亚军团病的主要病原。

一般而言，军团菌比较喜欢温暖的环境。它甚至还可以在 50 摄氏度下存活数小时，如果温度低于 20 摄氏度细菌就会停止繁殖。36 ~ 37 摄氏度刚好是它们最理想的生存温度，这也正好是人的体温。感染后潜伏期为 2 ~ 14 天，之后感染者会表现出发烧、发冷、肌肉或关节疼痛、虚弱、食欲不振等症状。约半数感染者会咳嗽并咳痰。有些患者还会出现剧烈的胸痛，疼痛会随深呼吸或咳嗽而加剧。包括腹泻、恶心、呕吐以及腹痛等胃肠道症状也十分常见。有时还会出现神经系统的症状，如头痛、意识状态改变甚至癫痫发作。

军团病患者的胸部 X 光片和白细胞计数检测的结果通常与其他常见肺炎没有明显区别。如今可以通过尿液化验或培养病人的痰液来确定病原。

治疗与预防

由于军团病的病原体是细菌，可以使用抗生素进行有效治疗。但青霉素和类似抗生素作用效果并不理想，因为它们很难进入肺部巨噬细胞内部。目前推荐使用的是阿奇霉素和左氧氟沙星，这两种药物可以透过细胞膜进入细胞内。如果病人同时还患有其他疾病，或是免疫系统受到了损伤，建议延长抗生素疗程。疫情暴发期间，受影响地区的居民，以及高风险患病者，在没有疾病症状时也可以服用抗生素对疾病进行预防。

目前还没有针对军团病的疫苗面世，因此主要的预防手段还是清理细菌容易存留和生长的环境，但这并非易事，尤其因为军团菌能耐高温，而且又生活在一层顽固的生物膜的保护之下。

经验教训

我们很多人觉得水会自然而然地从水龙头里流出，除此之外我们并不会想得太多。对野外的河流、湿地复杂的生态环境和由水支撑的复杂生命网而言，这样的漠视是缺乏尊重的表现。

——桑德拉·波斯特尔

（全球水政策项目的创始人兼负责人）

对于生活中的饮用水和沐浴用水，我们经常会认为那是理所当然的权利。我们极少会考虑到自然中那个依赖于水存在，又精妙到难以置信的微生物生态系统，直到问题出现，比如军团病的发生，我们才对此有所意识。

一个令人头疼的问题是如何清除水管中的生物膜，特别是在有很多高危人群的医院里。调查显示，在12%~70%的医院热水管道系统中分布有军团菌。我们迫切需要发展新技术，来防止（或清除）水管系统中生物膜的形成。

费城军团病暴发的一个重要教训是，即使是豪华酒店，其空调系统和冷却水设施也有可能对住客健康构成威胁。与许多其他的新发传染病类似，这种疾病也可以说是现代科技发展的产物。

在1976年军团病暴发之前人类对这种致病菌毫无所知。嗜肺军团菌的发现过程带给我们另外一个重要启示：对新传染病如何产生以及何时出现等问题，我们实际上几乎仍是一无所知（对于中东呼吸综合征病毒的出现也是如此）。就目前而言，我们只能继续为难以预料的事情尽量做好准备。

第十一章
来自林中的疾病

树林迷人、幽暗、深邃。只是我仍要履行诺言，奋力赶路之后才能安睡。

——罗伯特·弗罗斯特

（美国诗人）

树林是极佳的去处。只不过，树林同时也是无数蜱虫（ticks）的安身之处，它们携带数种危险的微生物。

当罗伯特·弗罗斯特在 1922 年写下著名诗篇《雪夜林边小伫》时，恐怕并没有意识到林中的蜱虫和致病微生物。本章中将要讨论那些在林中寄居于蜱虫身上的微生物，在诗人弗罗斯特生活的那个年代，人们对此还一无所知。

世界上已知有 899 种蜱虫。幸运的是，只有极少数携带可以感染人类的病原体。蜱虫自身是许多动物不可缺少的食物来源，在整个生态系统中起着重要的作用。

本章重点介绍硬蜱属（*Ixodes*）蜱虫，它们因成虫体表有硬质的盾板而得名[1]。它们会对人类健康构成严重威胁，若可以根除蜱虫，对人类来说无疑将是一大福音。尤其是其中危害最大的蜱虫种，称为肩突硬蜱（*Ixodes scapularis*，又称鹿蜱），实欲除之而后快。肩突硬蜱能够携带 6 种不同的微生物致病原，包括 3 种细菌、2 种病毒、1 种原生生物。这几种微生物都能给被感染者带来痛苦。我们将在本章讨论其中的 3 种病原微生物。

莱姆病（Lyme disease）

莱姆病令我闻蜱色变。

——珍妮·布拉哈

（美国科学促进会公众参与项目总监）

莱姆病的流行

直到 1975 年，人们才开始对莱姆病有了一些基本认识。当时，来自耶鲁大学和美国疾病控制与预防中心的研究者在康涅狄格州老莱姆市调查一种神秘的传疾病。有两位母亲因其小孩患上了同一种奇怪的疾病而忧心忡忡。邻近城镇也有其他孩子出现类似情况。这种疾病最初被称为青少年类风湿性关节炎。研究人员中有好几位医生，包括艾伦·斯蒂尔，大卫·斯尼德曼和史蒂芬·马拉维斯塔，研究了疾病的各个方面，并逐渐从中找出了线索。他们确定了疾病的典型症状（关节炎，一种被称为游走性红斑的特征性皮疹，神经系统问题以及心脏疾病）；地理分布（最初在东北部，后扩散至美国所有 50 个州）；携带致病原的蜱虫（在东海岸和中西部为肩突硬蜱，而在落基山以西地区为太平洋硬蜱）；以及传播这种疾病的动物（白脚小鼠和白尾鹿）。

研究人员在 1980 年有了重大突破。当时落基山脉生物实验室的医学昆虫学家威利·伯格多费仔细观察了从纽约州寄来的蜱虫样本，并从中发现了不寻常的螺旋体微生物——一种独特的螺旋形细菌。一年后，这些螺旋体被确定为莱姆病元凶。为了纪念这位医学昆虫学家，人们将这种前所从未知的细菌命名为伯氏疏螺旋体（*Borrelia burgdorferi*）。

过去四十年间，人们逐渐对莱姆病有了全面了解。例如，我们现在知道病原菌伯氏疏螺旋体并非新生事物。无论是在美国还是在其他地方，莱姆病已存在了数千年。2010年对"奥兹冰人"（Otzi the Iceman）进行了尸体解剖，科学家在这具冰尸上就发现了伯氏疏螺旋体的DNA。这具1991年在阿尔卑斯山发现的类似木乃伊的冰尸，据说已冻结在冰中长达5300年。它现存放于意大利南蒂罗尔考古博物馆。这一解剖发现令"奥兹冰人"成为已知最早的莱姆病患者。

在美国大部分地区，莱姆病主要通过肩突硬蜱（俗称为黑脚硬蜱）传播。蜱虫在发育的不同阶段——幼虫期、若虫期、成虫期——会寄生于不同的动物宿主。在这三个阶段中，蜱虫都需要吸食动物血液。成年蜱虫寄生在鹿身上，这也是在美国这种蜱虫通常被称为鹿蜱的原因。在欧洲，莱姆病主要通过寄生在绵羊身上的篦子硬蜱（Ixodes Ricinus）传播。

我们大多数人都曾见过成虫期的蜱虫。但问题在于，大多数伯氏疏螺旋体菌感染实际上是由若虫期的蜱虫传播的。若虫期的蜱虫体型非常小，大概就和英文中的句号差不多，非常难以发现。若虫期蜱虫的主要宿主是白脚小鼠。

美国疾病控制与预防中心每年收到约3万例莱姆病的报告。大多数专家认为这个数字被严重低估了，他们预计美国每年可能有超过30万例莱姆病感染。感染风险最大的时候是春末和夏季，此时很多人会去树林里远足或游玩，在不经意间可能就会被若虫期的蜱虫叮上。蜱虫视力极差，但嗅觉极佳。人们呼出的二氧化碳能够强烈地吸引蜱虫。

美国各地都有硬蜱属的蜱虫，但已报道的绝大部分莱姆病病例（99%）都集中于东海岸、东北部、中西部的北部地区。2018年7月的《新英格兰医学杂志》刊登了一篇题为"蜱虫传播的疾病——不断增长的威胁"的文章。正如文章题目所指，硬蜱传播的莱姆病和其他种类的蜱虫传播的疾病，正以惊人的速度增长。

病原体、感染途径及发病症状

引发莱姆病的细菌属于疏螺旋体属（Borrelia）。这个属一共约有20种不同的疏螺旋体菌，一般认为只有 3 种会导致莱姆病：伯氏疏螺旋体（*B. burgdorferi*，主要发现于北美，欧洲也有报道）、阿氏疏螺旋体（*B. afzell*，欧洲和亚洲）和伽氏疏螺旋体（*B. garnii*，也主要在欧洲和亚洲）。2016 年，梅奥诊所的研究人员发现了另外一种引发莱姆病的螺旋体菌，并将之命名为梅奥疏螺旋体（B. mayonii）。

被带有病菌的蜱虫叮咬后，要经过一到两周的潜伏期才会出现症状。约 7% 的感染者没有任何症状，而欧洲的无症状感染者比例最高。早期感染的典型征兆为游走性红斑（erythema migrans，EM），蜱虫叮咬部位出现一圈向外扩张的皮疹。这种征兆发生在 70%~80% 的感染者中，并不总会出现，有时还会引起误诊。没有出现游走性红斑并不能排除感染，相反，感染有可能在进展中，症状会稍后出现。欧洲的感染病例还有可能出现另外一种皮肤症状——耳垂、乳头或阴囊上出现紫红色团块，称为莱姆淋巴细胞瘤。病初还伴有类似流感症状，如发烧、头痛、肌肉疼痛和疲劳。

在感染后几天到几个星期的时间里，随着血液循环，疏螺旋体菌在体内转移至身体其他部位。有 10%~15% 的感染病例会出现神经系统相关症状，包括面部神经麻痹（面部一侧或双侧肌肉张力减退），脑膜炎（大脑表膜炎症），或是大脑炎（脑部炎症）等。神经系统出现病变被称为神经莱姆病。如果细菌在心脏的心电传导系统中出现，还会引起心率异常。

未经治疗或是治疗不充分的患者可能会继续恶化，晚期特征包括身体各部的严重慢性症状，涉及脑部、神经系统、眼睛、心脏和关节等。约 10% 的患者会出现关节病变（称为莱姆关节炎），主要涉及双侧膝盖。有的患者，主要是欧洲的老年感染者，会出现一种慢性的皮肤疾病，称为慢性萎缩性肢端皮炎。慢性的脑部病变（脑脊髓炎）也有可能发生。症状呈进行性，包括逐渐恶化的认知障碍、腿部无力、步态笨拙、膀胱功能障碍等，甚至还会出现精神疾病（由脑脊髓炎引发）。

莱姆病病程虽相当痛苦，通常并不致命，但有些心脏受累的患者，会因房室传导阻滞引起心律失常并有可能发生猝死。

简而言之，伯氏疏螺旋体感染给人类免疫系统带来非常严峻的挑战。

治疗与预防

所幸抗生素对治疗伯氏疏螺旋体相当有效。口服 14 ~ 21 天的伟霸霉素（Doxycycline，盐酸多西环素），阿莫西林（Amoxicillin）或者头孢呋辛酯（cefuroxime axetil）效果都很不错。

在莱姆病的诊断中，实验室化验帮助不大，尤其是在早期。如果临床诊断怀疑是莱姆病，应立即开始治疗。也就是说，如果您所在的区域曾经有过莱姆病的报道，在蜱虫较多的季节您去过树林中，后来又出现了特征性的皮疹（游走性红斑）和类似流感的症状，那最好立即开始治疗。鉴于游走性红斑并非总会出现，如果可能与蜱虫有过接触并已出现流感类似症状时，也应该立即开始治疗。如果当地区域未有莱姆病报道，而病人也没有任何症状的话，只是蜱虫叮咬本身，则无须治疗。

预防莱姆病的最佳方法是避开蜱虫活动的区域。在进入树林时使用含有避蚊胺（DEET，浓度至少为 30%）的驱虫剂，并注意穿着长袖上衣和长裤。从林中返回后，从头到脚仔细检查皮肤，或请他人帮忙检查是否有蜱虫附着。如果身上有蜱虫，用镊子小心将其除去。

美国食品药品管理局曾于 1998 年批准了一种针对莱姆病的疫苗，名为 LYMEtrix。遗憾的是，疫苗上市不久后引发了意想不到的并发症，治疗成本很高，最终导致疫苗撤出市场。如今只有针对狗的莱姆病疫苗，而人类莱姆病的新疫苗还在开发中。

经验教训

与其被理解，不如去理解。

——亚西西的圣方济各

人们在研究莱姆病的过程中，不断遇到棘手问题。我们需要寻找更好的诊断标准和开发有效的预防疫苗。

但是，对于 10% ~ 20% 已经接受了治疗但症状仍挥之不去的患者来说，更迫切的需求是了解并做好对疾病症状的管理。这些症状包括长期的疲劳，肌肉骨骼疼痛，睡眠质量很差，以及认知障碍等。这种情形被称为莱姆病治疗后综合征[2]。还有更大比例的患者不得不忍受所谓慢性莱姆病带来的痛苦[3]。显然，我们亟需进一步的研究，来解开这些慢性疾病背后的谜团，找到有效的治疗方法。

粒细胞无形体病（Human Granulocytic Anaplasmosis，边虫病）

> 对事物的观察，机会只会眷顾那些有准备的人。
>
> ——路易·巴斯德

粒细胞无形体病的流行

粒细胞无形体病是一种由蜱虫传播，主要侵害白细胞的传染病。其病原体为一种细菌——嗜吞噬细胞无形体菌（*Anaplasma phagocytophilum*）。粒细胞无形体病的传播途径与莱姆病相同，由一种硬蜱属的蜱虫传播，属于一种新发传染病。传播疾病的蜱虫寄生于白足小鼠和白尾鹿身体表面，其传播范围也与莱姆病相同，主要集中于美国东海岸和东北部地区，中西部的北部地区，同时也见于欧洲和亚洲部分地区[4]。

90% 以上的粒细胞无形体病发生于美国东部新英格兰地区、纽约州、新泽西州、威斯康星州和明尼苏达州。莱姆病当年在新英格兰地区被首次发现，但粒细胞无形体病首先出现在我生活的地区，美国中西部的北部地区。

已知第一位粒细胞无形体病患者是来自威斯康星州的一名男子，于1990 年在明尼苏达州德卢斯市（Duluth）的一家医院死亡。在疾病晚期的一次血检中，在其血样里的中性粒细胞（白细胞的一种）中观察到了一簇簇个头很小，以前从未见过的细菌。这次偶然性的观察结果成了后来发现致病细菌的关键。

在接下来的两年中，共出现了 13 名类似患者，均来自威斯康星州西北部和相邻的明尼苏达州东部。在患者的中性粒细胞中，都观察到了这种细菌成簇聚集的现象，或称为细胞内包涵体（或桑葚小体）。

从 1990 年代中期开始，粒细胞无形体病感染病例数量呈指数增长。从 1995 年到 2012 年，美国疾病控制与预防中心一共报告了 10152 例感染。如今，欧洲各地以及亚洲的一些国家，包括中国、韩国和日本的病例数也都在增加。在欧洲，篦子硬蜱是病原体的主要传播者。

所幸的是，与莱姆病类似，粒细胞无形体病一般不会致命。但它通常会导致非常严重的疾病症状，以至于半数感染者需要住院治疗。到目前为止，至少有七名患者死于粒细胞无形体病。年龄较大，或是免疫系统受损的患者会有可能出现严重的症状。

病原体、感染途径及发病症状

直到 20 世纪 90 年代初，人们才认识到这种感染是由嗜吞噬细胞无形体菌引起。人类对这种细菌并不陌生，至少两个世纪之前就已经开始与其打交道了，但只限于兽医领域。在 19 世纪早期的欧洲，就曾在绵羊、奶牛和其他反刍类动物观察到了类似的感染现象，称为蜱虫热。嗜吞噬细胞无形体菌还能感染狗、猫、鹿和驯鹿等动物，并令其致病。

在第十章我们曾提到一种名为立克次氏体的细菌，在其他生物的细胞内生存和繁殖。从这个意义上来看，它们就和病毒一样，但与病毒并不相同的是，它们依然保存了自己的代谢系统。嗜吞噬细胞无形体菌就是一种立克次氏体。

这种细菌的特殊之处在于它的生活环境。它生活在一种白细胞（中性粒细胞）之中，而中性粒细胞专职任务就是杀死细菌。但是嗜吞噬细胞无形体菌却可以解除中性粒细胞的武装，然后侵入细胞内生长和繁殖。人们目前还不清楚它们是如何做到的。

大多数粒细胞无形体病患者会出现严重的头痛，肌肉疼痛和疲倦乏力感。有些患者还会出现恶心、呕吐、腹泻、咳嗽等呼吸系统问题。严重的感染可能会引起危及生命的并发症，包括休克、肺病、出血、肾衰竭、心脏炎症以及神经系统病变等。约 5% 的粒细胞无形体病患者需要在重症监护室接受治疗。

但是，也有一些被感染者完全没有任何症状。实际上，在嗜吞噬细胞无形体菌活跃的地区，科学家们估计，可能有 15%～36% 的人是无症状感染者。

如果病人曾被蜱虫叮咬或是去过蜱虫出没的地区，因出现发烧症状去医院或诊所就诊时，就需要排除粒细胞无形体病感染的可能性，尤其是当病人居住在粒细胞无形体病比较普遍的地区，或是刚刚旅行到过这些地区时。他们需要做几种不同的血液测试来确认或排除感染。如果病人的血小板计数较低（称为血小板减少症），白细胞计数也低于正常值（称为白血球减少症），或是血液中的肝脏转氨酶升高，他们就有可能被感染。但要正式确诊，病理学家必须在显微镜下观察病人的中性粒细胞，看到细菌聚集形成的包涵体（或桑葚小体）这一独特现象后才能确诊。

在严重的嗜吞噬细胞无形体菌感染中，过度活跃的免疫反应可能是疾病加重的原因之一。功能受影响的中性粒细胞也可能会放过其他一些机会性致病原，使它们能够侵入机体引起并发症。

治疗与预防

如果临床检验怀疑为嗜吞噬细胞无形体菌感染，病人必须立即开始抗生素治疗。在本书撰写之时，伟霸霉素（doxycycline）是首选药物。通常在使用伟霸霉素的 48 小时之内，绝大部分甚至所有症状都会消除。

由于伟霸霉素也常用于治疗莱姆病，如果怀疑病人是莱姆病或粒细胞无形体病——或实在运气不佳二者兼有——那么使用伟霸霉素治疗顺理成章。在有粒细胞无形体病和莱姆病地方性流行的明尼苏达州等地，若患者在春夏季因为不明原因发烧就诊，而且又有近期爬山远足或野外露营的经历，我通常会建议使用伟霸霉素。

现在还没有针对粒细胞无形体病的疫苗可用，预防感染的唯一方法就是避免蜱虫叮咬。居住在粒细胞无形体病流行区域的人们更是要格外小心。

经验教训

教育是让人逐渐认识到自身无知的过程。

——威尔·杜兰特

（美国作家、历史学家、哲学家）

尽管自从1990年发现首例嗜吞噬细胞无形体菌感染以来，我们对这种病原体及其导致的疾病逐步有了一定了解，但仍然存在很多未知的问题。最值得注意的是，为什么很多感染者完全没有症状，但对有些人来说却会危及生命？我们可以对其症状进行描述，追踪病原的传播，识别出感染者并成功治疗，但这种细菌到底是如何侵入目标细胞并造成破坏，以及病原体为什么会出现在中性粒细胞，它又是如何演化出这种攻击途径的，至今仍完全是个谜。研究人员仍在不懈努力地寻找答案。

人巴贝斯虫病（Human Babesiosis）

潜在的危险正渗入我们的血液制品中。

——戴夫·莫舍

（科技记者）

人巴贝斯虫病的流行

到目前为止，本书提到的所有新发传染病都是由病毒或细菌引起的。现在，我们来介绍一种新的致病原——原生动物巴贝斯虫。它会导致另外一种由蜱虫传播的疾病，即（人）巴贝斯虫病。

巴贝斯虫在分类上属于原生动物界顶复动物门（Apicomplexa），同属一类的还包括引起疟疾和隐孢子虫病的其他原生动物寄生虫。我们在第六章提到过疟疾，而隐孢子虫病是一种严重的胃肠道疾病，我们将在第十三章详细讨论。

巴贝斯虫分为好几种，其中微小巴贝斯虫（*B. microti*）是迄今为止引起人类巴贝斯虫病的最常见原因。它同样通过硬蜱属蜱虫传播，与前文所述伯氏疏螺旋体和嗜吞噬细胞无形体菌一样，传播疾病的蜱虫藏身于白足小鼠和白尾鹿。巴贝斯虫也同样寄生于细胞内，但是在红血细胞内，而非白血细胞。

历史记录显示，早在 1910 年的法国，可能就曾有过人类感染巴贝斯虫病病例。但是直到半个世纪之后，才出现这种疾病的首次正式医学记录，患者是一名曾切除了脾脏的克罗地亚牧民。后来人们发现，脾脏在保护人类免受巴贝斯虫感染的过程中起着重要的免疫作用。

在 1969 年美国马萨诸塞州沿海的楠塔基特岛发现了首例免疫系统正常的巴贝斯虫病患者。一开始，人们将这种感染称为楠塔基特热。自 20 世纪 90 年代中期以来，疾病向中西部地区的东北部和北部蔓延，感染人数显著上升。由于美国疾病控制与预防中心在 2011 年才开始追踪巴贝斯虫病，迄今病例总数仍属未知。2011—2013 年一共报道了 3862 例感染，涉及 22 个州，其中 95% 的病例来自康涅狄格州、马萨诸塞州、明尼苏达州、新泽西州、纽约州、罗得岛州和威斯康星州。

虽然微小巴贝斯虫是美国的巴贝斯虫感染最常见的致病原，但也有一小部分病例是由其他种类的巴贝斯虫引起的，这些病例来自加州北部、华盛顿州、肯塔基州和密苏里州。

在欧洲，分枝巴贝斯虫（*B. divergens*）是导致疾病的最主要物种。携带这种病原体的蜱虫是欧洲常见的篦子硬蜱。在日本和中国台湾地区分离出的病原体是一种类似微小巴贝斯虫的原生生物，在韩国还发现了一种新的巴贝斯虫种。非洲、澳大利亚和南美地区也有零星的巴贝斯虫感染。

大多数巴贝斯虫病发生于春季到初秋，也就是人们最有可能到树林中漫步、远足和露营的时候。

被携带病原的蜱虫叮咬并不是感染巴贝斯虫病的唯一途径。如果血液制品中的红血细胞被污染，该病还能通过输血传播。尽管并不常见，但巴贝斯虫病还是成了美国的头号输血传播疾病。在 1979 年到 2011 年间，美国食品药品管理局共收到了超过 160 例经输血感染巴贝斯虫病的报告，其中 28 位患者因此死亡。不过，美国每年会有 1500 万次以上的输血。客观来看，发病比例还是相当低的。

幸运的是，2016 年人们发明了一种筛查方法，可以有效检验献血者的血液是否感染微小巴贝斯虫。由于四分之一的健康成年人在感染后并无症状，应用这种新的血液筛查方法将使输血者免于巴贝斯虫感染。

病原体、感染途径及发病症状

本书第二章曾经提到，正是罗伯特·科赫在 1875 年对牛群感染炭疽杆菌的重要发现证实了微生物致病学说。

而在巴贝斯虫病的研究过程中，是另外一种发生在畜牧牛群中的传染病——高热血红蛋白尿病（febrile hemoglobinuria），为匈牙利病理学家和微生物学家维克多·巴贝斯（Victor Babes）提供了线索。在 1888 年最终发现了寄生于红血细胞中的致病微生物，并以巴贝斯的名字命名。五年以后，西奥博尔德·史密斯（Theobald Smith）和弗雷德里克·基尔伯恩（Frederick Kilborne）确定，蜱虫是将疾病传染给得州牛群的中间宿主。这也是人们第一次认识到昆虫在脊椎动物传染病中的传播作用。

距离巴贝斯虫的首次发现已经过了一个世纪，巴贝斯虫又来感染人类并开始出现疾病流行[5]。巴贝斯虫在血液中的生命周期，让人不得不联想到引起疟疾的原生动物疟原虫。事实上，两种感染的诊断方式也有类似之处，都涉及在显微镜下观察染色的血液涂片，这两种原生动物引发的感染都会使红细胞出现某种特征性的环戒形结构。

在感染巴贝斯虫的患者中，约有一半的儿童和大约四分之一的成人没有任何症状。但是，如果出现症状，疾病就会相当凶险，甚至致命。感染的潜伏期长短不一，如果被感染的蜱虫叮咬，症状大部分情况下会在叮咬之后一到四个星期之内出现。但如果是因为接受了被污染的血液制品，潜伏期可能为一个星期至六个月。疾病症状通常始于疲劳和发烧（温度可高达 40.9 摄氏度），发冷和出汗也很常见，还伴有头痛、肌肉或关节疼痛、食欲不振、恶心、突然的情绪波动等。有的患者还会出现脾脏或肝脏肿大。这些症状通常持续 1 ~ 2 个星期，但挥之不去的疲劳感可能会存在数月之久。

症状的严重程度往往取决于病人自身的免疫系统。如果患者以前曾切除脾脏，或免疫系统因其他原因受损（包括癌症、艾滋病、接受器官移植或是服用免疫抑制药物等），他们往往会出现严重症状并需要住院治疗。其他的高风险人群还包括新生儿，年龄在 50 岁以上的成年人，以及慢性心脏病、肺病或肝病的患者。

大约一半的住院患者可能会出现严重的并发症，如心、肾或肝功能衰竭，严重的肺部疾病，脾脏破裂，甚至昏迷。住院患者的死亡率为 6% ~ 9%，在免疫功能受损的患者中致死率则高达 20%。

脾脏的功能在巴贝斯虫感染中起到至关重要的作用，这样的疾病为数并不多。脾脏中含有巨噬细胞，其功能为清除某些特定类型的受感染的或是受损伤的细胞。如果免疫系统过度反应，产生过多的细胞因子（我们在第九章中讨论过所谓的细胞因子风暴），可能也对疾病恶化起到一定作用。这与某些流感病毒会导致严重至致命疾病的原理是相同的。

治疗与预防

如果患者的免疫系统正常，感染后仅出现轻至中度症状，最常见的治疗方法是两种药物的组合，即阿托伐醌（atovaquone）和阿奇霉素，口服 7 ~ 10

天即可，效果甚佳。如果症状严重，则建议使用一种更传统的药物治疗方法，即静脉注射克林霉素和口服奎宁。虽然与阿托伐醌和阿奇霉素相比，后面这两种药物的副作用更强，但它们在治疗严重巴贝斯虫感染时更加有效。

还可以考虑换血治疗严重的巴贝斯虫感染，即用健康供体的血液代替红血胞已被巴贝斯虫侵袭的患者血液。是否采用这种方法取决于患者血液中红血细胞受感染的比例，红血细胞受损程度，以及是否出现器官衰竭。如果症状严重，建议联系传染病专家和血液科专家进行会诊。

被巴贝斯虫感染的患者有可能同时也有伯氏疏螺旋体菌感染，或嗜巨噬细胞无形体菌感染，或同时三者皆而有之。如果确定为合并感染，或是医生认为合并感染的可能性很大，通常还会在治疗中加入伟霸霉素。

与其他蜱虫传播的疾病一样，如今并没有开发出针对巴贝斯虫病的疫苗。因此，避免被蜱虫叮咬是预防巴贝斯虫病的唯一有效方法。

经验教训

仔细权衡后承担必要的风险，与轻率鲁莽截然不同。

——乔治·巴顿

（美国将军）

蜱虫传播的疾病，与蚊子传播的西尼罗热一样，都曾是谜一般的新发传染病。昆虫学家和动物学家等携起手来共同破解了这些谜题。各方研究人员仍需要继续通力合作，共同发挥创造力，找出更有效的对付策略来应对媒介传播疾病。如果不能根除，至少也要尽量减轻这些疾病所带来的破坏。在找到更有效的策略之前，我们还要保持警惕，尽量降低染病风险，最起码在去林中散步之前要做好防护准备。

谁又能知道在林中散步到底会有多少风险呢？北美熊类信息中心告诉我们，自 1900 年以来，黑熊仅在北美杀死了 61 个人。据他们统计，人被家犬袭击，蜜蜂蜇伤，或闪电击中的死亡概率都比被黑熊杀死高。这些都是准确的信息。因此，熊类中心得出结论，"树林实际是人类最安全的地方之一。"但是，读完本章之后，您可能会对此结论心存疑虑。

就算已知本地区有微小巴贝斯虫传染，还是没有人能够准确预测一个人被蜱虫叮咬致死的概率。显然，其可能性小之又小。但对于一旦感染易于恶化的人群来说，就是那些已切除脾脏，或免疫系统受损的人，最好还是避免进入落叶林区，也不要去林木区的边缘，那里是蜱虫活跃的区域。

蜱虫能够传播如此多的传染病，我们现在似乎可以理解恐虫症的存在。这种对蜱虫的过度害怕虽然看来很不理性，但说不定有些道理。对大多数人来说，在林中散步虽有风险，仍是一项值得进行的活动。记住一定要喷涂含有避蚊胺（DEET）的驱虫剂，穿长袖上衣和长裤，以及在散步完准备返回时仔细检查身体，看看是否有蜱虫吸附。

第十二章
牛肉不只是美味

> 有人说，"地道的人就要吃地道的美食。"认为牛肉才是真正地
> 道美食的人，最好住得离地道的好医院近一些。
>
> ——尼尔·巴纳德，美国医师医药责任协会创始人兼主席

首先声明，我个人并非素食主义者。我和大家一样，喜欢三分熟的美味牛排和全熟的汉堡。其次，我一般不担心食物会有微生物污染——至少在发达国家进餐时，我不怎么担心。

但是，我也并不是说在美国没有食源性疾病。已知由食物传播的微生物致病原有 31 种，据美国疾病控制与预防中心估计，美国每年有约 940 万人因此得病。有多种不同种类的致病微生物，各种各样的食物都有可能被污染。牛肉常常就是其中之一，但绝不仅仅是牛肉，多种其他食物，包括鸡蛋、禽类制品、水果、蔬菜和鱼类，往往都容易被污染。我们大家熟悉的致病大肠杆菌 O157:H7 就常常会引起疾病暴发。还有其他各种难以计数的细菌和病毒都会导致疾病暴发和流行。

本书的重点是介绍一些引起新发感染的食源性致病微生物（仍然是人类致命的敌人）。所谓新发感染，是指在过去五十年中新出现的传染病，或以前曾经有过记录但消失了的疾病又在不同的地理位置重新出现。本章将重

点介绍其中两个颇有特点引人深思的传染病。两者都是典型的人畜共患病，又都与养殖牛有联系。

其中第一种传染病称为变种克罗伊茨费尔特-雅各布病（Creutzfeldt - Jakob）。这是一种极为罕见但后果非常严重的神经退行性疾病。于 1996 年最早出现在英国，与所谓的"疯牛病"相关。致病原为朊蛋白，一种具有感染性的蛋白质，性质奇怪难以将其归类，因此在本书前面的章节里都没有提到。稍后我们将详细讨论这种物质。

我们将要谈到的第二种疾病是出血性大肠杆菌结肠炎，由产生肠毒素的大肠杆菌 O157:H7 引起。1993 年，"惊喜魔术箱"快餐店因出售未煮熟的牛肉饼导致疾病暴发，共有 73 家连锁店受到影响，当时成为全美瞩目的焦点。

变种克罗伊茨费尔特-雅各布病（Variant Creutzfeldt-Jakob Disease，VCJD，变种克雅氏病）

> 自认恪守传统的人会为离经背道的行为大发雷霆，他们将这种背离视为对自己的批评。
>
> ——伯纳德·罗素

变种克雅氏病的流行

变种克雅氏病的流行可以说是所有新发传染病中最令人惊讶和疑惑的事件之一。这不仅因为对其病原体存有高度争议，还因为它是从饲养牛群到人类的跨物种传播。对这种病原体而言，这种传播方式是前所未有的。

变种克雅氏病的病原体被认为是一种致病性的蛋白质，通常简称为 PrP^{sc}（译者注：PrP 是朊蛋白 Prion Protein 的简写，上标 sc 指其为具感染性的致病形式，动物体内还有具正常功能的朊蛋白形式）。1982 年，神经科学家和生物化学家斯坦利·普鲁西纳提出假设，是一种特殊的蛋白质导致了当时在绵羊间传播的脑部疾病——羊痒病（scrapie）。这个想法最初被科学界视为异端，后来引起了轩然大波。学界同行纷纷表示质疑：没有核酸遗传物质（DNA 或 RNA）的协助，单凭一种蛋白质怎么可能自我繁殖复制和传播呢？

事实证明，普鲁西纳的理论是正确的。1997 年他被授予诺贝尔生理学或医学奖，以表彰他对蛋白质的异常折叠形式，即朊蛋白的发现和研究工作[1]。实际上，直到今天仍有一些科学家对普鲁西纳的理论持怀疑态度。但无论如何，他的理论确实有坚实的证据支持。

20 世纪 80 年代，当牛海绵状脑病，即所谓的疯牛病，在英国大规模流行并造成严重后果时，很多学界权威错误地认为，这种疾病不会跨物种传播，对人类健康不会构成威胁。直到 1995 年变种克雅氏病暴发，人们才迅速发现其与疯牛病的联系，意识到人类健康受到了威胁。

世界上首例疯牛病报道于 1985 年，发生在英国的一家农场。随着英国疯牛病病例的增加，人们意识到，这种牛脑部疾病与羊痒病十分类似。不久就有证据表明，疾病传播开来是因为使用被感染的牛肉和牛骨粉为饲料喂养小牛。

英国的这次疯牛病流行带来了灾难性的后果。从 1986 年到 1998 年，超过 18 万头牛被感染，为根除疾病，440 万头牛被屠宰。这不仅殃及牛群，也给畜牧和牛肉加工生产等相关行业造成了巨大的经济损失。成千上万的农民被波及，受灾严重。

1995 年，英国报道了第一例人类感染变种克雅氏病病例。至 2018 年，全世界一共报告了约 260 例（全部致死）病例。其中大多数（178 例）出现在英国，其余的主要在法国（27 例）和其他欧洲国家。美国报道了 4 例，加拿大报道了 2 例。

流行病学研究和其他的科学证据表明，几乎所有报道的变种克雅氏病患者都与食用被疯牛病污染的牛肉制品有关。英国还有 3 例报道与输血相关。

病原体、感染途径及发病症状

引起变种克雅氏病的朊蛋白非常微小，比病毒还小。它们小到在电子显微镜下都无法看到。如前文所述，它们完全由异常折叠的蛋白质构成。由于不含核酸（DNA 或 RNA），朊蛋白虽无法自我复制，但它们可以改变细胞中正常形式的朊蛋白，使其重新折叠为致病形式，即 PrP^{sc}。朊蛋白和病毒一样，都不被包括在前文所述的生命进化树中，因为它们没有自身的代谢机制。

虽然朊蛋白形体太小，无法在显微镜下看到，也不符合本书中给出的微生物的定义，但是我们相信，随着技术的发展，总有一天会有更加先进的显微技术，使我们能够对其进行直接观测。

与疯牛病一样，变种克雅氏病的典型特征也是大脑组织的海绵状病变，而且能够传染。疾病的英文简写 vCJD 中的 v 代表变种，顾名思义，变种克雅氏病指的是散发性克罗伊茨费尔特-雅各布病（sCJD）的变种。散发性克雅氏病虽然也很稀有，但相对其变种则更常见，在人群中的发生率约为百万分之一，同样也是绝对致死的疾病[2]。

与散发性克雅氏病相比，变种疾病的患者年纪更轻（死亡年龄中位数为 28 岁，散发性为 68 岁）和病程更长（中位数为 14 个月，散发性仅为 4.5 个月）。

在发病早期，患者通常会出现一些精神症状，最常见的是抑郁和焦虑，约三分之一的患者会有持续性的异常痛苦的身体感觉。随着疾病的恶化，神经系统开始出现症状，包括身体无法保持稳定，行走困难，以及出现不自主无法控制的动作等。患者在临死前几乎完全丧失各种活动能力，甚至都不能发出声音。

这种脑病的一个显著特征就是，从患者食用受污染的牛肉到疾病症状出现有很长的潜伏期，通常为数年甚至更长。人们认为，在疯牛病流行期间（早至 1986 年左右）食用了受污染的牛肉，是多年后患病的主要风险因素。

鉴于疯牛病的流行和变种克雅氏脑病的出现之间大约有 10 年左右的间隔，现在也已经无法确知当年有多少人食用了受污染的牛肉，一些专家曾估计变种克雅氏病例可能会高达数千起。幸运的是，后来证明这个数字被高估了，但是变种克雅氏病依然存在，我们绝不能掉以轻心。

治疗与预防

人们曾经尝试过使用一些药物来治疗变种克雅氏病（以及散发性克雅氏病），但每位患者的治疗效果都不尽相同。总体而言，目前还没有确认有效的药物。在本文撰写之时，如果患上这种可怕的疾病，只能考虑使用一些支持性的辅助疗法。

对上市牛肉及其制品进行朊蛋白检测和追踪，是预防变种克雅氏病的关键。在疯牛病流行期间，英国迅速采取了行动，宰杀清理了可能被感染的养殖牛群。自从 1989 年以来，欧盟和北美，以及其他地方的公共卫生部门采取了一些控制和预防措施。在美国，迄今为止仅发现了 4 例疯牛病病例，最近的一次是 2012 年在加州发现的。

由于变种克雅氏病的感染也与输血相关，对血液制品进行严格检测也非常重要。有些国家明令禁止在疯牛病高发地区居住过的人献血。

经验教训

始终保持开放的思想和火热的心肠。

——菲尔·杰克逊，前芝加哥公牛队总教练

我们从变种克雅氏病的流行中学到最重要的教训之一，就是要用科学的头脑谨慎质疑传统的智慧。起初，一种异常折叠的蛋白质，即朊蛋白能够致病并具有传染性这一发现，令每个人都大吃一惊（时至如今，我依然为此惊讶感叹不已）。就好像人们一直以来认为，织物只能由羊毛、棉花或是其他的动植物纤维编织而成。但突然有人宣布，利用石油也能生产制造织物纤维时，可以说超出了大家的认知范围，人人会为之惊叹。

继绵羊脑病的初步研究之后，人们又发现了这种疾病的其他形式。在新几内亚的食人族中发现了一种海绵样的脑病，称为库鲁病（Kuru），有可能是通过食用被感染的人类脑组织传播的。还有一种医源性克雅氏病，被认为与医疗或手术中接触或使用的物质材料无意中被污染有关，这些医用物质和材料包括人类生长激素，硬脑膜移植物，以及肝移植或角膜移植涉及的材料等。

还有很多与变种克雅氏病流行相关的问题亟须解答。例如，疾病是否与其他高风险或诱发因素相关。有种类似的克雅氏病与遗传变异相关。但是到目前，在变种克雅氏病中还没有发现明确的遗传相关因素。

有些学者提出，变种克雅氏病患者都比较年轻这一现象有可能并非真实情况，年龄较大的患者可能因患失智症导致实际患病状况被掩盖了。我对此说法持怀疑态度，因为变种克雅氏病除了导致晚期失智外，还有很多其他的特殊症状。现在有越来越多的证据表明，错误折叠的蛋白质可能也与其他一些神经退行性疾病有关，如阿尔茨海默病和帕金森综合征。

美国农业部一直在对养殖牛群中的疯牛病进行监控。2017 年 7 月，美国农业部宣布，在亚拉巴马州的一头牛中检测到非典型的疯牛病，这是全国第 5 例，也是 2012 年以来的第一例。幸运的是，这头牛在发现时还没有被宰杀，因此不会对人类的健康造成威胁。

近年来，美国又出现了另外一种致命的海绵样脑病，同样引起了公众的极大关注。这次受朊蛋白感染的动物是鹿，导致的疾病称为"慢性消耗性疾病"（chronic wasting disease，CWD）。在不同种类的鹿，包括梅花鹿、麋鹿、驯鹿和驼鹿中都发现了这种疾病，范围涉及美国 26 个州和加拿大的 3 个省。在我的家乡明尼苏达州，州自然资源部在 2018 年 12 月宣布，将当年的年度猎鹿季节延长两周，试图以此来限制这种疾病的传播。由于在过去的 15 年中，散发性克雅氏病脑病患者有所增加，美国疾病控制与预防中心也正在调查，是否鹿中流行的致病朊蛋白也跨物种传播到了人类，就好像当年疯牛病导致变种克雅氏病一样。

最后，变种克雅氏病的流行暴露出了严重的知识空白，我们对这一类疾病完全没有任何有效的治疗手段。我曾参与过几例变种克雅氏病患者的护理和治疗。我不得不承认，这是我所见过的最惨不忍睹的一种疾病。

肠道出血性大肠杆菌（EHEC）结肠炎

> 大多数大肠杆菌帮助我们消化食物，合成维生素，防御有害微生物。大肠杆菌 O157:H7 则不同，它能够释放一种强力的志贺毒素（Shiga toxin）来攻击肠壁。
>
> ——埃里克·施洛瑟
> ［畅销书《快餐帝国》（*Fast Food Nation*）作者］

肠道出血性大肠杆菌结肠炎的流行

在第三章中我们曾提到，健康人的胃肠道中居住着大约 2000 种细菌。这些正常居住者或者与我们无害共生，或者为我们的健康带来益处。除非您在阅读本章时需要不停地跑去厕所"方便"，您的肠道中一般不太可能有那几种有害的大肠杆菌菌株，例如产生志贺毒素的大肠杆菌（STEC）O157:H7（译者注：大肠杆菌按照血清学抗原类型 O、K 和 H 进行标注，K 可忽略不写）。

大肠杆菌 O157:H7 于 1975 年悄然出现，在 20 世纪 80 年代多次暴发。1982 年的那一次疫情与俄勒冈州和密歇根州的麦当劳快餐店未做熟的汉堡包有关。后来在 1993 年"惊喜魔术盒"快餐店的肠炎暴发吸引了公众的关注，并使这种命名奇特的细菌家喻户晓。

这次暴发涉及位于加利福尼亚州、爱达荷州、华盛顿州、内华达州、路易斯安那州和得克萨斯州的 73 家"惊喜魔术盒"快餐店。约 700 人染病，其中 171 位患者需要住院治疗。在住院的 43 名儿童患者中，38 人出现了严重的肾脏问题（21 例需要肾透析），4 名儿童死亡。

卫生检查人员发现，疾病暴发的污染源来自餐厅的"怪兽汉堡"三明治，当时正在促销（广告语为"好吃得吓人！"）。可悲的是，如果当时快餐店能严格遵循华盛顿州的法律，将汉堡中的牛肉完全做熟，所有大肠杆菌会被杀死，这场悲剧也就会得到避免。

美国疾病控制与预防中心介入调查，确定了 6 个屠宰场可能是污染牛肉的来源。二十多年以后的 2006 年，在一次有关食品安全的国会听证会上，参议员理查德·杜宾将当年那次暴发描述为"牛肉行业历史上的转折点"。这次疫情也向包括美国食品药品管理局在内的许多其他监管机构敲响了警钟。

大肠杆菌 O157:H7 引起的疾病的正式名称为"肠道出血性结肠炎（EHEC）"。顾名思义，一旦进入结肠，这种细菌会引起出血性腹泻。虽然这已是严重的症状了，但更有甚者，疾病还会导致红血细胞破裂和肾功能衰竭，出现所谓的溶血性尿毒综合征（Hemolytic uremic syndrome，HUS）。（代谢产生的尿素通常由肾脏排除，血液中尿素水平升高即称为尿毒症。）多达 10% 的肠道出血性结肠炎患者会发展成尿毒症，其中 3%~5% 的患者会因此丧命。儿童和老年患者更易出现尿毒症，这也是疾病最常见的死因。

肠道出血性结肠炎所导致的结肠损伤，红血细胞破裂和肾脏问题都与大肠杆菌 O157:H7 产生的志贺毒素有关。

自"惊喜魔术盒"的带生牛肉导致肠道出血性结肠炎以来，美国还发现了多种其他可以产生志贺毒素的大肠杆菌菌株。据美国疾病控制与预防中心的估计，美国每年有 26.5 万例由产志贺毒素大肠杆菌引起的结肠炎病例，其中大肠杆菌 O157:H7 导致的感染超过 36%。各年龄段的人都会受到影响，但老年人和儿童感染后症状尤为严重。

美国人爱吃牛肉。平均而言，每个美国人每年吃掉 22 千克以上的牛肉，其中半数（总计超过 900 万吨）为绞碎的牛肉末。由于接近 30% 的美国人会生食或食用未熟透的牛肉，牛肉成为肠道出血性结肠炎暴发的主要原因也就不足为奇了。

对于肠道出血性结肠炎的传染，只盯着牛肉并不公平，因为牛肉并不是唯一传染源。许多类似的暴发还涉及了多种其他被污染的食物，包括生菜、甘蓝、卷心菜、香菜、苹果汁、饮用水等，甚至还有预先包装好的饼干面团。当我在 2018 年 11 月写作本书时，美国疾病控制与预防中心正在调查一起大规模大肠杆菌 O157:H7 感染事件，感染源是在亚利桑那州种植的罗马生菜。感染范围涉及多个州，令近 200 人感染生病和 5 人死亡。

只将疾病归咎于大肠杆菌 O157:H7 同样也不公平。例如，在 2015 年，产生志贺毒素的另外一种大肠杆菌菌株引发了两起涉及多州的肠道出血性结肠炎暴发，它们都与奇波雷墨西哥烧烤连锁店有关。2016 年，由于可能被另外一种产志贺毒素的菌株污染并已引发肠道出血性结肠炎，通用磨坊公司（译者注：美国著名包装食品公司）在市场上召回了约 450 万千克的面粉。

还有其他的有害大肠杆菌菌株存在。大肠杆菌 O104:H4 被归类为具有侵袭性的菌株，2011 年在德国引发了结肠炎和溶血性尿毒综合征的暴发流行。这次大规模流行至少波及 9 个国家，共使 3950 人患病，800 人出现溶血性尿毒综合征，53 人丧生。这次暴发的源头是被污染的葫芦巴芽菜。

另外还有一种被称为肠毒性大肠杆菌发菌株，经常与粪便污染食物事件相联系。肠毒性大肠杆菌是导致所谓旅行者腹泻症（traveler's diarrhea）的主要元凶，但这个菌株不会产生志贺毒素。在发展中国家旅行的游客中有 20%～50% 会出现水样腹泻症状，肠毒性大肠杆菌很有可能在潜在的原因中位列前茅。

病原体、感染途径及发病症状

那么，大肠杆菌 O157:H7 菌株是来自哪里的呢？它显然不是近年来才出现的新微生物。进化微生物学家研究指出，这种致病菌株和普通的大肠杆菌在进化上由同一祖先演化而来[3]。我们无从知晓二者在进化上分道扬镳的时间，只能确定大概范围为距今 400 年至 450 万年前。

如前文所述，大肠杆菌 O157:H7 菌株的毒性主要来自它所产生的志贺毒素。产生志贺毒素的基因实际上并非来自细菌本身，而是来自病毒携带的可转移遗传成分（译者注：转座子）。病毒在感染细菌后，将产生毒素的基因"捐献"给了细菌。那么究竟是在什么时候，又是通过何种途径，大肠杆菌 O157:H7 等菌株被这种噬菌体感染了呢？这可以说是一个重要的进化微生物学问题，目前还没有答案。顺便说一下，毒素以日本细菌学家志贺洁命名，他首次描述了细菌性痢疾的致病机制，其病原细菌也被命名为志贺氏痢疾杆菌。

大肠杆菌 O157:H7 感染后的潜伏期为 2～10 天，大多数患者会出现急性腹泻，常常伴有严重出血。其他症状包括腹部绞痛和呕吐。令人惊讶的是，很多患者并不出现发烧症状，或只有轻微低烧。大多数患者会在一周内康复。

大肠杆菌本身并不会进入血液循环，但约 4% 的病人体内的志贺毒素会进入血液，有可能在一周后发展为溶血性尿毒综合征。这种严重的并发症通常表现为深色或茶色的尿液，尿液减少，以及贫血导致面色苍白。志贺毒素还有可能攻击神经系统，导致癫痫、神经系统受损和中风。

治疗和预防

无论何种原因引起腹泻，切记要补充足够的水分以避免脱水。如果腹泻症状严重或出现血便，要立即咨询医生。

肠道出血性大肠杆菌结肠炎虽是一种细菌感染，但出人意料的是，患者却不应服用抗生素。研究表明，抗生素可以杀死细菌，而细菌死亡后会有更多的志贺毒素释放出来，反而会使疾病恶化。

如果出现溶血性尿毒综合征，就必须接受输血和透析治疗，除此之外没有其他方法。业界正在尝试开发新疗法，试图通过结合或中和志贺毒素来降低或去除其毒性。还有其他一些研究显示，通过促进有益共生细菌的生长或许可以抑制大肠杆菌产生毒素。

迄今为止，试图根除大肠杆菌 O157:H7 的努力仍未成功。这种微生物非常顽固，它不仅抗酸、抗盐和抗氯，还可以承受冰冻，可以在淡水和海水中，甚至灶台上生活数天。大多数其他的食源性病原体需要达到数百万个之多才会引起疾病，而大肠杆菌 O157:H7 只需 5 个便可致病。

那么，怎样才能预防肠道出血性大肠杆菌结肠炎呢？准备食物之前请先洗手（为婴儿换尿布以及接触牛或其他农场动物之后也一定要洗手）。避免食用高风险食物：未经巴氏消毒的牛奶或果汁，以及未经巴氏消毒的牛奶制成的软奶酪等。最重要的是，不要食用没有完全做熟的牛绞肉食品。如果您不确定是否食物已熟透，请在烹饪中使用温度计，以确保汉堡肉饼或是牛肉内部温度达到至少 72 摄氏度。

目前尚无预防肠道出血性大肠杆菌结肠炎的有效疫苗。但是，最近有一项针对农场牛群的疫苗实验发现，接受疫苗的牛群粪便中大肠杆菌 O157:H7 的数量大幅减少了。

另外一项颇有前途的食品安全技术是通过对食物进行辐射处理来清除微生物污染。这项技术简称为食品辐照，可以用于清除大肠杆菌 O157:H7 和其他产志贺毒素的菌株。它还对清除其他引起食源性疾病的细菌种类有作用。美国食品药品管理局已批准将食品辐照用于肉类和家禽制品，以及新鲜水果、蔬菜香料和其他食品。辐照的安全性已被深入研究长达四十多年。辐照可以减少或消除微生物污染，但又不会影响食品的营养价值和口味。无论是照射过的食物还是食物消费者都不会受到放射性影响。但是无论如何，绝不能因有了食品辐照就掉以轻心，规范的食物处理仍然是必不可少的[4]。

虽然现有证据表明食品辐照好处多多，但它目前还不能被广泛应用。需求不高似乎是这项食品安全技术未能普及的主要原因。

经验教训

圣牛的肉做成的汉堡包味道最美。

——马克·吐温

肠道出血性大肠杆菌结肠炎以及其他多种食源性感染提醒我们，从农场到餐桌，整个食品生产和配送系统需要综合全面的食品安全保障。

美国农业部与美国食品药品管理局合作，推广在合适的情况下使用食品辐照技术。在美国，食品标签上是否能够使用"有机"（organic）一词是由美国农业部决定的。目前，辐照处理的食品，无论其种植和生产方式如何，都不能标记为美国农业部认证的有机食品。有机食品的种植者和有机食品行业有影响力的人物都极力支持这一决定。全食超市（译者注：美国主营有机食品的连锁零售商店）也坚持认为，不能将辐照纳为有机食品产业规范。我的观点却有所不同，现在是利用有机食品业这只"圣牛"来保证汉堡安全美味的时候了。

第十三章
肠道问题

　　腹泻仍是当今世界儿童死亡的主要原因之一，实在令人难以置信。

——梅琳达·盖茨

　　腹泻确实是非常严重的问题。2017 年世界卫生组织估计，全球每年有 17 亿例的儿童腹泻病，每年有高达 52.5 万 5 岁以下儿童死于腹泻。这意味着平均每天有超过 1400 名儿童死于这种疾病，每个小时就有将近 60 名儿童死亡。不洁净的饮用水和恶劣的卫生条件是 90% 腹泻儿童死亡的直接原因，这也是 23 亿生活在发展中国家的人们正在遭受的苦难。

　　腹泻同时也困扰着发达国家。前文曾提到，1971—1973 年我在新墨西哥州圣达菲市的美洲印第安人卫生服务局担任医生。正是这段经历让我决定投身传染病领域。我发现这些疾病不仅激发了我个人的兴趣，也同样激励着我所有从事这一医疗事业的同事们。我曾是当地一个印第安小镇的首席医疗官。每周两次，我会去那里的诊所给人们看病，通常每次都有一百多人就诊。我很喜欢那些憨厚朴实的印第安人。有一次，镇上有个孩子死于腹泻，很大程度上与没能及时送到圣达菲市的印第安医院有关，这一悲剧令我悲伤不已。

　　根据胃肠炎领域权威专家赫伯特·杜邦的说法，美国每年有 1.79 亿例急性腹泻[1]。所谓急性腹泻是指每天 3 次或以上不成形排便，持续最长可达 2 周。大多数病例是由食源性病原体或是水源性病原体引起的。

在水源性疾病传染方面，发达国家与发展中国家存在较大差别。发达国家的水源性污染大多数来自娱乐保健设施，如公共游泳池、热水浴池、互动式喷泉以及海滩等。

引起胃肠炎的微生物病原体种类繁多，包括细菌、病毒、原生生物等。胃肠炎有时也称为胃肠型流感，虽然它实际上与任何流感病毒毫无关系。前文中我们已经提到过两种引起胃肠炎的细菌病原体：第六章中引起霍乱的霍乱弧菌，和第十二章中引起肠道出血性大肠杆菌结肠炎的大肠杆菌 O157:H7。

本章将会重点介绍另外 3 种引起胃肠道疾病的新发病原体。其中的两种会通过被污染的水或食物进行传播：原生动物小隐孢子虫（*Cryptosporidium parvum*）和诺如病毒（norovirus）。诺如病毒是美国急性胃肠炎的最主要病因。第三种病原体是一种名为艰难梭状芽孢杆菌（*Clostridioides difficile*）的细菌[2]，它在美国引起最致命的胃肠炎。艰难梭状芽孢杆菌对抗生素具有很强的耐药性，会在医院和其他医疗机构中引发医源性传播。当人们没有牢记随时洗手时，疫情会变得难以控制。

隐孢子虫病（Cryptosporidiosis）

> 三月的雨水和泛滥的水流不止为密尔沃基带来了泥泞，也带来了灾难的种子。

> ——罗伯特·D·莫里斯
>
> [《蓝色死亡》（*The Blue Death*）作者]

隐孢子虫病的流行

1993 年是新发传染病病原体发现史上重要的一年。大肠杆菌 O157:H7

在美国新闻头条亮相，另一种同样可怕的原生动物病小隐孢子虫，也在这一年迅速成为公众关注的焦点。

小隐孢子虫污染了威斯康星州密尔沃基市的饮用水源。当年三四月间，短短两个星期，161 万当地居民中有 40.3 万染上了由这种寄生虫引发的胃肠炎。患者人数占了全部城市人口的四分之一。这次疾病暴发造成至少 104 人死亡，死者多为免疫系统受损或衰弱的人，如艾滋病患者和老年人。

威斯康星州的公共卫生部门和来自美国疾病控制与预防中心的专家们迅速采取行动，很快就找出了疾病暴发的病原体和传播途径：隐孢子虫卵囊穿过了市里一家水处理工厂的净化过滤系统。隐孢子虫卵囊非常微小，孢子外壳坚硬，有厚厚一层囊壁包裹。卵囊中的寄生虫能在受感染的人和动物粪便中存活。密尔沃基市的水源来自密歇根湖，污染源来自一家污水处理厂，这家工厂直接将污水排放到密歇根湖中。

迄今为止，1993 年密尔沃基的隐孢子虫病依然是美国规模最大的一次水源性传染病暴发。上文我们提到"惊喜魔术盒"快餐店大肠杆菌 O157:H7 暴发为牛肉行业敲响了警钟，与此类似，密尔沃基的隐孢子虫病暴发也向饮用水质量和废水处理的监管者发出了警报。

首例人类隐孢子虫病报道于 1976 年，患者为一名来自田纳西州乡村的 3 岁女孩。她出现严重腹泻，症状持续了两周。该病的第一次水源性传染则发生于 1984 年，得克萨斯州的一口公共自流水井受到了粪便污染。

大约在同一时期，即隐孢子虫病首次暴发后不久，我和从事传染病治疗和研究的同事一起，目睹了许多艾滋病患者因感染此病而饱受折磨。导致这些患者染病的传染源通常难以查明。他们的免疫系统已经严重受损，腹泻成为长期慢性疾病，加之没有有效的治疗方法，疾病令他们羸弱不堪。隐孢子虫感染直接导致许多艾滋病患者死亡。

从那时起，小隐孢子虫成为世界上最常见的水源性病原体之一。2012 年美国疾病控制与预防中心收到了 8008 例病例报告，其中有 5.3% 来自同一次隐孢子虫病暴发。2016 年夏天，俄亥俄州府哥伦布市和亚利桑那州的马里科帕县的上百位居民感染此病，传染源来自公共游泳池受污染的池水。最易感染的人群是 1~4 岁的儿童，其次是年龄在 80 岁以上的老人。中国的一项近期研究显示，发展中国家的儿童患隐孢子虫病的风险很高。

受污染的水源（饮用水和娱乐设施用水）和食物（包括水果、蔬菜和牛肉）是最常见的传播媒介。进食或饮用含有小隐孢子虫卵囊的水或食物是导致小隐孢子虫感染的常见原因。

被感染的人或动物粪便中可含有数百万个小隐孢子虫卵囊。得克萨斯大学的一项实验表明，仅摄入 10 个卵囊便可使 40% 的志愿者出现腹泻现象。还有其他研究显示，仅单个卵囊便可致病。一旦感染症状出现，患者的粪便中可以检测出卵囊。即使腹泻消失，卵囊仍会持续出现数周。

与大多数新发传染病一样，隐孢子虫病也是一种人畜共患传染病。小牛是小隐孢子虫的主要携带者。其他动物也有可能携带隐孢子虫属的致病种并将之传播给人类。

病原体、感染途径及发病症状

隐孢子虫最早发现于 1907 年。美国医生和寄生虫学家欧内斯特·泰泽（Ernest Tyzzer）在小鼠肠道中发现了这种寄生虫。直到近 70 年后确认了第一例人类隐孢子虫感染，人们才意识到这种寄生虫对牲畜和人类健康的影响。隐孢子虫属有许多不同种类，小隐孢子虫（C. parvum）和人隐孢子虫（C. hominis）是导致人类感染的最常见病原体。

与本书前文提到的疟原虫和巴贝斯虫一样，隐孢子虫在生命进化树上归属于真核生物界顶复动物门。具感染性的隐孢子虫卵囊由动物粪便排出，坚硬外壁可确保其在动物体外长期存活，并对常见消毒成分氯气具有抵抗力。小隐孢子虫还能抵抗许多其他常见消毒剂。一旦卵囊被动物或人体摄入，其中的寄生虫便会转化为另一种形式，附着于小肠上皮细胞。

隐孢子虫感染后的症状在个体间存在很大差异。有的感染者没有任何症状[3]，有的则出现致死性腹泻。患者自身免疫系统的功能在很大程度上决定了疾病的严重程度。艾滋病感染，接受器官移植以及其他原因导致的免疫缺陷，是出现严重症状的主要危险因素。

一般而言，患者会在隐孢子虫感染的一周后开始出现症状，包括水样腹泻、胃痉挛、恶心、呕吐、发烧和脱水等。如果患者具有正常的免疫功能，疾病症状一般不超过两周，但对于免疫力低下的患者，腹泻可能会断断续续持续数月之久。隐孢子虫感染还有可能扩散至体内其他器官，例如肝脏、胆囊、胆管、胰腺和呼吸道等处。

治疗与预防

要预防隐孢子虫病，可想而知最重要的手段就是洗手——进食或准备食物之前先洗手，接触动物或是婴儿尿布之后也要洗手。

市场上有许多家用净水器可以去除隐孢子虫，但并非所有的净水器都管用。免疫力受损的人可以从美国疾病控制与预防中心网站上发布的《滤水器/膜指南》中获取具体信息和建议。

隐孢子虫病的主要治疗手段就是补充液体和电解质。止泻药可以用来缓解腹泻症状。儿童、孕妇以及免疫系统受损的患者应在医生的密切监控下接受治疗。

美国食品药品管理局批准了一种名为硝唑尼特（nitazoxanide）的药物，用于治疗具有正常免疫系统的隐孢子虫病患者。目前尚不清楚这种药物对免疫系统受损的病人的效果。

迄今为止，还没有针对小隐孢子虫的有效疫苗问世。

美国疾病控制与预防中心的网站上不仅提供了防止生活用水被隐孢子虫卵囊污染的指南，还提供了在日常起居中需要遵循的准则，在儿童保育场所内需要关注的方方面面，及免疫系统受损人群尤其应该注意的事项。

经验教训

生命可以没有爱，但不能没有水。

——W. H. 奥登，英裔美国诗人

地球表面的 72% 覆盖着水，其中的 97% 是咸涩的海水，不适合饮用。淡水是一种十分宝贵的资源，它里面充满了各种微生物。一茶匙的淡水里就有近 40 万个细菌。然而这个细菌数还不到一茶匙海水中的 8%。所幸的是，几乎所有这些微生物都是无害的，有些还对人类有益。

然而，如果水中混入了一些有害角色，如第十章所述的军团菌或是小隐孢子虫卵囊，那就会给人类造成大麻烦。虽然都可归类为水源性病原体，但两者传播途径大相径庭：嗜肺军团菌通过空气中的气溶胶状液滴传播，而隐孢子虫则是由饮用污染的水源传播。不过我们从这两种微生物引起的疾病暴发中可以学到相同的教训。

军团菌肺炎和人类隐孢子虫感染引发胃肠炎都恰好在 1976 年被首次发现。从那时起，这两种病原体导致的疾病在世界范围内传播和暴发。它们的流行让我们意识到，通过设计合理的管道系统、严格监控水质、规范污水处理、加强公共卫生人员的参与等措施，完善对公共水源的管理至关重要。

诺如病毒（Norovirus）

保持冷静，记得洗手，而且要经常性地用肥皂洗。

——我说给我的病人（以及所有愿意听的人）

诺如病毒的流行

俄亥俄州诺沃克曾暴发过一次胃肠炎流行，后来被认定为诺如病毒病所致，这是诺如病毒首次被发现。诺如病毒又称诺沃克病毒 Norwalk virus，

病毒属名 *Norovirus* 亦源于此。虽然疾病流行发生在 1968 年，但直到 1972 年，才由传奇的病毒学家阿尔伯特·卡皮基安（Albert Kapikian）确定致病微生物为诺如病毒。

在随后的几十年中，诺如病毒逐渐蔓延开来，成为世界范围内严重胃肠炎的主要病因。如今在美国和英国，诺如病毒是胃肠炎流行和暴发的最常见原因。据估计美国每年有 2100 万相关病例。在全球范围内，每年诺如病毒导致约 2.7 亿人患病，超过 20 万人死亡，其中多数为儿童、老年人和免疫系统受损者。研究者估计世界上至少半数胃肠炎暴发与诺如病毒有关[4]。

诺如病毒感染通常在封闭或半封闭的环境中暴发，如长期护理机构、医院、学校、监狱、俱乐部、宿舍和餐馆等。大型游轮上的疾病暴发会造成极坏影响，但实际上大型游轮上的暴发事件仅占报道总数的 1% 左右。而且近年来游轮上的疾病暴发呈下降趋势。美国疾病控制与预防中心在 2018 年仅报告了 10 起游轮上的胃肠炎暴发事件，这是 2001 年以来年度暴发数量第二少的一年。

如果您观看了 2018 年在韩国平昌举行的冬季奥运会，您可能会听说许多明星运动员受到了诺如病毒的影响。截至 2018 年 2 月 8 日，共有 128 例病例确诊。人们忍不住感叹，要不是被这种讨厌的病毒影响，那些明星运动员也许本可以获得不少奥运奖牌呢！

那么，为什么诺如病毒会扩散如此广泛，引起这么多感染呢？主要是因为诺如病毒传染性非常强。仅需 18 个病毒颗粒就能引发疾病，而一名感染者的约一茶匙大小的粪便中就包含约 4500 亿个病毒颗粒。

人类是唯一确定可携带诺如病毒的宿主，但近来也有研究表明，牡蛎和狗也有可能携带诺如病毒。诺如病毒主要通过三种途径传播：个体间、污染的食物和水源。

诺如病毒引发的胃肠炎也常常被称为"冬季呕吐病"。这是因为疾病常发生在冬季，而且呕吐又是主要症状。加拿大研究人员最近发现，诺如病毒的 RNA 可以飘浮于医院病房和走廊的空气中，病人的呕吐可能促进了病毒在空气中的传播。

蔬菜沙拉中的成分和贝类食物是食源性诺如病毒暴发中常见的感染源。通过对疫情进行调查发现，70% 的感染可追溯至一名或多名被病毒感染的食物准备人员。

基于上面谈到的病例数字，读者就不会为诺如病毒每年导致高达 600 亿美元的经济损失感到惊讶了。一些专家甚至认为就连这个数字也是保守估计而已。

诺如病毒也是与水上娱乐设施相关的病毒性胃肠炎的最常见原因。除这些娱乐设施以外，其他水源性感染涉及水井、公共自来水，甚至制冰机用水等。

病原体、感染途径及发病症状

诺如病毒为单链 RNA 病毒，属杯状病毒科（Caliciviridae），包括多种遗传上有所区别的病毒种类。与其他 RNA 病毒类似，诺如病毒的结构十分简单，仅包含 9 个编码蛋白质的基因。近来的研究表明，诺如病毒常常聚集形成由保护包膜覆盖的囊泡，这也是它毒力强劲的原因之一。

诺如病毒出名顽固，很难被彻底杀死。它们能在食物中、器皿上以及厨房台面存活长达两周之久。它们可以承受冰冻和高达 60 摄氏度的高温。它们还可以抵抗多种常见的消毒剂和免洗消毒液。

人被诺如病毒感染后，病毒会在小肠内繁殖复制。多达 30% 的感染者没有症状。但是，对于另外那 70% 的人来说，症状通常会出现在 24 ~ 48 小时潜伏期之后，常见症状包括非出血性腹泻、恶心、呕吐以及腹部绞痛。有些患者仅出现腹泻或呕吐的症状，并可能伴有低烧或身体某些部位的疼痛。由于这些症状与流感类似，疾病也被称为胃肠型流感，但是实际上诺如病毒和流感病毒完全是两回事。

虽然疾病症状可能很严重，但通常会在 1～3 周后自愈。仅约 10% 的患者需要接受治疗，但也有严重到需要住院治疗的病例。与诺如病毒感染相关的死亡病例通常为老年人，而且经常发生在疫情暴发的长期护理机构中。

在被感染后约 4 周时间里，诺如病毒会出现在粪便中，无症状感染者也是如此。

我们现在还不清楚，人体免疫系统是如何抵御诺如病毒的。一个潜在的防御机制可能涉及肠道中的正常微生物组，我们在第三章中曾简单涉及。作为支持这一理论的证据之一，朱莉·菲佛和赫伯特·维京最近在《科学》杂志上发文提出，肠道对诺如病毒的控制是一项联合（或称"跨界"）行动，它涉及细菌、古生菌、真菌、病毒和真核细胞等多种微生物。这项假说也许可以解释高比例的无症状感染者。肠道的这种保护行动或许不仅仅只针对诺如病毒，还包括其他多种肠道病原体。

治疗与预防

目前还没有针对诺如病毒的有效药物。由于该疾病为病毒感染，患者不应接受抗生素治疗。目前治疗的重点在于防止因呕吐和腹泻引起的脱水。针对这些症状的治疗药物会有所帮助。

美国疾病控制与预防中心提供了预防与控制诺如病毒胃肠炎感染的最新循证指南，包括一般情形和医疗保健机构中的特殊指南。在实际操作中，若长期护理机构、医院、宿舍或船只中暴发诺如病毒感染，患者往往需要被转移或隔离治疗。

用肥皂和流水洗手至少 20 秒钟，是减少诺如病毒传播的有效手段。值得一提的是，免洗洗手液（凝胶或泡沫或液体形式）的效果不如在流水下使用肥皂洗手。除了每次去卫生间后洗手外，还要注意在准备食物时，每处理好一种食物之后或开始准备下一种食物之前，都应使用肥皂水对准备食物的器具和台面进行消毒。彻底清洗新鲜水果和蔬菜，以及彻底做熟所有的肉类、鱼类和家禽类肉制品。

也可以使用含家用漂白剂的消毒液对居家内各种表面进行消毒。首先用肥皂和温水清洗表面除去残留物质，然后使用漂白剂进行消毒。重要的是，在使用任何家用消毒产品之前，请认真阅读并严格遵循安全说明。

当前没有任何可以预防诸如病毒胃肠炎的疫苗。好消息是非常有潜力的疫苗已进入临床试验开发阶段。

在某些方面，诸如病毒与轮状病毒十分类似。轮状病毒是另外一种新发的 RNA 病原体，传播途径同样为粪—口传播。幸运的是，轮状病毒出现以后很快就被遏制了。该病毒于 1973 年被发现后迅速成为美国儿童腹泻住院的最常见病因。但是，自从 2006 年轮状病毒疫苗成功研发后，美国轮状病毒感染率下降了 75% 以上。这是疫苗开发和接种的一个成功案例。虽然在发展中国家中轮状病毒仍在广泛传播，但由于非营利性机构和政府部门的支持，如今轮状病毒疫苗在发展中国家也变得容易获得了。

时至今日，诸如病毒已成为所有年龄段人群患急性胃肠炎的最主要病因。但是，因为轮状病毒疫苗的成功开发，我们相信也许在不久的将来，就会有可以预防诸如病毒的疫苗问世。

经验教训

未知小，安知老。

——佚名

尽管我们是在约半个世纪之前才在诺沃克发现诸如病毒，但这种病毒很可能已经存在相当长时间了。发现病毒的技术早已存在，只是这种病毒一直不为人所注意，直到较大规模的疾病暴发，如在诺沃克的那次，才促使研究人员将注意力转向它们。没人确切地知道病毒是如何及从何地起源的。

与其他大多数新出现的传染病不同，诸如病毒胃肠炎并非人畜共患病，所以不是从动物传播到人类的。但是当疾病暴发后，鉴于周围环境中漂浮的大量病毒颗粒，很可能有某种或某些动物成为病毒的宿主，我们还需要继续寻找这种动物宿主。

我们在前文提及，一些证据表明牡蛎可能携带这种微生物。最近赫尔辛基大学食品与环境卫生系的一项研究显示，宠物狗可能携带诺如病毒。但是目前尚不清楚这项研究发现的是到底从狗到人的传播，还是从人到狗，即所谓的"反向人畜共患病"的传播过程。

读到这里，你可能不止一次有过疑问，到底是什么原因，令幼儿和老年人患传染病的和发生死亡的风险都增加了呢？这是一个很重要的问题——对于包括诺如病毒感染在内的很多传染性疾病来说，搞清其中的原因有时能够拯救患者的生命。

我曾在一家市区医院担任内科和传染科顾问超过 20 年。在那里，我进行过一些老年人传染病的临床研究。那时我经常会想到这个问题。最好的解释可能是，老年人免疫系统的一些特征与幼儿有类似之处。

我们曾在第四章提到过免疫力的一个方面，即所谓的先天免疫（innate immunity）。如果人体以前从未遇到过某种病原体，已准备就绪的先天免疫能力可在某种程度上立即帮助人体抵御外敌入侵。但是免疫力很重要的另一方面为适应性免疫（adaptive immunity），它是逐步建立起来的。每当人体受到一种新病原体入侵时，适应性免疫能力就会增强。适应性免疫涉及的细胞称为 T 淋巴细胞和 B 淋巴细胞。初次接触一种新病原体后，这些细胞就会有所准备，一旦再次接触同样的病原体，它们会立即行动起来。也就是说，它们能够记住并识别这种病原体。

刚出生的婴儿需要时间逐步建立适应性免疫力。在这个阶段如果受到传染源的攻击，自身的抵御能力会相对较弱。当我们逐渐衰老时，与很多其他过程类似，我们的适应性免疫系统功能也会下降。在某些老年人身上出现的这种免疫功能下降也被称为免疫衰老。当我们年过七旬，免疫系统会发生退化至类似婴幼儿时期，又会出现好似幼儿时代第一次遭遇某些病原体的情形。这就是许多疫苗在老年人和儿童中效果不佳的原因。

不过，这种情况并不适用于每个人。许多七八十岁，甚至九十多岁的老人（以及一些百岁以上的老人）的免疫功能依然与中年人相当。为什么有人如此幸运呢？没有人知道确切原因。这是有关免疫力的众多谜题之一。

对整个社会而言，人口老龄化（有时被称为"银色海啸"）带来很多困难和挑战。到 2050 年，65 岁以上的老年人将占美国人口的 20% 以上。这意味着更多的人将会生活在长期护理机构中，像诺如病毒胃肠炎这样的传染病暴发的可能性也会随之增加。

艰难梭状芽孢杆菌感染（*Clostridioides difficile infection*）

> 过去五年间，艰难梭菌已蔓延全球，这在很大程度上归因于航空旅行，抗生素的广泛和频繁使用以及全球人口老龄化。
>
> ——托马斯·拉蒙特
>
> [《30 分钟认识艰难梭菌》（*C. diff in 30 Minutes*）作者]

艰难梭状芽孢杆菌感染的流行

1977 年我刚刚完成传染病专科医师培训，有位 68 岁的退休教师患上了严重的腹泻，生命垂危。我就称他为奥图罗先生吧。我和同事们竭尽全力进行了抢救，可是五天后他就去世了，我们当时都为此异常震惊。

奥图罗先生是我护理过的第一批患者之一。当时还没有人意识到，他是患上了后来才被确认的一种新发传染病。奥图罗先生去世一段时间后，我们才发现其死亡源于一种名为艰难梭状芽孢杆菌的细菌。这种细菌一开始被命名为 *Clostridium Diffcile*，它导致的疾病被称为"伪膜性结肠炎"，每年在美国导致近 3 万人死亡。

在那时，我和同事更不会想到，有一天这种疾病的治疗会用到人类粪便，即所谓的粪便微生物群移植疗法。

1977 年我才刚刚开始行医，对卡尔·乌斯及其新定义的"古生菌"微生物领域一无所知，对他和他的团队发明的新方法更是闻所未闻。我们在第一章中曾经提到，这种新技术令我们对整个生命进化树有了新的认识，也为如今我们了解微生物组打下了基础。正是运用这项技术，研究者们后来发现，人类的肠道，也就是艰难梭菌给奥图罗先生造成严重破坏的部位，定居着数以万亿计的微生物，其中一些能帮助人体抗击外来有害的致病微生物。如果我们当时对微生物组有现在这样的认识，也许就能挽救奥图罗先生的生命了。

在伪膜性结肠炎刚刚开始流行的早期，人们迅速意识到，抗生素的使用，艰难梭菌的出现，和结肠炎这三者之间存在着某种联系。我们清楚地意识到，那些患上艰难梭菌感染（ *C. difficile* infection，CDI）的患者在发病前曾服用抗生素。当时克林霉素在美国医院中被广泛使用，而感染正好可能与抗生素使用有关。事实上，我们在治疗奥图罗先生时也所用了克林霉素。研究人员后来才了解到，与许多抗生素一样，克林霉素清除了肠道中正常的菌群，而正是这些正常菌群对艰难梭状芽孢杆菌的生长起着抑制作用。

四十多年过去了，到目前为止，基本上所有的抗生素都可以触发艰难梭菌感染，这在北美和欧洲已经成为医源性腹泻的主要原因。艰难梭菌感染病例数量已发生迅速增加，仅在美国每年就有 50 万例。不仅如此，疾病致死率也升高了 20 倍之多。在美国，每年有 1.5 万住院患者死于艰难梭菌感染。治疗医源性艰难梭菌感染的费用也非常昂贵，平均为一般住院费用的四倍多。

更糟的是，艰难梭菌感染近年来已不仅局限于大型医院，在城市和乡镇各地都有出现，那里的病例已占总病例的 30%。目前在发达国家，艰难梭菌感染已成为致死性胃肠炎的主要病因。

为什么艰难梭菌的传播如此高效呢？原因说来并不复杂。它通过粪-

口途径在人群中传播，通常是因为医护人员的手接触了污染源。传播无须其他媒介，如食物、水源或是动物宿主等。说来只有两种人群处于高风险，但这足以涉及很多人了。

首先，只要服用抗生素，就会有艰难梭菌感染的风险。这些服用抗生素的病人一般都集中在哪里呢？答案很明显，不是医院就是长期护理机构。大约半数的住院患者和许多住在疗养院的人都在接受抗生素治疗。

其次是上了年纪的人，与诸如病毒感染类似，老年人受感染的风险更高。三分之一的医源性艰难梭菌感染发生在 65 岁或以上的人中。而死于艰难梭菌感染的患者中超过 80% 处于这一年龄段。弗吉尼亚大学的研究者2018 年在《传染病杂志》(*Journal of Infectious Disease*) 上发表了一项研究，他们提出老年人感染艰难梭菌感染的高风险，有可能与他们的肠道微生物组随年龄增加而有所改变这一情形有关[5]。另外还有两个可能的解释，与艰难梭菌自身的生物学特性相关。与其他梭菌近亲类似，当外部环境对其生存不利时，艰难梭菌会形成孢子。这些孢子的生命力非常顽强。在休眠状态下，它们可以在任意表面存活长达五个月的时间。一旦处于厌氧环境（也就是缺乏氧气的环境中），孢子就会复苏生长。对艰难梭菌而言最合适同时也易于到达的厌氧环境莫过于人类结肠了。

此外，为了抵抗人类肠道中的正常微生物群落（它们是我们人类的朋友），以及对抗人类免疫系统细胞的防御，艰难梭状芽孢杆菌会产生一种毒素对结肠造成损害。这是一场有益微生物（被我们称为"亲密朋友"的肠道正常微生物组）和有害细菌（产生毒素的艰难梭菌）之间的斗争。作为战场，结肠不可避免会受到损伤。

艰难梭菌感染曾经两次席卷美国。第一次是在 2000 年以前，那时人们已经开始意识到这种感染的严重性，但认为还在可控范围之内。从 2001年开始，艰难梭菌感染率再次飙升，先是在美国，接着在加拿大和欧洲许多国家。感染率增加的同时，越来越多的患者需要进行紧急结肠手术，疾病的死亡率随之上升。这第二次流行被归因于一种新的艰难梭菌菌株 BI/NAP1/027 的出现，这种新菌株危害性极大。

病原体、感染途径及发病症状

艰难梭菌最早于 1935 年被分离鉴定。当时伊万·霍尔（Ivan Hall）和伊丽莎白·奥图尔从健康新生儿的粪便中分离出了这种细菌。因为在实验室的体外环境培养这种细菌非常困难，故将之命名为艰难梭菌。当时研究者们也发现这种细菌会产生一种毒素，对小鼠具有高度致死性。前面也提到过，分类学家近来将其属名从 *Clostridium* 改为 *Clostridioides*，但这不影响在临床上使用的简称 *C. diff*。

直到四十多年以后，才由两个研究小组——W. L. 乔治和约翰·巴特莱特分别带领的团队——发现了艰难梭菌本身，抗生素使用，以及伪膜性结肠炎三者之间的关联。

艰难梭菌能产生两种毒素，人们（毫无创造性地）将其命名为毒素 A 和毒素 B。很多研究者将注意力放在这两种毒素的作用上。其中毒素 B 的毒性更强，会引起严重的结肠炎。前面说到的新菌株 BI/NAP1/027（简称 NAP1）毒性极高，就是因为它产生的毒素不仅量多，毒性也更强。而且，与其他毒性较低的菌株相比，NAP1 毒株更易于传播，产生的孢子数量也更多。

大卫·阿诺夫在他的文章"艰难梭菌感染中的宿主与病原体间的相互作用：两个人的探戈"中指出，NAP1 新菌株的出现，和同时期老年住院感染者数字的增加，共同促成了艰难梭菌感染死亡率的急剧上升（译者注：大卫·阿诺夫，美国微生物学家和传染病专家）。

如果在社区中而不是在医疗机构中出现艰难梭菌感染，患者一般较年轻，病情严重程度和死亡率都要低很多。但无论怎样，这些患者中仍有40% 需要住院治疗。

我们尚不清楚，在社区中，艰难梭菌究竟从何而来，又是如何传播给人类的。梭菌是一大类细菌，在自然界中可以说无处不在。土壤、水、宠物、肉类和蔬菜中都有可能存在梭菌的孢子。我们不知道艰难梭菌在自然环境中是如何分布的。如果艰难梭菌在自然界如同其他梭菌一样广泛存在，那实在令人有些不寒而栗。

人体胃肠道中针对艰难梭菌的免疫防御机制非常复杂，涉及肠道微生物组和负责先天及适应性免疫的多种细胞之间的微妙平衡。密歇根大学安娜堡分校研究人员近期的一份报告显示，单一微生物物种的作用无法抵御艰难梭菌对结肠的损害，五种不同的结肠微生物群落相互协同作用才能形成抵抗力[6]。

我们已知毒素 B 的抗体可保护肠道免受艰难梭菌感染的侵害。弗吉尼亚大学研究人员最近的一项研究显示，这种毒素会损害嗜酸性粒细胞，而嗜酸性粒细胞是一种白血细胞，在肠道具有对抗艰难梭菌的免疫功能。

回顾当年，霍尔和奥图尔在健康新生儿的粪便中发现艰难梭菌也就并不令人特别惊讶了。在生命的早期，大多数婴幼儿体内都携带有艰难梭菌，但他们基本上不会表现出任何疾病症状。2% ~ 5% 的成年人的结肠内也有艰难梭菌存在，同样不表现出任何疾病症状。

当某种抗生素清除了我们肠道中的有益菌群，肠道微生物组的平衡受到干扰，友好的竞争者便"丢城弃地"，致病菌乘虚而入，这正是艰难梭菌致病的关键原因。疾病往往始于简单的水样腹泻（24 小时内出现三次或以上的拉稀现象）。艰难梭菌感染导致的这种早期症状很难与其他的腹泻疾病相区别。有一种也与抗生素相关但相对温和的腹泻，称为"抗生素相关腹泻"（antibiotic-associated diarrhea，AAD），大约出现在 10% ~ 15% 接受抗生素治疗的病人中。对腹泻粪便样本进行化验，找出艰难梭菌或其毒素的存在与否有助于对二者进行区分。

随着艰难梭菌感染的进一步发展，患者会出现严重的伪膜性结肠炎。有些患者的结肠明显肿大，被称为中毒性巨结肠。值得注意的是，在多达 20% 的晚期疾病患者中，腹泻症状会消退，取而代之的是便秘和腹部膨胀。

严重的患者还可能会出现低血压、肾或呼吸衰竭，以及全身多处脏器损伤。

如果艰难梭菌顽固地滞留在结肠中，引起过度激活的免疫反应，就需要实施结肠切除术紧急切除结肠。艰难梭菌感染导致的致死率总体在 5% 左右，但结肠切除术后的死亡率接近 70%。

治疗和预防

虽然看起来似乎自相矛盾，但艰难梭菌感染的首选疗法确是使用抗生素，即口服甲硝唑或万古霉素。如果症状严重应选用万古霉素。此疗法对大多数患者有效，但有约25%的患者的病情反而会恶化，称为复发性艰难梭菌感染。顾名思义，疾病转变为慢性病，症状消退一段时间后开始反复出现。如果发生严重结肠炎，可以尝试不同的抗生素治疗方案或改变给药途径（静脉滴注或灌肠）。如病情严重已危及患者生命，需小心把握手术切除结肠的时机。但是，在感染发展至末期之前，强烈建议考虑采用粪便微生物组移植来治疗复发性艰难梭菌感染，做法是向受感染部位移植本应在那里的正常菌群——我们亲密的微生物朋友们（第十六章将详细介绍粪便微生物群落移植）。

复发性艰难梭菌感染的治疗相当困难。首次复发一般采用万古霉素作为主要的治疗方法，同时联合使用已知对感染有效的其他抗生素。很多人愿意尝试益生菌疗法。我们将在第十七章具体讨论益生菌的相关内容。益生菌的定义是"摄入足够量时对宿主健康有益的活微生物"。现在已有一些实验，研究是否服用益生菌（非致病性细菌或真菌）能够治疗和预防艰难梭菌感染，但在本书成文时，尚无足够数据支持这一疗法。

至今仍无有效预防艰难梭菌感染的疫苗问世，这未免令人遗憾。但一些针对复发性艰难梭菌感染的创新性免疫疗法取得了一定成功，也给人们带来了希望。其中一种策略是利用所谓的抗毒素，如依布硒（Ebselen），一种可能可以用来阻断毒素合成的分子抑制剂。2017 年 1 月，两项测试贝洛酮单抗（bezlotoxumab）的随机临床试验报告了初步的积极结果。这是一种针对艰难梭菌毒素 B 的人类单克隆抗体。还有另一种策略是，先对奶牛进行针对毒素 A 和毒素 B 的免疫接种，成功后收取奶牛的初乳用于治疗艰难梭菌感染，这是奶牛在临近妊娠结束和分娩时产生的具高度免疫活力的乳汁（译者注：初乳中会含有针对毒素 A 和毒素 B 的抗体）。

当然，如果能够在感染之前就成功预防，比感染之后再考虑治疗更可取。由于艰难梭菌是通过手的接触在人与人之间传播的，彻底洗手和使用手套是最主要的预防方式。

理想情况下，所有医疗从业人员都应该严格注意手部卫生。遗憾的是，事实并非如此。医生、护士及其他与患者接触的人员未能正确进行手部清洁或没有佩戴合适的手套，这样的不规范事件时有发生。这并不是因为我们的医疗从业人员不把病人放在心上，或不相信疾病的微生物致病理论，只是因为他们很忙，有时难免会大意或忘记。

2016 年 5 月，美国疾病控制与预防中心开展了"清洁双手很重要"的活动。我们希望这个传染病控制项目会比从前的鼓励保持双手清洁卫生的努力更有成效（我们接下来在第十四章和第十五章还会谈到这项活动，它在预防其他新发医源性感染疾病中也很重要）。

但是，就算我们能够时刻保持手部卫生，我们依然需要继续努力避免艰难梭菌的侵害。它产生的孢子耐酸耐热，酒精类的洗手液不能将其杀死，常规的表面清洁剂也不起作用。

被艰难梭菌感染的患者应与其他患者隔离开来，以防止感染的传播。近期加拿大有项研究表明，在入院时对所有病人做艰难梭菌筛查，将那些携带细菌的人隔离开来，有助于降低艰难梭菌的感染率。2016 年纽约市的一项研究结果令人担忧。该研究发现，如果病房中的患者接受过抗生素治疗，那接下来在这里住院的病人患艰难梭菌感染的风险也会增加。

还有一种新颖的预防方法，利用艰难梭菌形成孢子的能力来阻止产生毒素的艰难梭菌的感染。研究者利用的是一种不产生毒素的艰难梭菌菌株。患者将这些菌株的孢子吞入肚中，使其在肠道内占据竞争优势，导致产生毒素的菌株因没有生存空间而不能存活。

目前这种新方法的随机对照临床试验已经完成，其结果在 2016 年发表于《美国医学会杂志》(*The Journal of the American Medical Association*)。那些患有复发性艰难梭菌感染的患者，在摄入了不产生毒素的艰难梭菌孢子后，疾病的复发率降低了。

由于抗生素治疗会诱发艰难梭菌感染，而有半数的抗生素使用被认为实际上是不必要的，因此人们相信，促进抗生素的对症合理使用，即所谓的"抗生素管理"(antibiotic stewardship)，应是如今预防艰难梭菌感染的主要策略。基于这一原则，美国疾病控制与预防中心为医院提供了一份列表，列出了抗生素管理的核心要素。同时，美国卫生保健质量和研究署(The Agency for Healthcare Research and Quality)也为医院配备了用于实施抗生素管理的相关设施和指导性原则，以减少艰难梭菌感染。这些举措将有助于防止抗生素治疗带来的负面影响，减少艰难梭菌感染的发生。

美国疾病控制与预防中心对 2011—2014 年收集的相关数据进行了初步分析，认为艰难梭菌感染的发病率已经开始下降。这些令人鼓舞的数据应归功于抗生素管理项目在全国各地医院的积极实施。但与此相矛盾的是，2017 年 7 月宾夕法尼亚大学研究人员发表的一项大型回顾性研究却显示，复发性艰难梭菌感染的发病率有所增加。

如今在美国，所有的医院和长期护理机构都在积极实施抗生素管理项目。这些项目不仅有助于克服艰难梭菌感染率居高不下的问题，同时还有助于缓解另外一个非常棘手的医疗健康问题，即细菌的抗生素耐药性。我们将在第十四、十五章中对细菌耐药性进行讨论。

经验教训

想要看到情况好转，有时必须亲力亲为。

——克林特·伊斯特伍德，美国电影演员

无处不在的微生物

　　像艰难梭菌感染引起的结肠炎和诺如病毒胃肠炎这样的传染病，主要是经粪－口传播。这两种疾病使人们重新意识到正确洗手的重要性。为防止疾病的传播，在上完卫生间后和准备食物之前，请使用肥皂和清水洗手至少 20 秒钟。

　　如今医疗护理的理念是以患者为中心。医生们需要每个人的协助，才能遏制这些疾病的传播。如果您正在住院治疗，请坚持要求每位走进病房的人立即洗手。如果您在医院中拜访亲友，在进入任何一间病房时请立即洗手。如拜访的亲友忘记，请向他们提出这一要求。这样做可能会令人不快，但可以挽救他人的生命。在医院中洗手时，要用肥皂和流水揉搓双手 40 ~ 60 秒钟；酒精类免洗擦手液等效力是不够的。如果病房内的患者患有艰难梭菌感染，那么与患者接触的每个人都应戴上手套和穿着防护服。

　　在防止抗生素滥用方面也需要每个人的协助。每次拿到抗生素处方，无论是为自己，还是为所照顾的人（如小孩、年迈的亲人或生病无法自理者），请询问需要服用抗生素的原因，是否确实必要，是否在抗生素外还有有别的有效方法。

　　请记住抗生素仅对细菌性感染有效。如果您患上诺如病毒胃肠炎等病毒感染或念珠菌病等真菌感染，又或是疟疾等寄生虫感染等，抗生素都无济于事。而且，这些感染可能还会因为使用抗生素而发生恶化，艰难梭菌感染就是一例。

　　学习了有关艰难梭菌感染的知识，我们应对粪便给予应有的重视。它可能会含有病原体，但同时也是我们肠道微生物组中有益菌群产生的副产品（我们将在第十六章详细讨论如何利用粪便防止复发性艰难梭菌感染）。

　　阅读了这么多有关腹泻的内容，读者可能已经感觉受够了，现在我还是用一则真正的好消息来结束本章吧。2017 年《柳叶刀》杂志上发表的一项报告显示，腹泻相关疾病的死亡率已从 2005 年的 160 万例减少到 2015 年的 130 万例，降低了 20%。虽然在像美国这样的富裕国家中的死亡率没什么变化，因为艰难梭菌感染仍然是腹泻相关死亡的主要原因。但在低收入国家这个数字却显著下降了，尤其是在儿童中。在 5 岁以下的儿童腹泻死亡率已下降了 35%。

第十四章
皮肤深处的麻烦

耐甲氧西林金黄色葡萄球菌（MRSA）的故事，讲述的是我们如何视神奇的抗生素为理所当然并因此招致祸患的故事。细菌是人类最古老的伙伴，它们在抗生素的围剿下发展出新的生存策略，而我们却对此视而不见，错失了应对良机。

——玛丽安·麦克基纳

［《超级细菌：耐药性葡萄球菌的致命威胁》

（ *Superbug*：*The Fatal Menance of MRSA* ）作者 ］

金黄色葡萄球菌（ *Staphylococcus aureus* 或简写为 staph ）在医药界臭名昭著。它是人类在 19 世纪 80 年代最早发现的病原体之一，从那时起一直就是导致痛苦的皮肤感染（蜂窝组织炎）和周围软组织感染（脓肿）的最常见致病菌。当金黄色葡萄球菌进入血液循环便会导致所谓的血液中毒或菌血症，若侵袭心脏瓣膜则导致心内膜炎，入侵骨骼则会发生骨髓炎，到达肺部则产生肺炎，深入大脑则引起脑膜炎或脑脓肿。在人类发现抗生素之前，这些感染通常意味着将患者判了死刑。

稍具讽刺意味的是，正是由于金黄色葡萄球菌的存在，亚历山大·弗莱明才在 1928 年意外地发现了青霉素。当时弗莱明观察到，由青霉菌产生的一种物质，偶然落在培养皿中，杀死了正在培养的金黄色葡萄球菌。1945年，弗莱明与霍华德·弗洛里和恩斯特·钱恩共同分享了诺贝尔生理学或医学奖。弗洛里和钱恩在 1941 年率先在临床治疗上使用了青霉素。

青霉素显然值得被称为药物奇迹，但弗莱明在 1945 年就曾警告说，细菌有可能"学习并获得抵抗青霉素的能力"。不出他所料，到 20 世纪 50 年代后期，由耐青霉素金黄色葡萄球菌引发的感染就已经很普遍了。

所幸 1959 年化学家们合成了一种名为甲氧西林的青霉素衍生抗生素，使耐药金黄色葡萄球菌产生青霉素抗性的酶对甲氧西林无可奈何。然而道高一尺魔高一丈，1960 年耐甲氧西林金黄色葡萄球菌（methicillin-resistant *S. aureus*，MRSA）开始出现。由于其毒力强劲且对多种抗生素具有抗性，该菌成为最早的超级细菌之一（我们将在第十五章集中讨论超级细菌）。

20 世纪 80 年代，耐甲氧西林金黄色葡萄球菌流行的问题开始变得严重起来，一开始是在医院环境中，到 90 年代开始进入社区。本章也将分为两部分，分别讲述这种细菌在医院和社区环境中的流行，侧重于它所引起的皮肤和软组织感染。

在我们开始讨论感染流行之前，先要搞清楚耐甲氧西林金黄色葡萄球菌的正式定义，它是指目前对所有 β-内酰胺类抗生素具有抗性的金黄色葡萄球菌菌株。β-内酰胺类抗生素包括青霉素、氨苄青霉素、甲氧西林以及其他由青霉素衍生的抗生素种类，还包括头孢菌素——这是多种头孢类抗菌素的总称，它们以前曾是治疗金黄色葡萄球菌感染的特效药。

我们还将简要介绍金黄色葡萄球菌这样的细菌是如何产生耐药性的。有不同的机制可以引起抗性，它们都与细菌 DNA 的变化有关。

在本书开始的第一至二章中我曾提到细菌有着非常悠久的历史，它们已经存在了近 40 亿年。在如此漫长的进化过程中，细菌发展出了与其他微生物相竞争的基因，有的能产生抗生素杀死竞争者，有的则具有耐受抗生素的能力。在某些情形下，细菌会携带破坏抗生素的酶基因，对抗生素产生耐受并因此获得进化优势。最典型的例子就是能够破坏青霉素的青霉素酶。自从 20 世纪 50 年代开始，金黄色葡萄球菌中的青霉素酶基因给我们带来了很大的麻烦。

使细菌具有抵抗甲氧西林能力的基因名为 *mecA*，它编码的新蛋白定位于葡萄球菌细胞壁，可阻止甲氧西林的结合，从而使甲氧西林和类似抗生素失去效力。

耐甲氧西林金黄色葡萄球菌（MRSA）

> 美国的每一所医院都潜伏着耐甲氧西林金黄色葡萄球菌。
>
> ——丽萨·麦基弗特
>
> （美国消费者联盟患者安全项目主任）

耐甲氧西林金黄色葡萄球菌皮肤和软组织感染的流行

耐青霉素的金黄色葡萄球菌被甲氧西林的出现遏制了，人们欢呼雀跃。只可惜好景不长，1961 年英国就发现了具甲氧西林耐药性的金黄色葡萄球菌菌株。1968 年波士顿出现了第一次医源性耐甲氧西利金黄色葡萄球菌感染的暴发。

那次暴发之后 10 年，也就是直到我刚刚完成传染病专科培训的时候，医疗相关的耐甲氧西林金黄色葡萄球菌（HA–MRSA）感染还并不多见，在美国仅出现过几起，多半是在医院的烧伤科或透析部。欧洲的情形也类似，有一些国家报道了医疗相关感染。而另外一种传播途径，即所谓的社区相关耐甲氧西林金黄色葡萄球菌（CA–MRSA）感染，仅在 20 世纪 80 年代美国底特律的一小群吸毒者中出现过一次。

当时还处于这两种感染流行的初期。后来在 20 世纪 80 年代，我亲历了医疗相关耐甲氧西林金黄色葡萄球菌感染的迅速扩张。在美国大大小小的医院中，以及许多国家的医院里，医疗相关菌感染不再罕见，几乎已成常态。我曾在 1998 年参与会诊一名 7 岁女孩的髋部感染。她在患病以前相当健康，在染病后成为美国首批社区相关耐甲氧西林金黄色葡萄球菌感染病例之一，并最终死于感染。而社区相关感染，也以惊人的速度在医院系统之外传播开来。

在大多数美国城市，到急诊部就诊的皮肤和软组织感染者中，社区相关耐甲氧西林金黄色葡萄球菌已成为最常见的致病原因。根据美国疾病控制与预防中心的数据，2005 年美国共有 9 万例侵入性耐甲氧西林金黄色葡萄球菌感染，其中 2 万人死亡。但是，这些数字仅仅统计了血液循环系统或身体内部的感染，并不包括大量社区相关的皮肤或软组织感染。

是什么原因造成了两种耐甲氧西林金黄色葡萄球菌的暴发流行呢？第十二章在讨论艰难梭菌感染时我们提及的一些因素在这里也同样适用。与艰难梭菌类似，抗性金黄色葡萄球菌通常也是通过医疗从业人员带有细菌的双手在人与人之间传播的。在医院环境中尤其如此，它们已在那里站稳了脚跟。这种金黄色葡萄球菌感染可以说是医院惹的祸。

而在社区相关耐甲氧西林金黄色葡萄球菌的感染中，接触残留在物体表面的细菌似乎是传染的主要途径。最近有一项研究在纽约市随机选取了一些家庭进行调查，结果在 20% 的家庭环境中发现了这种金黄色葡萄球菌的踪迹。

更为复杂的是，约有三分之一健康人的鼻孔中带有金黄色葡萄球菌。这是人体中时常保持湿润的一个部位，通常占据这里的是对甲氧西林敏感的金黄色葡萄球菌菌株（MSSA）。虽然这种菌株对青霉素具有耐性，但甲氧西林或其他类似药物能轻易将其杀死。只有 2%～7% 的健康人的鼻孔里藏有毒性更强的耐甲氧西林金黄色葡萄球菌。不过，当患者感染生病时，很难判断感染是源于鼻孔，还是接触了环境中受污染的表面。

医疗和社区相关耐甲氧西林金黄色葡萄球菌的流行具有某些类似的特征，但也存在显著差异[1]。一方面，社区性传染病例涉及皮肤（蜂窝组织炎）和软组织（脓肿）感染的比例比医疗性感染高很多。在医院中出现的皮肤和软组织感染集中于手术后伤口，但最令人担心也是最危险的感染是肺炎和血液感染（菌血症）。菌血症通常是因为用到的静脉导管装置被污染所致。

社区和医疗相关耐甲氧西林金黄色葡萄球菌感染的另一个显著差异在于高风险人群的不同。根据定义，很容易理解医疗相关感染的易感人群是住院病人。他们通常年纪较大，刚做过手术或患有慢性基础疾病。很多患者身上有插管、静脉针头或其他植入装置。在社区相关感染中，任何人都有可能成为感染者。

许多研究表明，耐甲氧西林金黄色葡萄球菌很容易在有个体间存在密切接触的环境中传播开来，包括家庭、托儿中心、军事机构、监狱、更衣室等。十多年来，大学和职业运动队中的耐甲氧西林金黄色葡萄球菌感染时有耳闻。有些运动员很容易出现皮肤擦伤，如职业橄榄球运动员，就特别容易被社区相关耐甲氧西林金黄色葡萄球菌感染。这种感染甚至使不少著名橄榄球运动员提前结束了职业运动生涯。

社区和医疗相关耐甲氧西林金黄色葡萄球菌感染之间的最突出差别，还是它们携带基因的差异。医院环境和社区环境的抗生素使用情形有显著差别，在不同的选择压力下，菌株进化出不同的抗性机制。如今人们可以对许多细菌进行分子分型，鉴定菌株 DNA 间的差异。在美国传播的大多数社区相关菌株在遗传上十分相似，它们都包含一组被称为"美国克隆 300"的基因组合。正是该组合决定了菌株对抗生素的耐药性。但医疗相关菌株的遗传组成多样性很高。耐人寻味的是，与美国菌株不同，欧洲传播的社区相关耐甲氧西林金黄色葡萄球菌具有广泛的遗传多样性。这种情况也可能发生改变。近来的一项研究表明，包含"美国克隆 300"基因组合的菌株已经跨越大西洋，从美国传播到了瑞士。

此外，这两种感染还有另外一个非常重要的区别：几种口服抗生素仍然对社区相关感染有疗效，其中任意一种抗生素都可以将社区相关耐甲氧西林金黄色葡萄球菌杀死。医疗相关感染则对各种口服抗生素具有耐药性，只有非常少的抗生素种类还能起作用，基本上需要静脉注射给药才能见效。

近年来耐甲氧西林金黄色葡萄球菌感染疫情出现了两种新情况。首先，社区和医疗相关感染的界限变得模糊，传播的范围也开始重叠。社区相关耐甲氧西林金黄色葡萄球菌已开始在医院出现，同时医疗相关菌株在社区也时有被检测到。其次，在家畜动物（主要是家猪，也有牛和家禽等）中出现了一种新的耐甲氧西林金黄色葡萄球菌变种。该变种葡萄球菌也可以感染人类，称为家畜相关耐甲氧西林金黄色葡萄球菌（livestock-associated MRSA，LA-MRSA）。尽管多数的家畜相关感染是从动物传染到人类，为人畜共患病，近来挪威有一项研究显示，家猪同样有可能被人类耐甲氧西林金黄色葡萄球菌感染，成为反向人畜共患病的一种[2]。

病原体、感染途径及发病症状

我从 1975 年开始专攻传染病研究领域，探索金黄色葡萄球菌是如何躲避人类免疫系统的。具体而言，就是人类免疫系统的中性粒细胞，它可以说是最有效的葡萄球菌"抗生素"。中性粒细胞，有时也被称为多形核白细胞（polymorphonuclear leukocytes，PMNs），是先天免疫的重要成员之一，在机体对金黄色葡萄球菌的防御中起着关键作用。我们曾在第四章简短介绍过这种细胞。

我的研究一开始集中在金黄色葡萄球菌细胞壁上的一种名为"A 蛋白质"的成分（这个名字实在没什么新意）。A 蛋白的功能是干扰中性粒细胞对葡萄球菌的识别和吞噬。我很快就意识到，金黄色葡萄球菌携带了各种所谓的毒力因子（virulence factors）。我们在第四章中曾提过，毒力因子指的是微生物使人类致病的因素。正是毒力因子的存在，使得这些微生物变成了人类的敌人。

常见的一类细菌毒力因子是细菌分泌的毒素。读者也许听说过金黄色葡萄球菌中个别菌株会产生一种毒素，称为葡萄球菌中毒性休克综合征毒素 –1，staphylococcal toxic shock syndrome toxin–1，简写为 TSST–1。产生 TSST–1 毒素的葡萄球菌最早出现在 1980 年，它可以导致中毒性休克综合征。人们认为这种疾病的流行与高吸水性的卫生棉条的不恰当使用有关，在 1980—1983 年，有超过 2000 名妇女染此疾病。这一菌株也因此变得尽人皆知[3]。

社区相关耐甲氧西林金黄色葡萄球菌感染出现后，研究者们希望知道为什么有的病人会患上极其严重的皮肤和软组织感染，特别是严重的坏死性筋膜炎，这种感染会迅速蔓延开来。因为这一疾病，耐甲氧西林金黄色葡萄球菌甚至被媒体称为"食肉细菌"。我们稍后还将对这种疾病有更多讨论。

研究者们同样希望知道为什么社区相关感染有时候会侵入患者的血液循环系统，并扩散至肺部和其他器官。我们现在知道，"美国克隆 300"序列中有一个基因编码毒素的基因，称为帕顿–瓦伦丁杀白细胞素（Panton-Valentine leucocidin，简称 PVL）。但目前尚不清楚这种毒素就是病菌毒力的主要来源，或者它仅为一个相关标志物。

人类皮肤本来是抵挡金黄色葡萄球菌入侵的强大屏障。但是，一旦有了割伤、擦伤或其他类似原因，上皮细胞组成的物理屏障被突破，伤处就成为金黄色葡萄球菌感染的潜在位点。葡萄球菌感染后会引起炎症反应。中性粒细胞在内的大批免疫细胞被吸引至伤口，引发蜂窝组织炎。尽管金黄色葡萄球菌是蜂窝组织炎最为人知的病原体，其他细菌同样可能产生类似的皮肤感染。

社区相关耐甲氧西林金黄色葡萄球菌的感染者中有四分之一到一半会出现蜂窝组织炎，常见症状包括疼痛、触痛/压痛、皮肤发红（称为红斑）和肿胀，有时还会引起发烧。有意思的是，许多感染者都不清楚自己的皮肤何时曾有过割伤或刮伤。他们常常会觉得自己是被蜘蛛咬伤，因为皮肤病变最开始确实很像是被蜘蛛咬过的样子。

软组织感染则是一种涉及皮下组织的感染，症状包括脓肿或是疖子（由中性粒细胞聚集形成充满脓液的肿包，十分疼痛）。约半数到四分之三的社区性耐甲氧西林金黄色葡萄球菌感染者会出现脓肿。约 16% ~ 44% 的患者严重到需要住院治疗。

如果细菌入侵皮下筋膜导致组织死亡（用医护人员的术语来说就是坏死），这种情况被称为坏死性筋膜炎。这种炎症很罕见，但非常严重，可能危及生命（A 组链球菌也有可能导致坏死性筋膜炎）。即使采用恰当的治疗方法（手术切除坏死组织，同时进行抗生素治疗），仍有 40% 的坏死性筋膜炎患者死亡。训练有素的医生会仔细观察是否有危及生命的感染出现，迹象通常包括剧烈的疼痛或精神错乱。坏死性筋膜炎是外科急症，需立即手术切开患处进行引流，并去除所有失活组织，这对病人的恢复至关重要。抗生素治疗是必须的，但仅靠抗生素治疗不足以对抗这种严重的感染。

因此，住院患者感染皮肤或软组织炎症，是我们作为传染病专家参与会诊的最常见原因。我们会帮助主治医生决定使用哪种或哪些抗生素进行治疗。一旦怀疑可能是坏死性筋膜炎，我们会建议首先进行手术治疗。

治疗和预防

20 世纪 80 年代，当医疗相关耐甲氧西林金黄色葡萄球菌感染病例迅速增加时，万古霉素（vancomycin，一种与甲氧西林同时出现的抗生素）成为主要的治疗手段。在耐甲氧西林金黄色葡萄球菌出现之前，因为比万古霉素副作用少，甲氧西林和类似抗生素更为常用。但是医疗相关耐甲氧西林金黄色葡萄球菌感染出现以后，原有的抗生素都失效了，只剩下两种可用：万古霉素和甲氧苄氨嘧啶–磺胺甲恶唑（TMP/SMX，译者注：复方新诺明）。

我们曾在第十三章中提到过万古霉素，它是治疗艰难梭菌感染的常用药物。艰难梭菌感染者可口服万古霉素。由于万古霉素不会通过胃肠道被吸收，口服该药对医疗相关和社区相关耐甲氧西林金黄色葡萄球菌的全身性感染无效，必须通过静脉注射万古霉素才有疗效。

2002 年在美国密歇根州的一位患者身上检出了抗万古霉素的金黄色葡萄球菌（vancomycin-resistant S. aureus，VRSA），可想而知这令医疗界非常担心。该菌株也同时含有耐甲氧西林的基因，因此没有抗生素可以有效治疗这样的细菌感染。

稍微值得庆幸的是，抗万古霉素的金黄色葡萄球菌菌株或其他万古霉素疗效不佳的菌株，现在还很罕见。另外，制药业在 20 世纪 90 年代也集中开发了一系列新的抗生素，包括利奈唑胺（linezolid）、奎奴普丁 / 达福普汀（quinupristin/dalfopristin）和达托霉素（daptomycin），都对耐甲氧西林金黄色葡萄球菌感染有效，在某些情形下也能治疗抗万古霉素菌株的感染。

社区相关耐甲氧西林金黄色葡萄球菌感染的治疗选择稍多一些，包括万古霉素、复方新诺明、克林霉素（clindamycin）和伟霸霉素。后三种可以通过口服使用。复方新诺明安全且便宜，通常作为治疗社区相关感染的首选。

虽然如此，抗生素对脓肿的疗效并不理想。脓肿中充满了中性粒细胞形成的脓液，但为何抗生素不起作用的原因尚不清楚。对于由社区相关感染引起的软组织炎症，通常需要进行手术治疗，即切开患处进行引流（incision and drainage，I&D）。如果疖子情况不太严重，通常只需切开引流即可。如果情况比较严重，引流后仍需接受抗生素的治疗。

一段时间以来，人们一直致力于开发疫苗预防金黄色葡萄球菌感染，但至今仍未成功。因此，在美国，预防医疗相关耐甲氧西林金黄色葡萄球菌感染仍依赖于严格的手部卫生（采用正确的洗手方式和在需要的时候佩戴手套）以及隔离带菌患者。

欧洲的一些国家，包括荷兰、丹麦和芬兰在内，对医疗相关耐甲氧西林金黄色葡萄球菌感染控制得很好。这应该得益于他们严格的入院政策，所有患者在首次入院时都先被隔离观察，并检测是否携带有耐药性的金黄色葡萄球菌。只有测试阴性的患者才被会解除隔离。

在美国，仅有芝加哥地区的一家大型医疗机构采取类似的入院筛查措施。若检测阳性，患者就会被隔离，所有接触的人员都必须穿防护服戴手套。这些措施大大减少了医疗相关耐甲氧西林金黄色葡萄球菌的感染率。由于手术后伤口感染的风险很高，一些医院在进行任何手术之前都会常规性地筛查患者。阳性携带者将会被安置在单独房间中，与其他患者隔离开来。

现在看来，这些保护住院患者免于耐甲氧西林金黄色葡萄球菌感染的措施已经表现出不错的效果。美国疾病控制与预防中心于 2013 年在《美国医学会杂志》（*Journal of the American Medical Association*）上发文指出，2005—2011 年医疗相关耐甲氧西林金黄色葡萄球菌引起的致命感染在美国减少了 54%，证明严格控制措施是有效的。但是，同样根据疾病控制与预防中心的数据，从 2012 年到 2017 年医疗相关感染率的减少速度却大幅放缓了 [4]。

对社区相关耐甲氧西林金黄色葡萄球菌感染进行预防则是一项更加严峻的挑战。我们无法消除或大幅度减少社区相关感染的风险因素，如个体间的密切接触或造成皮肤破损的活动等。如果真要大幅度减少或消除这些活动，我们将不得不取消大多数的体育运动和身体锻炼，很多其他活动也会受到影响。

不过，我们还是可以采取以下两种措施来预防社区相关感染。首先，如果皮肤出现破口或受伤，立即用肥皂和清水彻底清洗伤口（近来研究显示水温没有什么影响，冷水温水均可）。其次，如果有可能患上了蜂窝组织或软组织感染，必须尽快就医。

经验教训

再勇敢的人也有猝不及防的时候。

——尤利乌斯·恺撒

无处不在的微生物

几十年以前，我参加过一次学术会议，当时一位世界闻名的抗生素权威人士（姓名我就不提了）自信地宣称，金黄色葡萄球菌不可能对万古霉素产生耐药性。这个预测在 2002 年被证明是错误的。毋庸置疑，这位权威一定受到不小的打击。好在到了 2016 年底我们依然相信万古霉素对绝大多数金黄色葡萄球菌有效。时至今日，万古霉素仍是治疗耐甲氧西林金黄色葡萄球菌感染的常用药物。只是我们一定不要掉以轻心，抗万古霉素的金黄色葡萄球菌就像一枚已经埋下的定时炸弹，只是我们尚不知道这枚炸弹何时会爆炸。

不过也还有一些积极的消息，制药业已经开发出了新的药物，用于治疗耐甲氧西林金黄色葡萄球菌感染，至少现在看来效果很不错。有些新药在 20 世纪 90 年代就上市了，后来又陆续添加了不少新品种。但令人担忧的是，如果时间足够长，金黄色葡萄球菌最终是否会对所有这些新药产生抗性呢？根据以往经验来看，这是完全有可能的（第十五章我们还将继续探讨抗生素耐药性的产生，其他种类的微生物也具有这样的能力，这着实令人担忧）。

美国疾病控制与预防中心将医疗相关的感染（也称医源性传染）列为三大公共卫生问题之一，仅次于酒精相关危害和食品安全。不过我们也要看到积极的一面，如前文所述，美国疾病控制与预防中心最近在《美国医学会杂志–内科医学》上发表文章指出，医疗相关的侵入性耐甲氧西林金黄色葡萄球菌感染率正在下降中。2005—2011 年，感染人数减少了 54%，相当于减少了 30800 次严重感染。

此外，该文章还指出，与 2005 年相比，2011 年住院病人的死亡人数减少了 9000 例。虽然大幅度减少的原因尚不完全清楚，但传染病控制措施的强化实施应该是起到了一定作用。

第十五章

滥用抗生素的危害

我坚信西医理论。爱吃多少芹菜您随便，但如果没有抗生素，四分之三的人口不会活到现在。

——休·劳瑞，英国演员

我并非希望禁用抗生素，或不再实施剖宫产，就像没有人希望完全禁止汽车一样。我仅希望能正确使用抗生素，并针对其最坏的副作用开发出有效的应对手段。事实总是在回头去看时变得显而易见。过去的人们怎么可能会相信地球是平的，太阳绕着地球转这么显而易见的谬论呢？然而，教条主义强大得让人难以想象，教条的信徒总是执迷不悟。

——马丁·布拉瑟

抗生素耐药性：危机的本质

2013 年，英国首席医务官萨莉·戴维斯女爵士，在她的首次关于遏制抗生素耐药性的年度报告中，呼吁全球迅速采取行动。戴维斯说，在未来 20 年之内细菌的耐药性可能会导致数千万患者死亡，即使他们只是做个小手术也很危险。戴维斯还谈到，如今耐药性问题越来越严重，其规模和范围也越来越大，英国政府应将其与恐怖主义和气候变化并列为国家面对的最大威胁之一。

这些话意义重大影响深远。正如我们将要在本章中讲到的，这些建议绝非危言耸听。让我们先从了解抗生素和抗生素耐药性的定义开始，仔细分析一下我们所面临的危机。

《韦氏词典》（*Merriam-Webster Dictionary*）将抗生素（antibiotic）简单定义为"一种用来杀死有害细菌和治愈感染的药物"。其完整定义是："由微生物产生的物质，或是来源于微生物经过半合成的物质，在稀释溶液中可以抑制或杀死其他微生物。"

大家的担忧主要来自特殊的细菌，即所谓的超级细菌。接下来读者就会发现，这种令人忧心的耐药性不仅存在于细菌中，几乎所有的病原微生物，包括病毒、原生生物和真菌，都有这类现象出现。

所谓对抗生素的耐药性（抗药性）就是指微生物抵抗抗生素的能力，这里的微生物可以是任何种类，而耐药性产生的生物遗传机制也各不相同。

就耐药性问题，戴维斯并未夸大其词。目前已经有大量患者死于具有耐药性的病原体感染。由惠康信托（Welcome Trust，译者注：英国医疗慈善机构）资助的一个项目曾在 2016 年估计，世界每年死于耐药性病原体感染的人数为 70 万。如果没有新的应对措施，或者没有更加有效的药物，这个数字将在 2050 年上升至 1000 万。这意味着每 3 秒钟就有人死于具抗生素耐药性的微生物。这个数字是目前每年癌症死亡人数的两倍。

2013 年美国疾病控制与预防中心估计，美国每年耐药性细菌感染导致超过 200 万人患病，其中 23000 名患者死亡。目前在美国，与抗生素耐药性相关的住院天数增长至超过 800 万天，相关医疗费用估计高达 200 亿美元，每年生产力的损失不下 350 亿美元。在 2016 年发表的一份有影响力的报告预计，除非耐药性的问题得到充分解决，否则到 2050 年，在全球范围内耐药性细菌感染引发的生产力下降，可造成高达 100 万亿美元的经济损失。

世界卫生组织在分析了来自 114 个国家的数据后，于 2014 年发表报告指出，抗生素耐药性已在全球范围内构成重大公共卫生威胁。世界卫生组织的专家发现，抗生素耐药性已经出现在"全世界的每一个地区"。该研究集中于七种常见的引起严重疾病的细菌，包括肺炎、腹泻和血液感染。报告指出，我们已经进入了一个所谓的"后抗生素时代"。几十年前可以轻易被治愈的简单感染，如今已演变成或可致患者死亡的严重感染。

人类总是憧憬未来的美好前景，没有几个问题会像世界范围内的抗生素耐药性那样令人忧心忡忡，引发群体性的担忧。许多传染病专家，包括我自己，都认为这是当前传染病领域所面临的最大威胁。

世界卫生组织在 2018 年发布了第一份抗生素耐药性监测报告，进一步强调了问题的严重性。根据来自 22 个国家的数据，估计有 50 万患者表现出对某些抗生素的耐药性（当时，世界上仅有 71 个国家签署参与"全球抗生素监测系统"的合作）[1]。

与其他新发传染病大流行一样，新耐药性细菌已传遍全球，其主要媒介就是浑然不觉的旅行者的双手、肠道或泌尿生殖系统。细菌被旅行者从一个国家带到另一个国家。在某些情况下，动物或是食物也会成为传染媒介。

令人心惊胆战的新大肠杆菌菌株就是最近出现的一个很好的例子，也展示了超级细菌是如何被传播扩散的。这种大肠杆菌菌株对粘杆菌素（colistin）具有耐药性，而粘杆菌素被认为是抵御细菌侵袭的"最后防线"[2]。有些细菌被美国疾病控制与预防中心称为"噩梦细菌"，因为它们对所有其他已知抗生素都具有抗性，会导致半数患者死亡。

2015 年，中国研究人员首次在猪体内发现对粘杆菌素具有耐药性的大肠杆菌（在中国粘杆菌素被用于农场动物饲养）。2016 年初，同一组研究人员又报告称在 15% 的生肉、21% 的动物以及 1% 的接受测试的住院患者体内发现了粘杆菌素抗性基因（*mcr-1*）。2017 年在北京的宠物猫狗中也发现了表达 *mcr-1* 的细菌，而受污染的宠物食品被认为是潜在的传染源。

mcr-1 基因在中国被发现后不久，至少有 30 个国家也纷纷检测出了该基因。2016 年 5 月，美国疾病控制与预防中心宣布，在宾夕法尼亚州一名妇女的尿液样本中分离出携带 *mcr-1* 的大肠杆菌。同年 9 月，美国疾病控制与预防中心报告了第 4 位感染这种高抗性大肠杆菌的患者，康涅狄格州的一名曾到过加勒比海旅行的 2 岁女婴。在她的粪便中检测出了这种菌株。2017 年 1 月，洛杉矶郡立医院报告，一名患者感染了携带有 *mcr-1* 的菌株（这名患者很有可能是在亚洲被感染的）。

mcr-1 基因最令人担忧的是它存在于细菌细胞的质粒中。质粒是一种小 DNA 片段，可以在细菌间自由转移，从而将耐药性扩散到不同种类的细菌中。在本书第二章我们曾提到过这种被称为水平基因转移的现象，它也是一种进化驱动机制。下面我们还会再详细解释 *mcr-1* 的可怕特性。

抗生素耐药性危机是如何发生的呢？为充分理解问题的根源，让我们先复习一下第二章介绍过的关键概念。

与所有其他生物一样，微生物在 38 亿年前从地球上出现后就一直为自身生存而奋斗。为保护自己和成功与竞争者争夺生存资源，微生物进化出了抗生素基因。人们最熟悉的例子就是抗菌药物青霉素，由青霉属的真菌产生。

在第二章中我们还提过，一茶匙的土壤中就含有约 2.4 亿个细菌。因此，如果您得知科研人员在从来自世界各地的土壤中筛选新的抗生素，也不会太过惊讶吧。如今临床使用的抗生素中有超过 80% 来自土壤中的细菌。有的抗生素是土壤细菌的天然产物，人们在发现后直接加以利用；有的则是在原有基础上进一步加工合成的衍生物。

2018 年 2 月，纽约洛克菲勒大学研究人员在《自然微生物学》（*Natural Microbiology*）杂志上发表了一篇报告，其发现被认为可能是一项重大突破[3]。研究者们从土壤样本中发现了一种全新的抗生素种类，马拉西啶（malacidins）或译为"杀恶素"，这个名称来源于拉丁语，意为"除恶杀手"。研究者们为此项工作欢欣鼓舞是有原因的：第一，这是自从1987年以来首次发现真正的全新抗生素类型；第二，马拉西啶可有效作用于耐甲氧西林的金黄色葡萄球菌；第三，没有发现它对人体有毒副作用；第四，它的发现借助了宏基因组学技术。这个突破为从土壤中筛选其他有用微生物开辟了新路径，或许还有其他可以抑制、破坏、杀死耐药性细菌的物质等待人类去发现。

普通土壤细菌中蕴含着潜在的抗生素。同理类推，土壤细菌中也一定遍布各种能抵抗抗生素的基因。近期一项研究在土壤样本中发现了7个抗性基因，与已知细菌病原体中的抗生素耐药性基因完全相同。这些基因是微生物对5类广泛使用的抗生素药物产生抗性的原因。

在另外一项研究中，法国里昂大学研究人员分析了71种不同来源的细菌DNA序列，来源包括人类粪便、鸡内脏、海水和北冰洋积雪。他们提取了这些不同环境中细菌的DNA并进行了测序，并将其序列与抗生素抗性基因库中的数据进行比对。这个抗性基因库中包含有2999个已知与抗生素耐药性相关的基因片段。比对的结果显示，在各种环境中都含有大量抗生素耐药性相关基因[4]。也就是说，抗生素耐药性基因无处不在。

可以说，在抗生素基因进化形成的同时，使抗生素失活的基因也出现了，提供相应的制约。

在某些情况下，比如大肠杆菌中的粘杆菌素抗性基因，它们存在于质粒中。抗性基因也有可能来自感染细菌的病毒基因序列，或经由细菌自身基因变异而来。

抗性的产生涉及多种巧妙的遗传机制。其中一种是阻止抗生素对其靶标的附着或结合。例如*mcr-1*基因，就是通过阻碍粘杆菌素附着到大肠杆菌细胞壁上，使其失去杀菌作用。有的则是编码干扰抗生素功能的蛋白，对进入细菌内的抗生素起作用；有的能将抗生素从细菌内清除出去；还有的基因能编码蛋白酶直接降解抗生素。

总之，抗生素耐药性是展现物种进化的范例。我们在环境中投放的抗生素越多，细菌产生耐药性的进化压力就越大。换句话来说，抗生素带来的选择压力导致了细菌中的物竞"药"择现象，进化出抗性基因的细菌才得以生存。因此，引起抗生素耐药性危机的主要原因就是在环境中滥用大量抗生素。

那么，谁应该为滥用抗生素负责呢？可悲的是，正是我们人类自己，在美国尤其是两个群体：医生和农民，他们都过量地使用了抗生素。

仅以美国为例，每年有 4000 万人因呼吸道感染就诊，医生会经常给他们开出抗生素。但实际上其中半数至三分之二的患者不应接受抗生素治疗，因为他们的症状很可能是病毒引起的，而抗生素用于病毒感染是完全无效的。大多数发展中国家的情形更加糟糕，抗生素药物无需处方即可在药房开架买到。

无论是在发达国家还是在发展中国家，抗生素都广泛用于牲畜的生长添加剂中（主要用于猪、牛和家禽饲养）。全世界每年售出约 10 万吨抗生素，其中超过半数用于动物增肥。据估计，在美国农业抗生素用量占所有用量的 70% ~ 80%，它们主要用于促进动物生长。

这些广泛而大量使用的抗生素会污染我们周围的环境。近来的研究表明，如果人类食用了添加抗生素喂养的牲畜制品，可能同时也摄入了大量具有耐药性的细菌。

造成耐药性危机的另一个因素是供需不平衡的日益加剧。从 1975 年到 2000 年，在我作为传染病专科医生的 25 年间，制药行业开发了数十种新的抗生素，可有效杀死多种致病细菌。但从 2000 年开始，就在对抗生素具有耐药性的超级细菌出现后，人们对有效抗生素的需求不断增长的同时，新抗生素的开发却逐渐减少，甚至可以说这个行业一直表现得萎靡不振。

　　抗生素的市场规模很大，每年可达400亿美元。制药巨头们纷纷放弃这一市场的原因相当复杂。其中一个因素就是利润。如今，最赚钱的是那些病人需要长期服用，最好是终身服用的药物，比如他汀类降血脂和降血压药物等。然而，抗生素仅需短期服用，一般为几天至数周。因此，制药公司将研究重点主要放在那些病人需要不断反复购买的药物上。结果就是当超级细菌危机来临时，我们没什么新的抗生素可用。

什么是超级微生物？

　　超级微生物（Superbugs）一词是由媒体创造的，用来描述对多种抗生素具有耐药性的细菌（译者注：中文多译作超级细菌，本书前文也作此译。目前其定义有所扩大，涵盖了其他微生物种类，故此处译为"超级微生物"）。上一章的主题就是最早出现的一种耐药性细菌——耐甲氧西林金黄色葡萄球菌。和这种金黄色葡萄球菌一样，超级微生物感染往往是高度致命的。

　　本书在前面几章介绍了历史上一些令人不寒而栗的重大瘟疫事件，它们曾给人类造成巨大伤害。其中几种属于细菌，如鼠疫病原体耶尔森菌，造成霍乱的霍乱弧菌等。还有几章谈及了一些新发传染病中的细菌病原体，如导致军团病的嗜肺军团菌和在美国引起致死性腹泻的艰难梭菌等。这些细菌均不属于超级细菌（Superbacteria），因为它们并不具备抵抗多种抗生素的耐药性。

超级细菌

　　迄今为止，微生物学家仍依据革兰氏染色法将细菌大致分为两类。这是丹麦细菌学家汉斯·克里斯汀·革兰（Hans Christian Gram）在19世纪发明的一种染色技术，细菌染色后会呈现两种不同的颜色。在显微镜下，革兰氏阳性菌呈紫色，而革兰氏阴性菌呈红色（这两种颜色形成的成因在于革兰氏阳性菌和革兰氏阴性菌细胞壁成分存在差异）。

近年来成为公众关注焦点的抗生素耐药性细菌都是革兰氏阴性菌，但是在 20 世纪末最早出现的超级细菌中却有两个是革兰氏阳性菌：耐甲氧西林金黄色葡萄球菌和耐万古霉素肠球菌（*vancomycin-resistant enterococci*，VRE）。其中肠球菌是引起尿路、腹腔和血液系统感染的常见病因。第三种革兰氏阳性耐药菌是肺炎链球菌（*Streptococcus penumoniae*），是导致肺炎的第一大病因。肺炎链球菌出现抗青霉素菌株的报道曾引起公众担忧，所幸直到如今，仍有一些抗生素可以有效杀死这种细菌。

与医疗相关耐甲氧西林金黄色葡萄球菌类似，耐万古霉素肠球菌最初也出现在医疗机构中。它对大多数青霉素、头孢菌素以及许多其他抗生素具有抗性。但是，正如其名称所示，耐万古霉素肠球菌具有对万古霉素的耐药性。

还好，制药业在 20 世纪 90 年代和 21 世纪初积极作出反应，开发了一系列经美国食品药品管理局批准上市的新抗生素，可用于治疗这些超级细菌引起的感染。它们包括利奈唑胺、达托霉素、替加环素等几种。

1985 年亚胺培南（imipenem）获批上市。这种类青霉素抗生素属于碳青霉烯类药物。由于对几乎所有革兰氏阳性菌和革兰氏阴性菌都有效果，亚胺培南受到了医生们的热烈欢迎。对某些具多种抗生素耐药性的革兰氏阴性细菌感染，碳青霉烯类药物是唯一有效的抗生素武器。如果这种新药也失去效力，我们的问题可就大了。

然而问题总是会来的。在 2001 年，美国发现了可以抵抗碳青霉烯的肺炎克雷伯杆菌（*Klebsiella pneumoniae*），它所属的耐碳青霉烯肠杆菌科（carbapenem-resistant Enterobcteriaceae，CRE）成员开始显露出其狰狞面目。后来，这种细菌和其他相关的超级细菌一起传遍了美国各地，有的地区受害相当严重[5]。

医疗卫生管理机构的人员有时将耐碳青霉烯肠杆菌称为"噩梦细菌"，因为它们对碳青霉烯类药物有抵抗力，同时还会引起多种危及生命的感染，包括血液系统、肺部、尿路、腹腔以及神经外科术后感染等。这些超级细菌在医院和老年疗养院中越来越普遍，成为那里严重感染的最常见原因。耐碳青霉烯肠杆菌中最常见的细菌包括大肠杆菌的某些菌株和肺炎克雷伯氏菌，以及其他一些肠杆菌属菌株。

目前，最令人担心和近乎恐慌的超级细菌，要数前文提到的耐粘杆菌素大肠杆菌了。粘杆菌素和另外一种相关的药物多粘菌素 B，是仅有的两种可以作用于耐碳青霉烯肠杆菌科超级细菌的有效抗生素。

因此，当耐粘杆菌素的大肠杆菌菌株于 2015 年出现时，警报响起并传遍了世界各地。更糟糕的是，同一年又出现了另外一种耐粘杆菌素的革兰氏阴性超级细菌——鲍曼不动杆菌（*Acinetobacter baumannii*），它引起了 22 例患者感染[6]。如前文所述，粘杆菌素抗性基因 *mcr-1* 存在于质粒中，最早于 2015 年在中国被发现。就在 2016 年，欧洲科学家在家猪体内找到了第二个粘杆菌素抗性基因 *mcr-2*，令人更加焦虑。与 *mcr-1* 相比，*mcr-2* 可能更易在不同细菌种间发生转移，也更加危险。更糟糕的是，2017 年中国和欧洲的研究者们在家猪的粪便样本中又发现了第 3 个和第 4 个可转移的粘杆菌素抗性基因，称为 *mcr-3* 和 *mcr-4*。

最令公共卫生机构负责人寝食难安的是，这些可转移的抗性基因甚至出现在了"噩梦细菌"——耐碳青霉烯肠杆菌中。这样的耐碳青霉烯肠杆菌分离株在欧洲和亚洲的牲畜中都有报道。2016 年也出现在了美国的家猪中。养殖场似乎早晚会出现令人恐惧的耐药细菌感染。

此外，2015 年在纽约的一名住院患者体内发现了具有 *mcr-1* 的大肠杆菌菌株，而意大利研究人员在一名白血病儿童体内分离出了携带有 *mcr-1* 变种的肺炎克雷伯氏菌。

一些研究人员还发现了另一种潜在的人畜共患病的感染途径。他们在立陶宛和阿根廷的海鸥肛门部位检测出了 *mcr-1* 基因[7]。这无疑增加了抗性基因转移的风险。

近来，又出现了另外一些具有抗生素耐药性革兰氏阴性菌，它们可导致伤寒、痢疾和淋病等疾病。

虽然在媒体上甚少报道，超级细菌中最令人恐惧的还是结核分枝杆菌——导致结核的病原体。与世界上其他所有的病原菌相比，结核分枝杆菌可以说是最厉害的杀手。过去二十年来出现过两种具抗生素耐药性的结核菌株：第一种被称为耐多种药物结核菌（multidrug-resistant TB，MDR-TB）和第二种则被称为广泛耐药结核菌（extensively drug-resistant TB，XDR-TB）。

在 20 世纪 40 年代引入抗生素治疗结核病之前，有半数的结核患者会死于此病。今天世界上每年仍有 1040 万人患结核病，180 万人死亡。由于这些患者大部分生活在发展中国家，结核病引起的持续性灾难在很多富裕国家已不为人所知。

1944 年，人们用刚问世不久的链霉素治疗结核病，效果非常好，被誉为创造医学奇迹的药物。链霉素的发现者塞尔曼·瓦克斯曼（Selman Waksman）于 1952 年获得了诺贝尔生理学或医学奖。但是，结核菌很快就产生了针对链霉素的耐药性。所幸两种新的高效抗生素接踵而至，即 50 年代的异烟肼（isoniazid，INH）和 60 年代的利福平（rifampin）。它们共同为广泛而有效地治疗结核病铺平了道路。

几十年以来，又有新的抗结核药物被开发出来。新的药物一般被加到现有抗生素治疗方案之中。

在治疗结核病的过程中，我们学到了防止出现抗生素耐药性的最基本原理：同时攻击不同靶标，或使用作用方式不同的多种抗生素。这样结核菌在发展出抗性之前，很快就被消灭了。

尽管如此，还是出现了上文所述的两种耐药菌株：耐多种药物结核菌（至少对异烟肼和利福平具有抗性）和广泛耐药结核菌（对异烟肼、利福平，以及至少两种其他药物具有抗性）。令人难过的是，每年世界上 48 万例耐多种药物结核菌患者中有四分之三得不到治疗。据估计，到 2050 年，耐多药结核病在全世界可造成 16.7 万亿美元的损失。

至于广泛耐药结核菌，它已在十多个国家出现。如果这种结核菌开始蔓延，我们真有可能会回到抗生素出现之前的局面，半数患者会因结核病丧命。

所幸多国政府已经意识到了耐多种药物结核菌和广泛耐药结核菌可能造成的巨大危害。非营利组织，如比尔和梅琳达·盖茨基金会等，也参与到解决这一问题的队伍中。制药行业在获得支持后，开始研发新的抗结核药物，着眼于更有效地杀死和遏制这些致命敌人。有三种新药物组合已进入临床试验阶段，初步结果令人充满希望。《柳叶刀》杂志最近发表的一篇文章提出，因为适当的投资，正确的结核病诊断、治疗和预防，人类有望在 2045 年前征服这种古老的病患[8]。还值得一提的是，在耐碳青霉烯肠杆菌出现的很长时间之前，就有了其他革兰氏阴性超级细菌。绿脓杆菌（*Pseudomonas aeruginosa*，又称铜绿假单胞菌）就是一种对多种抗生素具有抗性的革兰氏阴性菌，是引发医源性感染的常见原因，也是囊性纤维化患者的大敌。在 20 世纪 80 年代，人们发现了一种新的细菌酶，称为超广谱 β-内酰胺酶（ESBLs）。产生这种酶的革兰氏阴性菌对青霉素和大多数头孢菌素具有耐药性。所幸，碳青霉烯对这些细菌一直都非常有效。

2017 年，世界卫生组织首次发布了对人类健康构成最大威胁的耐药细菌清单，12 种细菌位列其中。其中包括 3 种革兰氏阳性菌：耐甲氧西林的金黄色葡萄球菌、耐碳青霉烯肠杆菌和肺炎链球菌，其余 9 种为革兰氏阴性菌：肠杆菌、鲍曼不动杆菌、绿脓杆菌、志贺氏菌属、弯曲菌属、沙门氏菌属、流感嗜血杆菌、淋病奈瑟氏球菌以及幽门螺旋杆菌。

超级病毒

尽管病毒感染极为普遍，但抗病毒药物却少得可怜。同时这也是具有耐药性的超级病毒数量相对较少的原因之一。

很不幸的是，在全球范围内感染和致死人数最多的病毒便是少有的几种超级病毒之一——人类获得性免疫缺陷病毒，即艾滋病病毒。

在第七章我们简要介绍了抗艾滋病病毒疗法的来龙去脉。其中第一种反转录抗病毒药物齐多夫定（zidovudine）问世于 1987 年。由于艾滋病病毒是一种基因快速变异的 RNA 病毒，对齐多夫定的耐药性很快就出现了。

基于在结核病治疗中积累的经验，人们很快开发了多种治疗艾滋病的药物，有的药物攻击病毒基因，有的是在 CD4 淋巴细胞中干扰病毒生长。到 1996 年，高活性抗反转录病毒疗法，即包含至少两种抗病毒药物的组合疗法，成为治疗艾滋病的标准疗法。在 2019 年，市场上至少有 26 种不同的高效抗艾滋病病毒药物可用。这是艾滋病治疗中积极的一面。然而消极的一面是，在发展中国家，特别是在非洲、亚洲和美洲，现已出现了不少具有高度耐药性的艾滋病病毒株。人们不免担心，我们与艾滋病病毒的战斗，最终可能还是会陷入与耐药细菌的斗争类似的惨淡局面。

为什么当前我们在与超级病毒的斗争中占了上风，但与超级细菌的对抗中却频频落败呢？我认为资金投入在很大程度上是决定因素。没有一种抗艾滋病病毒药物可以根除病毒，艾滋病患者必须终身服药，而且治疗费用相当昂贵。在美国有超过 100 万艾滋病患者，每位患者每年的药物平均开销约 2 万美元。

近年来，针对治疗其他病毒感染的药物也出现了耐药性，如流行性感冒病毒和疱疹病毒等。但这些病毒都还未到达超级病毒的标准，至少现在还没有。

超级原生生物

我们在第六章提到疟原虫属的原生动物，即引起疟疾的疟原虫，这也是人类历史上最凶狠的杀手之一。尽管 21 世纪以来我们在预防和治疗疟疾方面都取得了长足进步，但每年世界上仍有近 2 亿疟疾病例，有近 50 万人死于此病。

抗疟疾药物奎宁问世于 17 世纪，如今仍然用于疾病治疗。人们还没有观察到疟原虫对奎宁的耐药性，奎宁的使用主要受限于其强毒副作用。

多年以来，人们开发了至少 35 种药物，用于疟疾的预防和治疗。其中有一些以前曾非常有效的药物，如氯喹等，如今已很少使用，原因就是在世界上很多地方，疟原虫已经发展出了对这些药物的耐药性。

2004 年上市的青蒿素（Artemisinin）可以有效对付恶性疟原虫，这是导致疟疾的五种疟原虫中最致命的一种。起初青蒿素是单独使用的，但随着耐药性的增加，如今基于青蒿素的组合疗法已成为标准治疗方法。与其他的超级微生物一样，这同样是一场猫捉老鼠的游戏，化学家们一直在和微生物的创造力赛跑。

超级真菌

20 世纪后期，由于接受器官和骨髓移植、癌症治疗以及艾滋病感染等各种原因，免疫系统受损的患者人数出现了激增。那些机会性病原真菌感染也随之上升。

值得称赞的是，许多制药公司也加紧了努力，迅速开发出一系列新的抗真菌药物。

广泛使用的抗真菌药物也催生了一些超级真菌，好在数量还不算多。最近出现的超级真菌，耳念珠菌（Candida auris），引起了医生们的担忧。这是一种酵母菌，最早于 2009 年在一名日本女性的耳道中发现。从那时开始，这种真菌已蔓延至全世界各处，通常出现在医院或诊所中，可以导致血液系统或伤口感染。

在美国，纽约市报道的感染病例最多。这种耳念珠菌对常用抗真菌药物氟康唑具有耐药性。2018 年纽约市出现了一次疾病暴发，死亡率高达 45%。这次暴发似乎与医院传染病控制措施实行不利有关。2018 年 10 月《新英格兰医学杂志》报道了发生在英国牛津的一次较大规模的暴发，抗氟康唑的耳念珠菌流行发生在重症监护室 [9]。这次暴发可能是通过重复使用的温度计探头引起的。

到 2017 年中期，美国至少有 122 名患者感染了此种真菌，其中大多数病人死亡。这种耳念珠菌不仅对氟康唑具有耐药性，而且对其他两种不同类型的抗真菌药物也有抗性。为什么这种真菌几乎是同时在多个国家独立演化出耐药性，目前还是个谜。

抗击超级微生物的新战争

虽然不时会出现有关新抗生素有效杀死病原体的报道。但以往的经验表明，寻找能杀死一切微生物又不会出现耐药性的万灵药，注定是徒劳的。微生物的存在已如此悠久，数十亿年来它们积攒了丰富的对付抗生素的经验和策略。

目前还有许多谜题尚在探索之中。例如，我一直不明白为何某些细菌，如导致咽喉炎的酿脓链球菌（*Streptococcus pyogenes*，又称 A 群链球菌）始终会对青霉素敏感。为何它们至今仍未发展出对青霉素的耐药性？

令人心怀希望的是，如今几乎所有人，包括各方面的从业人员和决策者们，都已认识到超级微生物危害的严重性。无论是医生、农民、兽医，或是公共卫生工作者、政府官员，还是制药公司和投资者们，乃至整个食品工业和消费者，都逐渐开始响应呼吁，积极行动起来。疾病患者们也觉察到了情形的严重性。

更为积极的消息是人们已达成共识，超级微生物的出现是全球性问题。国际非营利性组织抗生素耐药性世界联盟（World Alliance Against Antibiotic Resistance）于 2012 年成立，旨在促进各方利益相关者对耐药性问题的关注和认识。2016 年 9 月，联合国大会还专门讨论了抗生素耐药性问题，关于人类健康危机的类似讨论在联合国史上一共也只有四次。

同样令人鼓舞的是，人们逐渐开始从"健康一体"的角度看待抗生素耐药性问题。正如第五章所述，地球上的所有生物和环境息息相关。

由于抗生素耐药性危机的根源之一在于医生在处方中开出过量的抗生素，我们正在采取一些措施来限制这种做法，并取得了一些积极的效果。抗生素管理项目（ASPs）现已在大多数医院中得到实施，以后应该会更加普及。蓝十字蓝盾协会（Blue Cross Blue Shield，译者注：美国大型医疗保险公司）最近报告说总体而言抗生素处方量正在下降，表明这些限制和管理措施确实产生了效果。

抗生素管理项目（ASPs）是由经验丰富的医生（通常也是传染病专家）和医院的药剂师组成的团队来监督实施的。他们会监督住院患者的抗生素使用，也会关注门诊病人抗生素处方量。门诊部的抗生素滥用往往更加严重。长期护理机构中抗生素滥用也不可小视，如今那里也将逐渐开始实施抗生素管理项目。

抗生素管理项目的主要目标是改善对患者的护理。加强抗生素的合理使用，即在需要的情形下恰当地使用抗生素药物。如果不需要或无效时，则不使用抗生素治疗。这样患者既得到了合理的护理，预后也会改善。与此同时，药物毒性、抗生素耐药性以及医疗成本也都会降低。皮尤慈善信托基金会（Pew Charitable Trust）于 2016 年发布了一项题为"住院环境中抗生素管理改进办法"的报告，其中指出抗生素管理项目正在发挥积极的作用。以下是在其他方面取得的一些喜人进展：

1. 兽医和畜牧业也在加强抗生素管理（在美国，农用抗生素占抗生素总用量的 70%～80%，主要用于促进家畜家禽的生长）。

2. 现在越来越多的食品公司开始开发、销售和推广不含或不使用抗生素的产品。2017 年，美国最大的鸡肉生产商泰森食品公司和第三大生产商桑德森农场公司宣布，他们已停止在鸡肉生产中使用抗生素。2017 年 9 月，快餐业最知名的麦当劳公司宣布削减抗生素在其全球鸡肉供应中的使用［推荐阅读马琳·麦肯纳的佳作《硕鸡》（*Big Chicken*）一书，书中真实地描绘了工业养鸡场数十年滥用抗生素的事实，这种滥用实际上推动了耐药细菌的产生〕。几乎同时，汉堡王（Burger King）和肯德基（KFC）也自豪地宣布，他们提供的食物以前就不含（以后也不会含）抗生素。来自消费者的压力显然是这些积极改变的原因。

3. 2015 年，在美国食品药品管理局的推动下，美国政府颁布了《兽医饲料指令最终则》。这一新规赋予兽医在饲养动物中规范使用抗生素的领导权。其主要目标是逐步停止使用抗生素来促进动物生长。应当指出的是，类似策略已经在欧洲一些国家开展。

4. 世界卫生组织、美国疾病控制与预防中心、美国多州卫生部门以及其他国家的公共卫生机构等，正在联合起来努力协作，以遏制抗生素耐药性。威廉·霍尔、安东尼·麦克道尼尔和吉姆·欧尼尔联合撰写的最新著作《超级微生物：对抗细菌的军备竞赛》（*Superbugs: An Arms Race Against Bactriea*）一书对此有出色综述。书中详细剖析了鼓吹过量使用抗生素和阻止新药开发的错误观点。

在应对抗生素耐药性这一挑战的同时，我们还必须认识到，在一些发展中国家，抗生素的缺乏仍然是一个更为迫切的问题。在这些国家，难以获取抗生素比抗生素耐药性导致死亡的病例更多。例如，2018 年《新英格兰医学杂志》发表了一项针对阿奇霉素的大型安慰剂对照研究，实验地点在非洲撒哈拉以南地区。研究人员随机选择了一些社区大规模增加阿奇霉素的配给。试验结果显示这些地区的儿童死亡率发生明显降低 [10]。试验还显示，接受了阿奇霉素治疗的人的肠道微生物组成分也有所改善，儿童死亡率的降低或许就与这种改善有关。

如果缺乏政府的支持，或者官员没有相关的政治意愿，减缓或遏制抗生素耐药性的成效显然将会微乎其微。在美国，奥巴马总统于 2015 年 3 月签署了一项总统行政令，将应对抗生素耐药性的政府投资增加一倍。不久，细菌抗生素耐药性总统咨询委员会召开了第一次委员会会议。这个委员会由一批行业专家组成。遗憾的是，直到 2019 年初，在我撰写本书之时，这些重要的倡议或举措的前景如何尚不明确，难以预料。

2016 年，英国专家组成的抗生素耐药性审查委员会呼吁拨款 400 亿美元应对耐药性问题。七国集团和二十国集团以及世界卫生组织，共同提出抗生素研究和开发的资助需要有重大改变。

最令人鼓舞的消息是在 2017 年 7 月宣布建立的国际合作项目——应对耐抗生素细菌生物医药加速器计划（Combating Antibiotic-Resistant Bacteria Biopharmaceutical Accelerator，CARB-X）。该计划由英、美的多个政府机构、医疗慈善组织和私人组织支持。他们承诺在未来 5 年里提供数亿美元的资金，加速新型抗生素的开发，使医疗行业人员获得有效的药物来对抗疾病。

在遏制抗生素滥用的斗争中，最重要的利益相关群体还是社会大众，但他们也是最后加入这一战斗的群体。医生和其他具处方权的医疗人员，为一些病毒感染患者开抗生素处方（但有时医生这样做是迫于患者想要"奇迹药物"的压力，可能是由患者直接提出，或是医生为了安慰患者而做出错误决定）。如果患者了解一些医疗常识，不要再给医生施加压力；或患者自己也多加注意，提醒医生首先确认是否为细菌感染。这样患者就能为扭转这一错误做法作出自己的努力。我们现在要推行"停止过量和不必要使用抗生素"，这需要所有人的努力，包括患者在内的社会大众。

美国疾病控制与预防中心和其他公共卫生组织提供了非常有价值的信息，帮助医学界以外的广大群众了解医学常识。例如，读者可以查看美国疾病控制与预防中心的官方网站，找到"抗生素有用信息"的链接。

至于我们每个人能采取什么措施来使自己免受超级微生物的侵害呢？无论是不是超级，很多微生物病原体都是由人类的双手携带和传播的。因此，作为个人来讲，首先也是最重要的一步，就是在上洗手间或换尿布后，以及准备食物或进餐之前，使用肥皂彻底清洗双手（请搜索世界卫生组织发布的 6 步洗手法）。

其次要记住的是，抗生素对治疗病毒感染完全无效，包括病毒性咽炎

（大多数喉咙疼的原因）、急性鼻窦炎、急性支气管炎和急性中耳炎。对这些病毒感染，抗生素治疗不仅无效，还会促进细菌产生耐药性，或导致严重的副作用，如过敏或艰难梭菌结肠炎。在第十三章我们提到与抗生素相关的艰难梭菌结肠炎在美国每年导致约 15000 人死亡。

如今我们的医护理念是以患者为中心。患者不仅是治疗的参与者，而且还是最终决定者。因此，如果您的医生不建议您使用抗生素并给出详细原因时，那么请多谢他们！如果您被要求对医护人员的护理水平进行评价，请如实评分，鼓励他们坚持合理使用抗生素的行为。

如果您的医生确实开具了抗生素处方，请在当时就询问理由。不仅如此，还要询问是否有替代抗生素的其他疗法可用。如果您不清楚某种药物是否是抗生素，也请当面问清。

如果您在医院住院治疗，请一定要求每个人在进入病房之后（甚至在他们向您问好之前），立即清洁双手。

第三篇
未来的微生物

第十六章
有关粪便移植的真相

所谓"人如其食"并不全对，人不是由吃什么食物决定的，吃下食物没拉出来的部分才有决定权。

——威维·格瑞威
（美国艺人和社会活动家）

粪便微生物移植

大便是钱能买到的最健康、最漂亮、最自然的体验。

——斯蒂夫·马丁（美国演员）

我念医学院时最难忘的时光是四年级时的选修实习，在韩国一座小城的医院里。那是 1970 年，韩国还是一个发展中国家。我太太跟着我一起，她还在那里进行了一项检测住院病人粪便的研究。她用显微镜在粪便样本中寻找寄生虫卵，结果几乎在所有人的粪便里都发现了虫卵。这说明很多韩国人感染了某类寄生虫。

为什么寄生虫感染率这么高呢？找到答案很容易。每天早晨我们都能看见工人提着"蜜桶"（honey bucket）来回收集"夜土"（night soil）。这

"蜜桶"和"夜土"是美国人对粪桶和粪便的美称。这位工人从厕所收集粪便，用作附近田地的肥料。

我和太太有幸在 2005 年重返韩国。那时韩国已是世界上最发达的国家之一，粪便收集和随处可见的户外厕所早已不复存在。寄生虫感染也随之消失了。

1970 年的我无论如何也想不到，未来有一天粪便会被用来治疗疾病。在那时我同样不知道的是，肥料（无论来自动物还是人类）会促进土壤中微生物的活动，帮助植物生长——间接的，还会给予这些植物为食的其他生物带来益处，这其中就包括人类。

什么是粪便微生物移植（Fecal microbiota Transplantation，FMT），为什么这种疗法会起作用？

粪便微生物移植也被称为粪便微生物疗法，或简称 FMT，是将健康捐献者的粪便移植到受者体内的过程。听起来疯狂，原始又野蛮，但实际上粪便微生物移植疗法既不疯狂，也不原始或野蛮，而且确实有治疗效果。

用粪便治疗肠胃道疾病的想法甚至可以回溯至 4 世纪的中国。之后又经过 12 个世纪，著名的中国医生李时珍，曾利用含有粪便排泄物的"金汁"治疗严重腹泻。在第二次世界大战期间，德国士兵证实了贝都因人的一种疗法——食用新鲜的骆驼大便治疗痢疾确实有效。

不过，在现代医疗中应用粪便微生物移植的首次报道是在 1958 年，由科罗拉多州的一名外科医生本·艾斯曼及其同事完成。他们成功治疗了四位患严重伪膜性结肠炎（pseudomembranous colitis）的患者。

二十年以后，人们才弄清伪膜性结肠炎的致病机理，它源于艰难梭状芽孢杆菌，我们在第十三章提到过它。病人服用的抗生素杀死了原本居住在肠中的有益细菌，艰难梭菌乘虚而入，取代了其他细菌。

要了解粪便微生物移植的原理，我们先来回顾一下第三章中有关人类微生物组的内容。健康人的肠道中有约 2000 种细菌，总计细菌量约为 39

万亿个。这些细菌通常分别属于四个门：厚壁菌门（Firmicutes）、拟杆菌门（Bacteroidetes）、放线菌门（Actinobacteria）、变形菌门（Proteobacteria）。同时，肠道中还有大量古生菌（Archaea）、病毒、真菌和原生生物。我们现在认为，粪便微生物移植主要就是调控细菌之间的战争：利用有益细菌来对抗那些致命敌人，例如艰难梭菌等。

粪便微生物移植帮助改善人类肠道的微生物失调（dysbiosis，微生物种类失衡的状态），恢复微生物间的健康平衡（eubiosis，或称生态平衡状态），从而起到治疗作用。科学家们认为，粪便微生物移植可以帮助建立良性细菌群落，赶走那些有害细菌。因为肠道菌群极为复杂，目前的看法很有可能在将来被认为过于肤浅。无论怎样，在过去的 7 年间，相关的研究已经确认，这种移植用来治疗复发性艰难梭菌感染相当有效和成功。

粪便微生物移植的潜在应用远远不止于治疗胃肠道感染。如第三章所述，很多人类疾病，包括 2 型糖尿病、肥胖、心血管疾病、克罗恩病（Crohn's disease）、溃疡性结肠炎、肠易激综合征、某些癌症、一些自身免疫性疾病如哮喘和过敏、某些神经心理性疾病等，可能都因肠道微生物失调所致。

粪便微生物移植简介

目前粪便微生物移植研究还处于起步阶段。但它确实是治疗艰难梭菌感染的一种真正治疗手段，极短时间内就积累了大量支持性证据。移植用于治疗感染的第一个随机对照临床试验在荷兰开展，其结果发表在 2013 年的《新英格兰医学杂志》上。实验显示，粪便微生物移植的治疗效果优于使用万古霉素的对照组[1]。这项研究结果支持许多早期实验的结论，以及一些传闻性的报告。

可想而知，研究者开展这些试验需要克服许多障碍，而且需要说服病人接受粪便微生物移植这种治疗方法。第一个直接的障碍便是心理上的抗拒［心理学中称为厌恶因素（ick factor）或嘲笑因素（snicker factor）］。不过，早在 2012 年研究者们就发现，患有复发性艰难梭菌感染的病人实际上是愿意尝试这种疗法的，尤其当专业医生推荐这么做的时候。

要知道在美国每年有约 50 万人患上这种细菌感染，约有 1.5 万人（约 3%）死于这种疾病。虽然抗生素在开始时对多数病人有疗效，但是约有 25% 的病人会复发感染，他们深受腹泻、腹痛和其他系统性症状之苦。通常的疗法是另一轮（或 2～3 轮）抗生素治疗，一旦医生推荐使用粪便微生物移植这种可能更有效的治疗方法时，多数患者都会抓住机会尝试一下。

还有一系列与制度和监管相关的挑战。在美国疗法必须经过一系列的特定流程，才能获得美国食品药品管理局的上市批准。首先要进行临床试验，如果一切进展顺利，才能考虑被纳入常规使用的治疗方案（食品药品管理局将人类粪便归为生物试剂一类。为确保病人的安全，美国食品药品管理局严格监管粪便在微生物移植疗法中的应用和相关研究）。目前，美国的医生在使用粪便微生物移植治疗艰难梭菌感染时，并不需要每次都报备获取新药研究（IND）许可，但美国食品药品管理局强烈鼓励医生这样做（译者注：粪便微生物移植疗法还未获正式批准用于治疗艰难梭菌感染。一般而言，实验性新药用于临床需要先报备食品药品管理局获取新药研究许可，但也有一些宽限，满足一定条件的新药可在医生指导下使用）。

以下是进行粪便微生物移植相关实验时需要考虑的事项：

第一，用于移植的供体粪便从哪里来？目前，在大多数进行粪便微生物移植的医疗中心，供体粪便来自健康人，往往是患者家属。捐献者要通过筛查，确保他们没有与不健康微生物组相关的疾病。还要对他们的粪便进行常规检测，排除其他可能的致病源。所幸的是，冷冻粪便和新鲜粪便一样起作用。由于粪便的获取和处理往往有些实际上的困难，麻省理工学院专门建立了一个非营利性的粪便储藏库，名为 OpenBiome。据我所知这个储藏库能为微生物移植治疗提供安全的粪便。

第二，粪便微生物移植通过何种途径进行？目前，粪便微生物移植一般使用以下两种方式：通过鼻胃管将移植物注入小肠部位，或者通过结肠镜或灌肠剂将移植物注入结肠，两种过程均无需手术。以胶囊的形式口服（被称为粑粑药片）是最被患者和医生接受的方式。但是，目前这种方式还在研究中，尚未得到批准。不过，卡尔加里大学和其他地方都在进行口服胶囊的相关研究，初步结果令人鼓舞。

第三，移植物里具体的生物组成是什么？随着我们对人类微生物群落了解的深入，出现了一些更加复杂的治疗方法。例如，有项研究探讨移植细菌的孢子而非积极生长中的细菌的可行性。我们在第十三章也提到过，摄入细菌孢子对治疗艰难梭菌感染也有效果。病人摄入一种艰难梭菌菌株的孢子，这种菌不产生毒素，因此也不会导致疾病症状。接受这种疗法后艰难梭状状菌复发感染率显著降低了。可能是因为不产生毒素的艰难梭菌在结肠中取代了产生毒素的梭菌的位置。

同样令人兴奋的是另一项已由美国食品药品管理局批准的治疗方法，这一研究的临床试验结果曾发表在 2016 年的《传染病杂志》(Journal of Infectious Diseases)[2]。研究者将约 50 种来自厚壁菌门的细菌孢子制成胶囊供病人口服使用。近 90% 的病人在服药后病情出现好转。

不过，粪便微生物移植并非灵丹妙药，这种治疗方法以失败告终的案例也时有报道。一项研究显示，粪便微生物移植成功率约为 75%，显然比不治疗强很多，但比起医生的期望值还相差很远。治疗失败的往往是住院病人，说明年老多病的艰难梭菌感染患者很可能不适用粪便移植疗法。2017年，两位此领域的传染病学专家，斯图尔特·约翰逊（Stuart Johnson）和戴尔·格丁（Dale Gerding），就六项随机对照试验的结果发表了综述。他们的结论是，粪便微生物移植疗法显然需要改进，"以成为更可接受，更安全，更明确具体的治疗方法。"[3] 更令人失望的是，《大西洋》杂志刊登了一项近期的临床试验结果，题名"洗去没用的废物"（Sham Poo Washes Out）的文章[4]（译者注：文章名语带双关，Shampoo 是洗发水的意思，分开写 Sham Poo 则是"没用的粪便")。这项研究是由一家新成立的名为 SeresTherapeutics 的公司开展的，资金来源为风险投资。89 位患有复发性艰难梭菌感染的病人参与测试了公司开发的主打药品，SER-109。这是一种胶囊，每粒含有上亿个细菌孢子，来自 50 种肠道细菌。病人分为两组，测试药品与安慰剂的效果进行对比。遗憾的是，最初的希望在 2016 年 7 月破灭了。实验结果显示孢子胶囊与安慰剂效果对比没有明显的区别。目前尚不清楚测试无效的原因。公司又开展了针对 SER-109 的第二次临床测试，计划招募 320 位病人，并于 2017 年 6 月在临床试验的网站 clinicaltrials.gov 进行了注册。或许他们已找到了第一次失败的问题所在，会在第二次试验中吸取教训。

虽然通常认为粪便微生物移植疗法是安全的，但接受这种疗法偶尔也会有并发症出现。最近有位患者接受粪便微生物移植后，感染了多种药物耐药性大肠杆菌而死亡。这起事故促使美国食品药品管理局发出警告，要求对供体粪便进行多重耐药细菌的筛查。

2015 年报道的另一个病例值得深思。病人是一位 32 岁的女性，患有复发性艰难梭菌感染并接受了粪便微生物移植。她选择了自己 16 岁的女儿作为粪便供体。女儿体重约 63.5 千克，体重指数 26.4，身体健康。这位病人体重 61.5 千克，体重指数 26。体重指数的正常范围是 18.5 ~ 24.9，因此病人和她女儿的体重都轻微超标。好消息是粪便移植后病人的感染治愈了。不过也有坏消息，在接下来的 16 个月中，尽管她的饮食受到医学上的合理监控，也参加了身体锻炼，但她的体重还是涨了 15.4 千克。在那之后又过了 20 个月，她的体重又增加了近 3.5 千克。体重增加是由粪便微生物移植引起的吗？还是说在一定程度上相关呢？我们不能确知原因，但很可能二者存在联系。我们曾在第三章提到过肠道微生物组和肥胖之间可能存在相关性。

粪便微生物移植的未来应用

> 我意识到一门新的学科正在诞生。实际上，我简直对此垂涎三尺，多希望自己也能从事这个领域的研究！幸运的是，作为一名胃肠科的医生，我自己确实就处于这一领域之中。因此，我绝不能袖手旁观。现在正是这门新学科发展的起点，它有着广阔的发展前景。

——亚历山大·科鲁兹

亚历山大·科鲁兹医生是美国明尼苏达大学微生物群落医学治疗项目的主任，是粪便微生物移植疗法的开创者之一。加上其他两位著名的科学家，环境微生物学家迈克尔·萨多斯基和计算微生物学家丹尼尔·奈特，他们一起深入研究粪便微生物移植疗法的原理，并探讨如何对其加以合理利用。他们都是我的同事，我有幸倾听过他们的讲座。尽管他们对粪便微生物移植疗法和微生物组这个领域的研究热情溢于言表，他们还是及时告诫公众，粪便微生物移植的科学原理研究和临床应用都还在起步阶段。三位科学家都强调，事件之间存在关联并非就意味着一定存在因果关系。

应用粪便微生物移植治疗复发性艰难梭菌感染取得了迅速成功，并发展为一种相对可靠的治疗方法，这不禁使人们兴奋地联想到，类似的疗法是否也能用来治疗其他与肠道微生物群落紊乱相关的疾病呢？或许这种方法首先在治疗艰难梭菌感染上起效只是个偶然情况。艰难梭状杆菌是一种致命的有害细菌，目前的证据表明，在正常状况下我们肠道中的细菌会排斥和清除艰难梭菌的入侵。

还有非常多的疾病可能是由肠道菌群失衡导致的，我们对这些疾病中的绝大多数都不甚了解，不明起因，也不知道相关微生物哪些是敌，哪些是友。而且，人类肠道里寄生的细菌种类数目大到惊人，还包括其他古生菌、病毒、真菌和原生生物。我们的工作仿佛大海捞针一般。

虽说如此，还是很多有关粪便微生物移植的临床试验在美国国立卫生研究院所属的临床试验网站进行了注册，这是个让人鼓舞的好现象。其中很多研究已为粪便微生物移植疗法的广泛开展和扩展应用提供了依据。

这些随机对照临床试验针对多种疾病，诸如肥胖、代谢紊乱、溃疡性结肠炎、克罗恩病、肠易激综合征、帕金森病和自闭症等[5]。因肠道微生物组与癌症免疫治疗之间确实存在联系（参阅第三章内容），粪便微生物移植出现在癌症治疗领域也不足为奇[6]。

那么，深受复发性艰难梭菌感染困扰的病人，以及患有其他微生物群落紊乱疾病的患者，应该考虑粪便微生物移植疗法吗？我的建议是：咨询医生。如果我是一名复发性艰难梭菌感染患者，我会去看专科医生，而且这位医生要有做过粪便微生物移植的可靠经验。

对于那些患有其他微生物群落紊乱疾病的患者，我的建议是保持观望。粪便微生物移植这个领域现在还类似于 19 世纪中期狂野的美国西部。在网上甚至可以找到粪便微生物移植的自己动手指南，在"油管"（Youtube.com）网站上还配有相应的网络录像。请千万不要自己尝试。即使是最有经验的医生也不能保证粪便微生物移植总会有效，还可能发生并发症。读者还可能会碰到鼓吹粪便移植的类似邪教的团伙，虽然他们会吹嘘功效非凡，但其目的不明，千万不要上当。

只有合理的随机对照临床试验，才能为粪便微生物移植疗法的价值提供准确的答案。在我撰写本章节时，这样的试验还在进行中。请随时留意"粪便的进展"。

第十七章
有益健康的细菌和真菌

我要补充一点，详细了解酵素和发酵过程特征的人，会比那些忽视这些知识的人，更有能力对一些疾病（例如发烧等）的种种表现做出合理的描述。若没有发酵学说，这些疾病的具体机理或许将永远无从知晓。

——罗伯特·波义耳（17 世纪化学家）

什么是益生菌和它们如何发挥作用？

在本书第一篇"亲密朋友"中我们谈到，人体胃肠道中的微生物群落包括 2000 多种细菌，数量高达 40 万亿之多。这个环境中还生活着 100 多种真菌，主要是各种酵母菌。这些微生物在健康人体内或者是单利共生（对微生物自己有利，同时对人体无害）或是互利共生（双方互惠互利）。

益生菌就是和人体具有互利共生关系的微生物——我们的亲密朋友。

英文 probiotic 一词来自希腊语，"pro"意为促进，而"biotic"指生命。联合国粮食和农业组织以及世界卫生组织对益生菌的定义是："摄入足够数量时，为服用者带来健康益处的活微生物。"

目前市场上除了种类丰富的益生菌，还有所谓的益生元（prebiotics，不能被人体直接消化利用，但可以滋养肠道微生物群落的碳水化合物）和合生元（synbiotics，益生菌和益生元的混合）产品。

　　益生菌天然存在于许多种食物中，最常见的如普通酸奶和开菲尔（Kefir，一种液体酸奶）。益生菌也被制成膳食补充剂出售。虽然美国食品药品管理局尚未正式批准任何相关产品，但人们普遍认为它们对身体有益。益生菌、益生元和合生元产品实际上相当普遍。

　　上面提到的益处是人们的传统"看法"，并未经过严格的科学"证明"。虽然美国食品药品管理局尚未正式认可这些益处，但确有大量证据显示，这些友好的细菌和真菌会有益健康。数千年来人们发酵食物，酿制酒类，这些都是培养微生物的过程，而且在路易·巴斯德发现细菌的很多个世纪以前就存在了。

　　实际上，19世纪五六十年代，在巴斯德开始研究细菌致病理论之前，他就已注意到发酵的过程与某些细菌有关。他还发现，对啤酒和葡萄酒进行适当加热可以杀死大多数导致腐坏的细菌。这种加热过程就是我们常提起的巴斯德消毒法（Pasteurization），时至今日仍被广泛使用，用来杀死牛奶、瓶装果汁和其他食品中可能存在的有害细菌。

　　众所周知，啤酒、葡萄酒、酸奶、奶酪、德国酸菜（sauerkraut）和膨松面包都是经发酵制成。大家可能不一定了解发酵过程是由微生物来完成的。这些食物是由不同种类的酵母和细菌将原材料中的糖类转变为酸、气体或酒精做成的。

　　细胞免疫学奠基人埃黎耶·梅契尼柯夫也被公认为益生菌之父。他曾被巴斯德聘请至自己的研究所工作，第四章我们也提到过一些他的贡献。梅契尼柯夫认为，人体肠道下部（包括小肠后段和大肠）存在产生毒素的有害细菌，正是这些毒素导致了人体的衰老。后来，他又将这个理论进行了泛化和引申，提出肠下部微生物状态失衡（有益微生物缺失或有害微生物的过度生长）是造成多种疾病的根源。虽然他的理论听起来有些怪异，但现在有越来越多的证据表明，梅契尼柯夫所说很可能是对的。

19世纪80年代末期，即梅契尼柯夫进行研究的时代，保加利亚人曾以长寿著称（如今保加利亚人的预期寿命只是平均水平）。同时保加利亚人也因食用大量酸奶而闻名。梅契尼柯夫提出，酸奶等发酵的乳制品中含有产生乳酸的细菌，摄入这些细菌正是保加利亚农民健康长寿的原因。在1907年发表的专著《人的本质：乐观哲学的研究》（*The Nature of Man: Studies in Optimistic Philosophy*）中，他建议在肠道中以有益微生物取代有害微生物，并将这种置换称为细菌群落矫形法（orthobiosis）。他认为，酸奶中，特别是保加利亚酸奶中，包含两种能杀死有害菌的细菌，这正是它们的保健价值所在。

20世纪初期，梅契尼柯夫的理论被扭曲，走向了有害的极端。一些外科医生会切除病人的部分肠道以去除有害菌。结肠水疗（colon hydrotherapy）是将水灌入肠道对之进行清洁。这是一种温和很多的方法，但并未经任何科学证明。虽然没有实际证据证明该疗法有效或安全，但今天仍有整体治疗师（holistic healers）推荐使用这种洗肠（colonics）疗法。上述方法都是采用比较极端的手段去除肠道有害菌，没有明确证据显示它们会确实对健康有益。无论如何，梅契尼柯夫的基本思想，即肠道中生活的微生物对健康有广泛深刻的影响，从医学和科学的角度来看都有一定道理。

益生菌在肠道中起作用有三种可能的方式：与病原菌竞争生长，使后者无法在肠道立足；保护肠道内膜；以及抑制肠道炎症。

益生菌若要发挥效力，必须在摄入后耐得住胃中的强酸和肠道上部的胆盐。就算闯过了这些难关，它们还是无法在肠道中长期繁殖生存，我们需要不断补充益生菌。

开菲尔酸奶据说是个例外，其中的细菌可以在肠道长时间存活并形成菌落。但这种说法缺乏确凿的科学依据。

市面上销售的益生菌多数包括至少8种来自乳酸杆菌属的活菌种。其他常见的益生菌还有双歧杆菌、链球菌和埃希氏大肠杆菌。最常见的益生真菌为布拉迪酵母（*Saccharomyces boulardii*），是酿酒酵母的一种。

多数的益生菌产品将用途着眼于肠道问题，但肠道菌群的改变可能也会令其他器官间接受益，如大脑、阴道、呼吸道和皮肤等。

益生菌真的有用吗？

> 从理论上说，理论应等同于实践。但在实践中，二者是有区别的。
>
> ——尤吉·贝拉
> （美国职业棒球联盟球员、教练及球队经理）

2016 年全球益生菌市场总值估计在 460 亿美元。然而，无论是作为真正的疾病疗法，还是作为对健康相关问题的预防手段，市面上的这数百种（甚至数千种）益生菌产品都没有被美国食品药品管理局批准作为药物使用（所有的益生菌产品都被美国食品药品管理局归为膳食补充剂）。最近一项对美国全国范围内 145 家医院的调查显示，96% 的患者处方中包含益生菌产品，凸显了它们被广泛接受的程度。在 2012 年进行的一项健康调查中，390 万美国人报告称自己使用过益生菌或益生元产品。而且这个数字自那时起一直在急剧增长。

既然公众对益生菌的健康益处如此热衷，那么究竟是出于何种原因，至今没有一种相关产品被美国食品药品管理局批准作为药物使用呢？益生菌的有效性是有理论基础的，人类微生物组学计划的研究中也提供了一些支持性的证据。我个人认为可能还是资金投入问题。

最近来自塔夫茨药物开发研究中心（Tufts Center for the Study of Drug Development）的报告估计，在美国开发一种最终获得美国食物和药品管理局批准的处方药，平均花费约 14 亿美元。其中一大部分开销与管理局对药物测试的严格法规要求有关。因为开发成本如此之高，很多潜在的有效疗法和预防措施实际上被忽视或放弃，未能进行充分测试。

尽管在实践中存在这些挑战，还是有不少有关益生菌的研究得到了开展。20 世纪 90 年代初期，以可靠证据为基础的医学，即所谓的循证医学，成为评估药物及膳食补充剂风险和疗效的金标准。循证医学的核心，就是在严格的控制条件下进行的随机临床试验（Randomized Clinical Trials，简称 RCTs）。

显然，我们需要更进一步的严格随机临床试验来验证益生菌的有效性，但初步研究已表明，益生菌可能有助于治疗（和预防）一些腹泻病，如艰难梭状状菌感染。这是一种非常严重的胃肠道感染，我们在第十六章做过介绍。

另外，益生菌似乎对治疗由轮状病毒引起的胃肠炎也有效果。轮状病毒在世界传播极广，是导致严重腹泻的常见病因。还有另外一种危及早产儿生命的肠道疾病——坏死性小肠结肠炎，经益生菌治疗也显示出一定疗效。但最近一项在超早产儿中测试双歧杆菌 BBG-001 的大型随机临床试验，却没有显示出明显效果，说明不是所有的益生菌都可以预防坏死性小肠结肠炎 [1]。

另外一项在儿童中测试乳酸杆菌有效性的大规模随机临床对照试验同样得到了阴性结果，这种益生菌在治疗儿童胃肠炎方面没有明显疗效。令人失望的结果发表在 2018 年 11 月的《新英格兰医学杂志》[2] 上。近来，以色列研究者发表的一些研究结果也使人们开始质疑，在抗生素治疗后广泛使用益生菌来促进健康和恢复肠道微生物群落的做法是否真的有效 [3]。

2017 年发表在《自然》杂志上的一项报告无疑是迄今最有希望的研究，研究人员发现益生菌在预防新生儿致命感染方面有效果 [4]。皮纳吉·盘尼格拉埃带领他的团队在印度乡村开展了这项随机临床试验，他们将一种合生元制剂［包含乳酸杆菌和益生元制品果寡糖（商品名"福莱多"）的组合］喂给新生儿。接受制剂后观察 60 天，他们发现新生儿血液感染率和死亡率都显著降低。如果盘尼格拉埃的试验结果能在其他发展中国家进行的类似试验中得到重复，将被视为一项重大的医学突破。

2017 年，每 5 个美国人里就有 1 个因消化问题服用益生菌产品。肠易激综合征（Irritable Bowel Syndrome，IBS）就是这样一种造成消化问题的肠道疾病，常见的症状包括腹部疼痛和不适，频繁腹泻、便秘或二者兼有，以及腹胀或肠道膨胀。在美国，肠易激综合征对3%～20%的成人造成困扰。虽然真正的病因尚不清楚，但人们认为肠道微生物菌落的改变可能有很大关系。目前，有关利用益生菌治疗肠易激综合征的研究已取得不错的结果，实验显示益生菌可明显减轻腹痛，并降低其他症状的严重程度。

益生菌还有可能通过其他方式促进身体健康。与安慰剂相比，多项研究显示益生菌有助于预防包括普通感冒在内的上呼吸道感染。其他一些近期研究还表明，摄食含益生菌的食物，比方说酸奶，可以帮助高血压患者舒缓血压。另外一些初步研究的结果显示，益生菌可以帮助治疗和预防多种其他疾病，如口腔和阴道的假丝酵母感染、哺乳引起的乳腺感染、细菌性阴道炎、肝原性脑病、高胆固醇血症、过敏和湿疹等。但是，在 2019 年6 月我写这本书的时候，益生菌的这些作用还没有通过设计合理的随机对照实验得到明确验证。

益生菌还有可能帮助改善情绪。我推荐读者阅读《精神药物的革命：情绪、食物以及肠脑连接的新科学》（*The Psychobiotic Revolution：Mood，Food，and the New Science of Gut-Brain Connection*）一书[5]。这是一本优秀的综述性著作，由美国科学作家斯考特·安德森和两位来自爱尔兰考克大学学院的研究人员——神经生物学家约翰·希兰和心理学医生泰德·迪南共同撰写。书中讲述了肠道细菌是如何与大脑产生联系的，以及这些新的研究发现在精神疾病（如抑郁和焦虑）治疗中的潜在应用。

哥本哈根大学的研究者收集了 7 项随机临床试验的数据进行分析，发现健康人服用益生菌后的粪便中微生物群落并没有明显改变[6]。这个结果凸显出了解益生菌作用机理的难度，但也并不十分令人惊讶，因为益生菌通常并不能在肠道中久留。

益生菌是否安全?

人们普遍认为益生菌是安全的。但是，哥伦比亚大学腹腔疾病中心的科研人员最近报道，55%的畅销益生菌产品中含有麸质（译者注：gluten，麸质，也称面筋蛋白，是存在于麦类产品中的一种蛋白质，可引发免疫反应）。所以对麸质过敏的人群，尤其是患有乳糜泻的患者，选择益生菌产品时要格外小心。

2015年，一项由美国联邦政府主持开展的大规模研究在《新英格兰医学杂志》发表。该研究的目的是调查膳食补充剂的安全性[7]。研究发现，膳食补充剂每年会导致超过2万例急诊和2000例住院治疗。2015年11月，美国司法部对117家公司和个人提起了刑事和民事诉讼，他们销售的健身补充剂中涉嫌含有苯丙胺类兴奋剂类似物（amphetamine-like stimulant）。2018年发表的另一项研究也令人担忧。该研究揭露益生菌、益生元和合生元制品的毒副作用存在少报和漏报的情况，甚至在随机对照试验中也有类似情形发生[8]。

这些报告都强调，在服用膳食补充剂时对其毒副作用进行监测非常重要。同时也提醒我们，必须仔细阅读补充剂商品标签说明。然而光阅读标签实非万全之策，有时是没有列出来的或掺杂的杂质成分才是副作用或产生疾病的原因。

综上所述，益生菌食物制品获得美国食品药品管理局的批准路途尚远，既要有大量资金投入又要通过复杂的审批。对于包括我在内的多数医生来说，若推荐病人以益生菌作为正式的治疗手段，美国食品药品管理局的批准是必不可少的。尽管如此，益生菌被广泛使用（包括在美国的医院中）也是既成事实，这意味着一厢情愿的主观愿望常常会罔顾缺乏明确的科学证据的情形。

第十八章
治疗疾病的病毒

我们生活在由病毒交织而成的矩阵里，病毒好似飞舞的蜜蜂跃动其中。它们从一种生物跳到另一种生物，从植物到昆虫，到哺乳动物，到人类，再反向跳回去，有时还会深入大海。它们的基因组仅是一小串基因片段，复制后四处移植，在传来传去的过程中发生遗传变化，它们好似在参加一个欢闹的派对。

——路易斯·托马斯（美国医生和作家）

了解噬菌体

打开培养箱，一种少有的强烈情绪顿时涌上心头。这是研究人员历经种种辛苦之后，终得回报的激动时刻。我第一眼就看到了细菌培养物，前一天晚上还是因长满细菌而浑浊不堪，现在却变得清亮透明：所有的细菌都消失了……涂满细菌的固体琼脂培养基上也完全看不到细菌的生长。我立刻就明白了产生这种情形的原因，也顿时有了那种激动情绪：一种看不见的微生物令细菌消失了。这是一种不能被细菌过滤器阻挡的病毒，一种细菌细胞之内的寄生物。另一种想法也出现在了我的脑海。如果病毒在培养箱中可以杀死细菌，那它们在病人体内或许也能做到。在病人的肠道中，就如同在实验室的试管中一样，引发痢疾的杆菌会被它的寄生虫杀死，这样病人就被治好了。

———费利克斯·德赫雷尔

英文噬菌体 bacteriophage 源自 bacterio（意为细菌）和古希腊语 phagein（意思是吃），这个词最先是由这种微小生物的发现者之一，法裔微生物学家费利克斯·德赫雷尔提出的（bacteriophages，英文常简写为 phages）。

噬菌体是一群感染细菌的病毒，数量极其庞大。如本书前面几章所述，噬菌体生活在各种环境中，只要有细菌或古生菌存在，就会有噬菌体的身影。正如卡尔·齐默在其著作《病毒的星球》（*A Planet of Viruses*）中所指出的，噬菌体在这个星球上无处不在。

我们还曾经提到，据科学家估计，细菌在个体数量和生物量总量上都超过地球上所有动物的总和。而噬菌体生物学家则认为，与细菌相比，地球上病毒的数量更多，而其中绝大多数为噬菌体。病毒是已知我们星球上数量最多的生物。噬菌体工作非常勤奋，据生物学家估计，噬菌体只需 48 小时便可以干掉地球上一半的细菌。

1896 年欧内斯特·汉金（译者注：英国细菌学家）最先提出，世界上可能存在着这么一种极其微小的生物。他发现印度恒河的水中似乎存在着某种物质，可以杀死引发霍乱的霍乱弧菌（*Vibrio cholera*）。汉金不知道这种物质是什么，但他知道它们的形体微小到可以轻松通过阻挡细菌的细瓷过滤器。

真正发现和鉴定噬菌体归功于英国细菌学家弗雷德里克·特沃特和费利克斯·德赫雷尔，二人在 20 世纪 10 年代完成了这一领域的奠基与最初的开疆拓土。德赫雷尔当时就提出了噬菌体疗法的概念，即利用噬菌体来治疗和预防疾病。

感染细菌的噬菌体可分为两类：溶菌性噬菌体（lytic phages）和溶原性噬菌体（lysogenic phages）。

溶菌性噬菌体首先破坏细菌的细胞壁，进入细菌细胞内进行复制，复制完成后将细菌完全摧毁。新复制的病毒又继续去感染和溶解其他细菌。

溶原性噬菌体则不同，它们在侵入细菌后将自己的基因组整合入宿主细菌 DNA 中。它们的复制在短时间内并不给细菌造成伤害，这种噬菌体的遗传物质也可以在细菌中以质粒的形式独立存在。无论是哪一种情形，噬菌体并不会在感染宿主后立即对其构成伤害。实际上，溶原性噬菌体有时还会给细菌带来益处，为它们的基因组增添新功能。但是，当宿主细菌的状况因为受到某些损害恶化时，噬菌体就会乘虚而入，恢复活性开始复制，令细菌破损和死亡。

一种噬菌体只会感染特定种类的细菌。这种精准性使噬菌体成为极具吸引力的治疗手段，因为可以选择性攻击有害细菌，却不影响其他有益细菌。相对比，抗生素会毫无选择地抑制或杀死数千亿的细菌，无论它们是敌是友，或是与疾病毫无瓜葛的旁观者。

噬菌体疗法

> 所有这些不过是浪费和虚荣。让我们来真正治好一个人吧！
>
> ——德威特·塔布斯博士
>
> ［辛克莱·刘易斯小说《阿罗史密斯》（*Arrowsmith*）中人物］

在 20 世纪二三十年代，医生已经开始利用噬菌体治疗多种传染病。就像普通药物一样，包括礼来（Eli Lili & Company）在内的制药公司，常规生产和出售这些噬菌体药物。这种治疗方法在当时普遍流行，甚至出现在辛克莱·刘易斯的 1925 年普利策获奖小说《阿罗史密斯》中，可见其受欢迎程度。

当抗生素——1935 年的磺胺类药物和 1942 年的青霉素类药物在市场上出现后，对噬菌体抗菌作用的兴趣很快就消失了，然而俄罗斯和东欧一些国家还保留了这种疗法。

1923 年，乔治·埃利亚瓦从格鲁吉亚来到位于巴黎的巴斯德研究所，并在那里见到了德赫雷尔。同年，埃利亚瓦在格鲁吉亚首都第比利斯（Tbilsi）成立了埃利亚瓦研究所。如今该研究所依然是噬菌体研究的中心。从 2012 年到 2014 年，有超过 5000 名患者在研究所的噬菌体治疗中心接受了治疗。研究所提供的治疗针对多种细菌感染，包括耐甲氧西林金黄色葡萄球菌（Methicillin–Resistant *Staphylococcus aureus*，MRSA）。他们宣称 95% 的病人在治疗后症状明显好转。时至今日，这个噬菌体治疗中心仍在接待治疗来自世界各地的病人。

我们在第十五章中讨论了细菌演化出令抗生素失效的耐药性问题。然而噬菌体的情形与抗生素不同，噬菌体演化的速度也很快。结果，许多具抗生素耐药性的细菌却无法逃脱噬菌体的攻击。为了避免细菌对噬菌体疗法出现抗性，往往会使用数种噬菌体组合治疗。这一策略与联合使用多种不同抗生素治疗结核和其他细菌感染的方法类似。

一些符合美国食品药品管理局要求的噬菌体疗法，已经开始了临床试验，目前的结果还相当不错。噬菌体疗法在不少疾病的治疗中已显现效果，包括由绿脓假单胞菌（*Pseudomonas aeruginosa*）引起的外耳道炎（这种慢性细菌性耳部感染因难以治愈而出名）、腹泻以及腿部血管感染性溃疡。另外针对烧伤治疗和糖尿病并发的脚部感染也已开发了合理设计的对照临床实验，有的已经启动，有的正在准备之中[2]。2015 年 6 月，欧洲药品管理局（European Medicines Agency，EMA）主办了噬菌体治疗研讨会。一个月后，美国国立卫生研究院也举办了类似的学术讨论。同年，国立卫生研究院下属的过敏和感染疾病研究所宣布，噬菌体疗法是其针对抗生素耐药性的七个研究策略之一。

噬菌体疗法的非正式报告时有出现，有的宣称在对付致命的耐药细菌感染方面具有奇迹般的疗效。2017 年，《抗微生物试剂和化学疗法》（*Antimicrobial Agents and Chemotherapy*）报道了一个近期病例，病人是位78岁的糖尿病患者，又染上了严重的鲍曼不动杆菌（*Acinetobacter baumannii*）感染。这种细菌对几乎所有已知抗生素具有耐药性[3]。出于无奈，加州大学圣地亚哥分校感染疾病部的主任罗伯特·舒利医生请来噬菌体专家，设计了噬菌体组合疗法对抗这种细菌。他们将噬菌体组合通过静脉输入病人体内，这种给药方法在噬菌体治疗中还是第一次。他们挽救了病人的生命。我们在第十五章介绍过鲍曼不动杆菌，它对目前已知的抗生素都具有耐药性。这样的细菌种类仍在增加。这个非同寻常的带有轶闻性质的病例，加上来自其他地方的类似病例报告，促使加州大学圣地亚哥分校在 2018 年为噬菌体疗法成立了专门的治疗中心，进一步优化噬菌体治疗方法，并与公司合作将此疗法在市场上推广。

2019 年报道了另外一个引人注意的病例。一位患有囊性纤维化疾病的 15 岁女孩，在双肺叶移植手术后感染了具耐药性的脓肿分枝杆菌（*Mycobacterium abscessus*）[4]。不仅抗生素治疗无效，而且因为必须服用防止移植器官排斥的药物，她的免疫系统受到抑制，抗感染的能力降低。最后，她接受了经过遗传修饰的噬菌体治疗，并出人意料地完全恢复了健康。

在我撰写本书之时，霍乱每年仍吞噬超过 10 万人的生命。而且，世界上有 7.5 亿人无法获得安全的日常饮用水。有证据显示噬菌体或许可以用来预防像霍乱这样的水源性传染病。欧内斯特·汉金早在 1896 年就注意到，印度恒河水中的某种物质可以杀死霍乱弧菌。如果真能实现，那将是在公共卫生领域的一项巨大突破。

或许，噬菌体在人类健康领域最有希望的应用是在食品卫生方面。2006年，美国食品药品管理局以及美国农业部批准了几种用于食物处理的噬菌体产品。一家名为 Intralytix 的公司推出两款产品，用于预防食源性传染病。

一种名为 ListShield 的噬菌体混合物，可以喷洒在食物上杀死单核细胞增多性李斯特菌（*Listeria monocytogenes*）；另一种名为 EcoShield，在红肉被绞碎成肉末之前进行喷洒，利用噬菌体杀死肉中的大肠杆菌。还有一种噬菌体产品名为 SalmoFresh，用于对付禽类制品和其他食物中可能含有的沙门氏菌。这种产品正等待美国食品药品管理局的审批。

还有一个颇具前途的研究新思路，将噬菌体和抗生素相结合，专门对付那些众所周知的耐抗生素细菌，例如绿脓杆菌[5]。目前的一些结果已显示出这种组合的可行性。

鉴于目前抗生素耐药性已是迫在眉睫的严重问题，急需解决办法。噬菌体疗法的再次兴起也就并不足为奇了。

第十九章
疫苗的未来

疫苗一剂仅需几美元，就能挽救无数生命，减少社会上的贫困现象。与医学治疗不同，疫苗使人们终生免受那些致命和令人衰弱的疾病的侵害。疫苗安全有效，可以降低医药费用，减少医院就诊频率，确保儿童、家庭和社区的健康。

——塞丝·伯克利（全球疫苗免疫联盟首席执行官）

什么是疫苗和它们如何起作用？

疫苗好似疾病预防领域里的大拖船。

——威廉姆·福格

（前美国疾病控制与控制中心主任）

疫苗简史：打倒了一两个，还剩 1400 个

迈克尔·奥斯特霍尔姆在他的著作，《最致命的敌人：我们与致命细菌的战争》（*Deadliest Enemy: Our War against Killer Germs*）一书中写道："疫苗对人类历史和生活的重要性，如何形容都不为过。"依我看来，疫苗是迄今为止医学领域里最重要的进展。

疫苗是一种生物学制剂——来自死亡的或毒性减弱的微生物，或其组成部分——为机体提供针对特定传染性疾病的获得性免疫力。

我们在第六章提到，疫苗的英文词 vaccine 出自 18 世纪末的爱德华·詹纳。他从患有牛痘（拉丁语中"牛，cow"即为"vacca"）的挤奶工身上获取材料，接种了一位叫詹姆斯·菲普斯的 8 岁小男孩。詹纳当时的假设是，因为与人类天花病毒的高度相似性，牛痘疫苗会为詹姆斯带来保护，使其以后免受天花之苦。

这一次临床试验，标志着人类进入了疫苗接种的新时代。此时距离人类发现细菌致病理论还有 70 多年，比人类最早开始意识到病毒的存在足足早了一个世纪。

反观历史，我们会发现，疾病的预防接种始自天花合理又恰当，因为在人类的历史上，死于这种疾病的人数超过了所有死于战争的人数总和。仅在 20 世纪，天花病毒就令全世界 3 亿~ 5 亿人丧生。

因此，在 1980 年，经过世界范围内的强化免疫接种，当世界卫生组织宣布灭绝天花时，我们没有理由不欢呼雀跃。我个人也认为，这的确是人类医学史上最伟大的成就。

时至今日，天花仍然是唯一的一种被彻底根除的人类传染病。这一项丰功伟绩离不开由世界卫生组织和众多公共卫生先驱者在世界范围内的协调努力，这其中就包括流行病学家威廉姆·福格和唐纳德·亨德森。

好消息是，另一种危害人类的病毒性传染病——脊髓灰质炎（poliomyelitis，简写 polio，即通常所称的小儿麻痹症），预计也会在不久后从地球上消失，这同样是全球免疫接种计划积极实施的结果。政府和私人组织，包括世界卫生组织、联合国儿童基金会以及扶轮基金会等，联合组成了全球消灭脊髓灰质炎行动组织（Global Polio Eradication Initiative，GPEI）。在该组织的推动下，小儿麻痹症患病人数急剧减少。1988 年，估计在超过 125 个国家中共出现了约 35 万病例。到了 2015 年，一共只在 2 个国家报道了 74 个病例，病例数减少了 99.9%。虽然在 2018 年小儿麻痹症的病例数又稍有增长，但我们距离从地球上彻底根除小儿麻痹症这一目标应该已经不远了。

约翰·罗德在他的《瘟疫的末日：全球对抗传染病的战争》（*The End of Plagues: The Global Battle against Infectious Disease*）一书中，详细介绍了免疫接种领域的其他重要成就 [1]。翻开这本书，您会读到很多在免疫接种方面做出重要贡献的名人们的故事，他们中包括杰出的医生、科学家和公共卫生领导者，其中很多人曾获得过诺贝尔生理学或医学奖。

但有一位科学伟人却无缘诺贝尔奖，因为在 1901 年诺贝尔奖设立时，他已经不在人世了。他就是法国科学家路易·巴斯德。巴斯德不仅是微生物致病理论的奠基人，他还揭示了免疫接种背后的机理——免疫系统应对刺激的反应 [2]。

疫苗接种（vaccination）和免疫（immunization）两个词经常被互换使用。从科学角度讲，它们的含义有所不同。根据美国疾病控制和预防中心的定义，疫苗接种是将疫苗引入体内，并使机体对某种疾病产生免疫力；免疫则是人体因接种疫苗对疾病产生抵抗力的过程。疫苗接种成功的结果便是机体对某种疾病免疫。

上文提到，迄今为止，在已知的约 1400 种传染性疾病中，仅有一种（或许不久以后变为两种）通过疫苗接种被根除了。这意味着我们还有很长很长的路要走。世界卫生组织列出了 25 种针对常见传染病的疫苗，但是，在本书第二篇"致命敌人"中提到的 20 种由新发病原体引起的传染病中，仅仅只有两种可以通过疫苗接种得到预防，即流感和登革热。而且这两种疫苗也都需要进一步改进。

虽然我们确实需要更多更好的疫苗，但首先我们还是应该肯定现有疫苗带来的巨大进步。根据美国疾病预防和控制中心的估计，在过去 20 年里，因为婴儿和儿童的常规性疫苗接种，至少减少了 3.22 亿次疾病感染和 2100

万次住院治疗，并避免了 732 万人的死亡。世界卫生组织估计，自从 2000 年以来，仅麻疹疫苗接种一项就挽救了 1710 万人的生命。

疫苗的现状和成就

无论你是需要带着小孩去医院进行疫苗接种的家长，或只想知道有哪些常规疫苗，或是去发展中国家旅行前需要接种何种疫苗，很有可能你会被种类繁多的疫苗和接种时间搞得晕头转向。我自己是传染病学专科医生，但是如果问我，去博茨瓦纳或土库曼斯坦，再或者是南美洲南端的巴塔哥尼亚需要接种什么疫苗，我只能回答："我不知道，去谷歌上查询吧。"或更好的是，你可以去看看美国疾病预防和控制中心网站上免疫接种专家委员会（Advisory Committee for Immunization Practices，ACIP）的推荐。这些推荐很全面，信息也会及时更新，你或者你的医生都可以随时上网获取。

2018 年美国人从出生到 18 岁的常规接种包括 19 种病毒和细菌的疫苗。还好人们并不需要接受 19 种单一疫苗。针对麻疹、腮腺炎和风疹的疫苗是混合在一起的，称为 MMR 或麻风腮疫苗，而破伤风、白喉和百日咳的疫苗也是混合的，称为 Tdap 或百白破疫苗。

对于年龄在 19 岁以上的成年人，免疫接种专家委员会推荐的疫苗接种种类有所减少。具体推荐取决于个人的年龄，性别，是否在未成年时接种过某些疫苗，以及是在何时接种的。

疫苗接种领域发展迅速，有时就算是重大的突破可能都难以为公众所知。以下是过去 40 年间，也就是我作为传染病专科医生从业期间，疫苗接种领域的一些重要进展。

● 用于预防脑膜炎的乙型流感嗜血杆菌疫苗（haemophilus influenzae type b，Hib 疫苗）于 1985 年获得许可，当时在美国这种细菌是引起细菌性脑膜炎的第一大病因，儿童是主要的感染人群。疫苗接种普及之后，这种疾病已基本上消失了。

● 肺炎链球菌（*Streptococcus pneumoniae*）是如今引发成人和儿童细菌

性脑膜炎的最重要原因。肺炎链球菌疫苗的出现大大减少了感染和死亡人数。这个疫苗经过数次改进，目前被推荐使用的疫苗 PCV13 可以同时对 13 种类型的肺炎链球菌起作用。

● 水痘带状疱疹疫苗（varicella zoster vaccine，VZV）从 1995 年开始在美国上市，其结果是出水痘的病例人数急剧减少。这种疫苗还可预防成人带状疱疹（herpes zoster，俗称 shingles）。这是一种非常疼痛的疾病，主要感染年龄在 50 岁以上的成年人。自从 2006 年开始被授权使用以来，患带状疱疹的病例人数也显著减少了。

● 有两种抗病毒的疫苗可以预防相应的病毒感染和由其引发的癌症。它们分别是在 1981 被批准的乙肝（hepatitis B）疫苗，可以预防乙型肝炎和肝癌；和在 2006 年被批准使用的人类乳头瘤病毒（human papilloma virus，HPV）疫苗，用于预防生殖器疣，以及子宫颈、阴茎和肛门等器官的癌症。

● 轮状病毒（rotavirus）疫苗于 1998 年在美国被批准使用。轮状病毒是儿童严重腹泻的最常见病因。在发展中国家使用这种疫苗，据估计可预防 15%～34% 的严重腹泻，而在发达国家中这个数字为 27%～96%。

● 全球疫苗免疫联盟（Global Alliance for Vaccines and Immunization, Gavi）于 2000 年成立，是政府和私人组织间的合作，由比尔和梅琳达·盖茨基金会以及多个发达国家的政府共同注资建立。自从联盟建立以来，全球发展中国家已有约 5 亿儿童接受了针对多种致命疾病的疫苗接种，据估计挽救了约 700 万儿童的生命。

● 非洲的脑膜炎患者从 1996 年的 25 万人直线降至 2015 年的 80 人，这应该归功于脑膜炎疫苗项目（Meningitis Vaccine Project，MVP），由比尔和梅琳达·盖茨基金会和全球疫苗免疫联盟在 2001 年共同资助启动。在非洲大部分地区，A 血清型脑膜炎奈瑟菌（*Neisseria meningitidis* serogroup A）是每年脑膜炎流行的致病原因。疫苗 MenAfriVac 可有效预防该疾病，每剂仅需 5 美分。

未来的疫苗发展

为何迄今为止我们成功开发的有效疫苗种类并不多呢？首先，我们仍然没有完全了解致病微生物和机体免疫系统之间相互作用的机制。其次，在疫苗开发和输送方面有许多难以克服的操作障碍。大多数疫苗需要通过注射的方式进行接种（没人喜欢打针），只有少数可以通过口服（如口服脊髓灰质炎疫苗）或鼻腔黏膜接种。在热带国家和地区，疫苗的运送和储存是极大的挑战。最后，以我这个从业者的角度来看，无论是政府、基金会、非营利性组织还是制药公司，都没有对疫苗开发给予足够的资助。

另外一个至关重要的问题是：面对开发新疫苗的众多机会和需求，科研人员和资助者应该如何取舍呢？应该把精力和资金集中投入在哪些方面，又将哪些暂缓呢？

在过去 40 年里，我目睹了对现有疫苗进行各种改进的尝试，以及针对新病原体的疫苗开发。显然，决定疫苗开发的一个关键因素，是病原微生物给人类带来威胁的紧迫性和严重性。埃博拉和寨卡病毒就是两个最近的例子。

埃博拉和寨卡疫情都曾被世界卫生组织定为"国际关注的公共卫生危机"（PHEC）。埃博拉暴发在 2014 年 8 月，而寨卡是在 2016 年 2 月。二者都在世界范围内引发了恐慌。埃博拉因其极高的死亡率（超过 50%）；寨卡则是由于其广泛迅速的全球性传播和导致新生婴儿脑损伤的悲剧性后果。好在世界卫生组织终于在 2016 年 3 月宣布结束了由埃博拉导致的公共卫生危机。这应该归功于严格实施的卫生举措，而非疫苗接种。不过，如第七章所述，在西非埃博拉流行结束之前，人们开发出了一种很有希望的疫苗。当 2018 年埃博拉在刚果民主共和国再次暴发时，这个疫苗立刻就派上了用场。

在某些情形下，是否开发某种疫苗将取决于潜在的投资回报，往往那些在贫穷国家流行的疾病会受到忽视。所幸的是，这一不平等现象近来有所改善，因为公共机构和私人非营利性组织加大了对这些疾病研究的投入，全球疫苗免疫联盟以及比尔和梅琳达·盖茨基金会都是其中的积极参与者。若没有这些资源，每年因这些疾病丧生的人会增加数百万，针对像疟疾和结核等常见致命疾病的免疫接种也会陷入停顿。

虽然谈及疫苗的回报未免有些贪婪和冷血，但实际上商业疫苗开发的经济学本质就存在矛盾性。从根本上说，疫苗使人们免于疾病，也最终会使其开发者失去商机（比如现在没有人会去投资天花疫苗）。

同样的矛盾情形也适用于针对耐药性"超级细菌"的疫苗开发。我们在第十五章中谈到，很多专家认为，对多数甚至全部抗生素具有耐药性的新细菌将是威胁人类的头号传染病杀手。但是，如果针对"超级细菌"的疫苗开发成功，新抗生素的市场需求会因患病人数减少而下降。2017年7月，比尔和梅琳达·盖茨基金会宣布，该基金会将以疫苗开发作为应对耐药性问题的主要策略。

疫苗开发领域近来最令人兴奋的进展，是流行病防范创新联盟（Coalition for Epidemic Preparedness Innovations，CEPI）的成立。这是一项投资达10亿美元的公共机构和私人组织的合作伙伴计划，于2017年1月18日在瑞士达沃斯世界经济论坛宣布启动。该联盟设定的第一个目标就是开发针对尼帕病毒（Nipah virus）、中东呼吸综合征（Middle East respiratory syndrome）和拉萨热（Lassa fever）疫苗，这几种疾病可能出现与非典型肺炎、埃博拉和寨卡类似的暴发流行。

因为有为数众多的科学家、医生和公共卫生倡导者参与和努力，我相信在未来几年必定会有新的或更为有效的疫苗出现，来针对所谓的三大流行病：艾滋病、结核和疟疾。出于同样的原因，我还期待会有针对其他流行病的新型有效疫苗被开发出来，包括百日咳（由百日咳博德特氏杆菌 Bordetella pertussis 引起）、B血清型流行性脑膜炎（大学生和男同性恋群体中脑膜炎暴发的常见病因）和B型链球菌（在新生儿中最值得重视的细菌病原体）。

然而，如今最紧迫的任务应当是开发所谓的广谱流感疫苗，覆盖所有类型的流感病毒株。目前，很多专家都认为，下一个会在全球范围内对人类健康和生活构成最严重威胁的传染病，可能是一种新的禽流感。而且，仅仅是在美国，每年的季节性流感就会导致 3 万~9 万人丧生。因此，2018年美国国会通过了开发广谱流感疫苗的议案，这是朝着正确方向迈出的重要一步。

争议从何而来？

疫苗安全又有效是有史以来最大的谎言。

——伦纳德·霍洛维兹

（前牙医和励志书籍作者）

疫苗有效吗？

我希望，行文至此，你应该已经被我说服，确信疫苗高度有效，意义非凡。或许你和我一样，年龄在 65 岁以上，只接种了 19 种常规疫苗中的 3 种；或许你也和我一样，出过麻疹、风疹和水痘，得过腮腺炎；和我一样，家里的亲人或认识的朋友也曾经染上小儿麻痹症，终日囚困于助其呼吸的"铁肺"牢笼中，或身体麻痹，经常命悬一线。经历过这一切，疫苗接种的重要性就无须多言了。

虽然疫苗总体而言极为成功，但没有一种疫苗是完美的。针对流感、百日咳和腮腺炎的三种疫苗就很能说明问题。

我们在第九章谈及流感时曾经提过，每年都需要对下个流感季节的流行病毒株进行预测，根据预测生产新的流感疫苗。有时科学家的预测正中靶心，有时则会出现偏离。

百日咳疫苗与白喉和破伤风疫苗组成的混合疫苗称为百白破疫苗。如今的百日咳疫苗比过去安全许多，却不如从前有效。百日咳的暴发流行不时会出现在新闻中。美国疾病预防和控制中心的研究人员最近报道了疫苗有效性降低的原因：导致疾病的百日咳杆菌已发生了基因突变[3]。

最近在美国还有不少腮腺炎暴发的新闻，特别是在大学校园里，您可能也有所耳闻[4]。腮腺炎又重新抬头的原因现在还不清楚。研究者们认为人们对该疾病的免疫力降低了，成年人可能需要补种疫苗进行加强。正如疾病预防和控制中心的克里斯蒂娜·卡德米尔（Cristina Cardemil）所说，"即使是在每个人都接种免疫这种理想情形下，每年仍会有一些腮腺炎病例出现。"疫苗专家在 2017 年曾建议，即便过去已经接种过疫苗，腮腺炎的高风险人群也应该补种加强型疫苗。

疫苗安全吗？

其实，现在有关疫苗的争议主要并不在于它的效果，而是在于它的安全性。

马克·霍尼斯鲍姆 2016 年在《柳叶刀》上发表了一篇题为"免疫接种：一部无理取闹的历史"的文章。文中指出，对疫苗安全性的质疑并非新鲜事[5]。伦敦大英博物馆里藏有一份 1802 年的印制的版画，描绘了在牛痘疫苗接种者的头和胳膊中长出牛来的情景，生动地反映出当时对向人体注入动物制品的恐惧心理。我的办公室墙上也挂了一份该版画的复制品。

对疫苗的恐惧可以追溯至美国独立战争时期。乔治·华盛顿已经认识到天花是无形杀手，比"敌人手中的利剑"具有更大的威胁。虽然他完全相信接种的有效性，在 1776 年 5 月他还是下令禁止部队中任何人接种，因为他担心接种会带来副作用。华盛顿希望自己的士兵始终保持健康，可以随时投入战斗。有关历史上抵制疫苗接种的运动，我推荐您阅读肖恩·奥托（Shawn Otto）的著作《科学之战：交战双方，交战原因，我们可以做些什么》（*The War on Science: Who's Waging It, Why It Matters, What We Can Do about It*）。[6]

没有任何公共卫生部门会声称疫苗总可以起作用，他们也不会说疫苗没有副作用。虽然副作用很少见，通常症状也很轻微，但有的人在接种后确实会出现不良反应。这些副作用通常包括发烧、注射部位疼痛和肌肉疼痛。此外，有些人会对疫苗中的某种成分过敏，例如有些疫苗在鸡胚中培养，常会残留鸡蛋蛋白成分。严重的副反应是极为罕见的。如果接种者的免疫系统受损或有缺陷，一定要及时告知医生，因为如果不小心给免疫反应减弱的人接种了活性病毒疫苗，有可能会导致危及生命的严重感染。

美国疾病预防和控制中心在其"疫苗安全性的历史"专栏中解释说："在被美国食品药品管理局批准上市之前，科学家们对疫苗进行了极为严格而全面的测试，以确保其安全有效……疫苗的安全性远远大于它的风险。"通常来讲这是正确的，但是如果病人的免疫系统已经受损，有可能出现严重的副反应，那他们确实是不适合接种的极少数，需谨慎行事。

在20世纪70和80年代，一系列针对疫苗生产商的诉讼取得了胜利，虽然这些诉讼常常缺乏真正的科学依据，但仍然导致一些药物公司停止了疫苗生产。出于回应公众对疫苗相关公共卫生问题的担忧，同时也为降低疫苗生产商可能需要负担的责任，美国国会于1986年通过了"国家儿童疫苗伤害法案"（National Childhood Vaccine Injury Act，NCVIA）[7]。该法案的出台，以及随后美国最高法院对相关案例的裁决，禁止了以儿童接种后出现严重副反应为由向生产商提起诉讼。这一条款被写入联邦法律。它激起了反对免疫接种团体的愤怒，他们坚持主张所谓的"健康自由"。根据健康自由联盟（Health Freedom Coalition）的网站，他们认为现在个人自主选择接种的权利受到限制，虽然政府需要考虑公共卫生安全，但二者之间的平衡需要调整至可接受的范围。

美国各州对儿童入托或入学前的疫苗接种要求存在差异。在网上就可以很容易地找到这些具体要求，以及医学豁免和尽责豁免（因身体条件和其他原因而无法接种）的条件。

那么，单就个人"权利"而言，接不接受强制性疫苗接种，与骑摩托车戴不戴头盔或自己决定是否吸烟，是不是有区别呢？首要的区别在于，交通事故导致的肺气肿和脑部伤害不会传染，而麻疹和百日咳这样的疾病却可以传染给他人。

这是实实在在的公共卫生隐患。不接受传染病疫苗接种不仅于己不利，还会增加他人染上疾病的风险。不接种疫苗的人有可能将疾病传染给他人，尤其会对免疫系统受损的人群构成严重威胁，他们无法通过接种使自己得到保护。如果他们染上疾病，很有可能病情会十分严重或因此丧命。

群体免疫和它为什么重要？

群体免疫（Community Immunity），有时也被称为畜群免疫（herd immunity），指的是一群人（或动物）因其大部分成员具有了对某种病原体的获得性免疫力，使整个群体对此种病原体表现出免疫力。因为群体免疫现象的存在，当某个人接种了传染病疫苗后，不单单个人得到免疫，同时还保护了那些没有疾病免疫力的人。

根据美国国立卫生研究院的报告："当社区内具有对某种疾病的免疫力达到一定人数比例时，社区内的绝大多数人都会因此得到保护，因为疾病很难在这样的人群中暴发。即使那些无法接受某种疫苗的人，如婴儿、孕妇或免疫系统受损的人，都会因为疾病的传播得到了控制而受到一定程度的保护。"

因此，接种疫苗获得对疾病的抵抗力，不仅是保护自己，也是在保护社区中那些容易被传染又无法接种疫苗的人们。

我们也可以从反面看疫苗接种这件事情。如果你或你的孩子不接种疫苗，那不仅你自己或你的孩子会存在患病风险，同时也增加了社区内其他人患病的风险。

在疫苗接种中，关于麻疹疫苗的争议最大。其中部分原因是，近年数起麻疹流行导致了相关的疫苗接种立法。其中最受关注的事件，是 2014 年始于加州阿纳海姆的迪斯尼乐园的那次麻疹流行，后扩散至多个州。到了 2015 年初，公共卫生官员统计共 125 人患上麻疹。其中多数病人没有接种麻疹疫苗或是接种得不充分。其结果就是群体免疫的效力被削弱，不再能够保护那些容易被感染的人。

这次始于加州的麻疹暴发催生了严格的法规，强制要求入学儿童接种麻疹疫苗（其他几个州已经有类似的立法）。加州规定，从 2016—2017 学年开始，如果家长拒绝给子女接种疫苗，那么他们必须自己安排子女的教育，除非他们能够获得医学豁免（例如免疫系统功能不全）。这项法律适用于所有的公立和私立学校，以及各种托儿机构。

加州严格的疫苗接种法规得到了公共卫生机构和全国各地儿科医生的赞同。但同时也招来了抵制疫苗接种者的强烈反对和抱怨。这些所谓的"反接种者"（antivexers，一种带有贬义的称呼）奔走于加州和华盛顿特区，试图游说立法者废除强制免疫的法律规定。

2017 年 4 月，我所居住的明尼苏达州发生了另一起大规模的麻疹暴发。到 7 月中旬，共确诊 79 位患者，其中 22 人需要住院治疗。这次的确诊人数超过了 2016 年美国全年麻疹确诊人数。

与几年前在迪斯尼乐园开始的那次暴发一样，大多数患者未曾接受麻疹免疫接种。这次暴发首先是从 3 个去同一所幼儿园的小朋友开始的。这 3 位小患者和接下来发病的许多患者，都是来自索马里移民家庭。他们虽出生在美国，但所生活的社区却受到了抵制接种者大力宣传的影响。这次麻疹暴发之前，麻风腮疫苗接种率在这些索马里移民的子女中曾急剧下降。这种情形是抵制接种者散布恐怖虚假信息的结果。

令人震惊的是，2019 年的情况更糟。截止于 4 月，美国已确诊 695 个麻疹病例，这是自 1994 年以来人数最多的一年。由于很多麻疹患者居住在纽约市，纽约市长德布拉西奥宣布布鲁克林区的部分地方出现公共卫生紧急状况，强制要求居民进行免疫接种。其实早在 2000 年世界卫生组织就宣布美国已经根除麻疹。但令人遗憾的是，2019 年 10 月，美国疾病控制与预防中心发布公告，由于纽约这次持续性的麻疹暴发，在美国根除麻疹的这一成就很可能已不复存在，以前的努力也付之东流了。

2019 年美国麻疹患病人数显著增加，其他国家和地区也出现了类似的情形。当年 4 月，世界卫生组织宣布，2019 年全球麻疹感染病例数量翻了两番。就在 2000 年宣布美国根除麻疹后不久，就出现这种患病人数直线上升的情况，实在令人沮丧痛心。这种惊人的退步无疑与削弱的群体免疫力有关（群体预防麻疹需要有至少 95% 的人口接受免疫接种），而群体免疫效力的削弱则应归咎于抵制疫苗接种活动者的宣传。想来可悲的是，对这一公共卫生问题，我们已经毫无疑问地掌握了科学的解决办法——高度安全有效的麻疹疫苗，却无法阻止倒退的发生，仍然出现了这种尴尬的局面[8]。

我们该相信谁？

2015 年的《美国医学会杂志》刊登了一篇文章，题为"免疫接种争议中的法律、道德、公共卫生探讨：麻疹暴发的政治学"[9]。作者劳伦斯·哥斯汀在文中着重指出，麻疹的暴发"重新激起了有关公共卫生、个人选择、家长权利之间持久价值关系的历史性争议"。哥斯汀强调，我们需要看到争议背后的宗教、哲学、政治等各方面的问题，并全面进行思考。我个人同意他的说法。他总结说："虽然免疫接种政策存在政治分歧，但科学界的共识是儿童免疫接种安全有效，已被美国疾病和控制中心列为 20 世纪最伟大的 10 项成就之一，是世界卫生组织推荐的'性价比最好'的医学措施。"

在有关强制免疫的争论中，个人的立场往往被"你相信谁？"所左右。作为传染病专科医生，我个人的观点和哥斯汀的观点接近。归根结底，我信任科学证据。同时，与所有其他医生一样，治疗病人，我坚守誓言"*Primum non nocere*"（不伤害原则）。所以我十分担心各种治疗的副作用，这也包括免疫接种有可能产生的副作用。

对某些抵制疫苗接种团体所持有的怀疑态度，我表示理解。毕竟，怀疑态度是科学方法论的基本原理。在我的另一本书《了解医生的想法：医疗决策优化的 10 种常识性规律》(*Get Inside Your Doctor's Head: Ten Commonsen Rules for Making Better Decisions about Medical Care*)[10] 中，我总结了 10 项内科医学规则，保持怀疑态度就是其中的第六项："从不盲目地完全相信任何人，特别是所谓普遍看法或一般常识的鼓吹者。"免疫接种的价值，对于大多数人，以及对几乎所有医生而言，可以算作是一般常识。

一方面，普遍性的看法或一般常识之所以被日常接受，正是因为它看起来是明智的，具有相当的正确性。但是从另一方面看，随着时间推移，有些一般常识会被证明是错误甚至是荒谬的。我们经常看到这种情况发生。

如果某个人自我意识强烈到觉得个人自由高于一切（包括群体免疫），或者感到无法相信政府（或科学），那么这个人很有可能会站在宣传抵制疫苗免疫的队伍中。但是这将是一个巨大的错误，可能会导致这个人自己或者其他人的死亡。

可悲的是，某些反疫苗接种者错误地信任了英国研究者安德鲁·韦克菲尔德（Andrew Wakefield）。1998 年，韦克菲尔德在《柳叶刀》杂志上发表了一项研究，宣称接种过麻风腮疫苗的自闭症儿童的消化道中出现了麻疹病毒[11]。这项研究表明疫苗和自闭症之间可能存在关联。六年以后，研究论文的其他共同作者们发现，韦克菲尔德从一些律师那里收取了报酬，这些律师当时正准备起诉疫苗生产商。作者们纷纷主动将自己的名字从文章中撤除。后来，《柳叶刀》也正式将这篇文章撤稿。英国当局吊销了韦克菲尔德的行医执照，一名新闻调查者专门做了一系列报道，揭露他的欺诈行为。

韦克菲尔德后来搬到美国得克萨斯州居住。直到如今，他还在宣传麻疹和自闭症之间未经确认的所谓"相关性"，为得州的家长们带来恐慌。毫不奇怪的是，得州现在已经成为抵制疫苗接种运动的中心（韦克菲尔德拜访了明尼苏达州的索马里社区并做报告之后不久，当地社区便暴发了麻疹流行，二者之间实非巧合）。在 2017 年美国疾病预防和控制中心报道，麻疹确诊病例在好几个州呈上升趋势，这在很大程度上与抵制接种者的宣传有关。欧洲的麻疹病例在 2017 年增长了 2 倍多，这种局面与抵制疫苗接种人士直接相关，无疑是令人痛心的倒退。

对麻疹和自闭症之间可能存在的联系，科学家们已经进行了多项极为细致的研究。现有的证据显然不支持二者有因果关系。当然这也并不意味着自闭症发病率和疫苗接种率之间没有任何相关性。但是这里的相关性绝不等于因果关系。换句话说，现在还没有任何证据支持疫苗会导致自闭症这一说法。另一方面，几项研究都发现，在妊娠期接触颗粒性空气污染与婴幼儿期患自闭症在统计学上有显著相关性。丹麦的一项研究还指出，孕程刚结束时——婴儿刚出生的那段时间，是空气污染相关自闭症发生的关键时期 [12]。如今，有关疫苗危险性的讨论并没有平息，还在继续困扰着医护界。2017 年林奇·韦塞尔在《科学》杂志上发表了一篇题为"疫苗的四个迷思"的文章，强调了关于疫苗的最为危险错误认识：①接种免疫会导致自闭症；②疫苗中的汞具有神经毒性；③拮抗疫苗中的汞将增进儿童的健康；④延长接种时间、增加接种间隔是对儿童更安全的做法 [13]。

有关疫苗接种的科学性已经十分清楚，无须多言。同样清楚的是，仅凭科学证据不足以说服所有人带他们的孩子去接受免疫接种。看起来，我们需要在说服公众的技巧和艺术上取得进步，而且最好就是现在，越早越好。

遗憾的是，对疫苗的信心似乎仍在下降中。全球麻疹病例的数量仍在增加。美国 2017—2018 年流感季节中与流感相关的住院人数突破了以往的记录，而流感疫苗的接种率却只有 37.1%。世界卫生组织将"抵制疫苗接种者"列为 2019 年 10 大健康威胁之一，正是因为他们的负面宣传，使公众对免疫接种产生犹豫。但是，阻止谬论的传播绝非易事。社交媒体往往也会为不实信息的传播推波助澜，有关疫苗的错误信息也不例外 [14]。

疫苗和全球共同体

虽然在欧洲和美国麻疹比例的持续增加令人担忧，但也并非完全没有希望。《科学》杂志在 2015 年着重报道了斯蒂夫·科奇的工作，他是美国疾病预防和控制中心全球免疫接种资深顾问[15]。科奇正领导一场消灭麻疹的运动。这项努力应该会取得成功，毕竟我们已经拥有了有效的疫苗，而且已知并没有可以藏匿麻疹病毒的动物中间宿主。试想一下，这将是一项多么惊人的成就啊，要知道根除麻疹每年将会挽救超过 10 万儿童的生命。这同时也是结束有关麻疹疫苗争论的最有效办法。一旦疾病从地球上消失，没有人再需要为预防麻疹免疫接种。

正如詹姆斯·科格罗夫 2016 年在《新英格兰医学杂志》中指出的那样，说服和强制两种手段在对付麻疹这样的传染性疾病时是必需的[16]。他还提醒我们，疫苗接种政策的制定者的中心任务是"确保为每一位需要疫苗的人提供容易获取的疫苗"。

第二十章
微生物和第六次物种大灭绝

灭绝是常态，生存则是例外。

——卡尔·萨根

微生物是进化的决定者

进化简史

首先，让我们来看看"进化"一词具体指什么。生物进化是许多不同种类的生命体从较早的生命形式开始发展和分化的过程。和普遍的看法不同，进化这一思想并非源自达尔文，它甚至可以追溯到古希腊。然而达尔文提出了进化背后的机制——自然选择。他在 1859 年出版的极具影响力和争议的《论通过自然选择的物种起源》（*On the Origin of Species by Means of Natural Selection*）一书中，详细阐述了自然选择的机制[1]。

达尔文进化论的本质是，所有的生命形式都相互联系，来自共同的祖先。物种出现（产生）或消失（灭绝）背后的支配力量是自然选择的过程。

在自然选择的背后，是对营养和生存环境中必需因素的竞争。根据达尔文的说法，在生存竞争中，那些适应其生存环境的物种将具有存活优势，而不适者将被淘汰。这也就是常说的"适者生存"（survival of the fittest），虽然这并不是达尔文的原话。

当然，达尔文对微生物世界的理解受时代所限。在1831—1836年那次著名的"贝格尔号"舰航行中，他的确携带了一架老式显微镜，并用这台低分辨率显微镜观察了藤壶和多种植物。但是，从研究到得出结论再到阐述成书的整个过程，他完全没有触及微生物领域。

我们在本书第一章中提到过地球上生命的开端：大约40亿年前，在环境恶劣的地球上，生命由名为"LUCA"（last universal common ancestor，最原始的生物共同祖先）的单细胞微生物开始。从这个共同祖先开始，生命之树萌发了两个分支，即三个生物域中的两个：细菌和古生菌。而第三个生物域，即真核生物，则是细菌和古生菌紧密合作共同进化的产物。

这样一个微小的原始共同祖先，如何能够演化出今天我们看到的缤纷复杂令人难以置信的生物界呢？要理解其中的奥秘，我们必须先对所谓的"深层时间"（deep time）的概念，即漫长的地质年代史有所了解。

根据宇宙学家的大爆炸理论，我们的宇宙诞生于约137.5亿年前。相比之下，地球这个已知唯一有生命存在的宇宙星体还很年轻，只有45.4亿年的历史。

地球上最早的生命形式，即生命的共同祖先，出现在38亿年前。之后经过了18亿年才开始出现具有细胞核和细胞器的真核细胞。又过了11亿年，也就是距今7亿年前，陆地上开始出现植物，接着在5.4亿年前出现了动物。今天的人类，即现代智人则要到30万年前才开始出现。一支来自德国莱比锡马克斯–普朗克研究所（Max Planck Institute）的考古队，最近在摩洛哥发现了最早的现代智人化石[2]。

为了理解人类发展到现在所需要的时间，让我们想象：如果地球上生命的历史被压缩至一天24个小时，现代人类要等到最后一分钟才出现。而如果我们把整个宇宙演化的历史压缩为一天，那人类的出现不过是最后一眨眼的工夫。

自从瑞典科学家卡尔·林奈在 18 世纪建立了分类学这门学科以来，生物学家根据个体所属物种对生物进行了分类。定义物种有多种方法，其中一种定义是，在自然条件下可以交配并产生后代的一组生物个体。

如今，物种的定义还融入了进化在遗传学方面的含义。例如，考古学家安东尼·巴诺斯基将物种定义为"一组可以将基因世代传递的植物或动物"[3]。

巴诺斯基对物种的定义，不仅适用于通过有性生殖传递基因的生物，例如植物和动物，同时也适用于无性繁殖的生物，例如细菌和古生菌，它们通过一分为二的方式分裂繁殖。即便病毒这种最小的微生物，也通过控制宿主细胞复制其自身基因，并将其传递给后代。因此有些人认为病毒也应该属于生命进化之树的一部分。

林奈和达尔文都对基因理论一无所知。如果在他们生活的年代有更好的科学通信方式，达尔文或许可以知道那位奥古斯丁会修士孟德尔在遗传学方面所做出的开创性工作。格雷戈尔·约翰·孟德尔被誉为现代遗传学之父。他在 1856—1863 年利用精巧的豌豆杂交实验奠定了遗传学的基础。1865 年在布尔诺（Brno，现位于捷克共和国境内）举行的一次小型会议上，孟德尔报告了他的研究成果。他的发现本应令世界震惊，谁知却在随后的30 年里基本上被世人忽视和遗忘。

直到 1900 年，也就是孟德尔去世 16 年后，他的出色工作才被三位科学家重新发现。1909 年，丹麦植物学家威尔海姆·约翰森创造了 gene（基因）一词，专门用来指代孟德尔所描述的遗传单位。后来又经历了很多年，在遗传学领域的多项成就获得诺贝尔奖之后，基因，更确切地说，DNA 即双脱氧核糖核酸（deoxyribonucleic acid）——的本质，才最终得以揭示。

进化生物学领域另一个影响深远的突破出现在 20 世纪后半叶，即卡尔·乌斯和同事发起的"宏基因组革命"（Metagenomics Revolution）。我们在本书以前的章节中也提到过，这些科学家利用现代分子生物学的技术手段，对那些无法在实验室中培养或生长的微生物进行了鉴别。乌斯的研究团队以及后来的研究者们发现，我们的周遭环境中存在着数目极其惊人的微生物种类，超过 99% 的种类是我们前所未知的。

那么，在地球上我们到底已知有多少物种？有多少物种可能存在但还属未知？又有多少种物种曾经存在过，但已经从地球上绝迹了呢？我们先坐下来，深吸一口气，为将要看见的一组极其巨大的数字做好准备。

● 根据国际自然保护联盟（International Union for the Conservation of Nature，IUCN）的数据，如今地球上生活着约 870 万种生物[4]（请注意这个数字并不包括微生物）。据国际自然保护联盟推测，仅有不到 15% 的物种被识别和鉴定。换句话说，在我们的星球上有 85% 的高等物种还有待我们去发现。至于简单的微生物物种，这个数字就更大得多了。

● 有些专家认为，这个数字仍然被低估了。他们相信地球上有 1000 万~5000 万种动物，其中 300 万~3000 万种（97%）为无脊椎动物。无脊椎动物里有约 100 万种昆虫。他们估计，植物的总数在 30 万~40 万种（25 万种有花植物），两栖动物有 6100 种。

● 至于微生物，科学家估计地球上有约 1×10^{19} 种细菌（没有人知道确切的数目）。其中人类仅已知 15000 种细菌，其中少数的 1400 种对人体有害。科学家还估计地球上有约 1000 万种真菌。而病毒的种类数目只是个猜测而已，可能在 1 亿~10 亿之间。

● 印第安纳大学的研究人员肯尼斯·洛西和杰伊·列农通过复杂的尺度缩放定律和大量地点取样检测，在 2016 年估计有约 1000 亿种生物生活在地球上[5]。这个数字包括了小到病毒，大到鲸鱼，以及中间大大小小的所有物种。

五次物种大灭绝

纵观过去 38 亿年生物发展的轨迹，在地球上出现又消失的物种数目多得难以置信。据估计，在地球上曾出现过的 300 亿种动植物中，超过 99%

的物种已经永久消失了。

地质学家、古生物学家和其他地球科学家将地球形成后的漫长 45.4 亿年划分为不同的地质年代。按时间从长到短，地质年代的时间单位依次为宙（eons，5 亿年或更长）、代（eras，数亿年）、纪（periods，数千万至一亿年）、世（epochs，数千万年）和期（ages，数百万年）。

最古老的地质宙为冥古宙（Hadean，源自希腊语 Hades，希腊神话冥界之王），想象中那时地球的表面仿佛地狱一般。然而就是此时，对生物至关重要的海洋形成了。海洋曾是所有微生物、植物、动物的栖居地，直到奥陶纪时出现早期陆地植物，以及约 3.7 亿年前的泥盆纪时两栖类动物从海洋中爬上陆地。

直到冥古宙完结，地质时代转换至太古宙，也就是 38 亿年以前——生命的共同祖先，第一个有生命的细胞 LUCA——出现了。此后，这一共同祖先逐渐演化出古生菌域和细菌域，生命进化之树上的两个分支。然后要一直等到元古宙，也就是 19 亿年前，进化树上的最后一个生命域——真核生物——才出现。

作为最晚出现的物种之一，现代智人直到显生宙新生代第四纪更新世才出现。我们在前文提过，这大约发生在 30 万年前。从上一个冰川期结束到现在的 1.17 万年，人类文明进入了新的地质时代，全新世。

在这段极其漫长的进程中，数十亿动物和植物物种出现又消亡。有些物种的灭绝是由于竞争不过其他物种，有的则是在一次或数次灾难性事件中被毁灭。

中生代时期，恐龙是整个动物世界的主宰。这段时期也被称为爬行动物的时代（the Age of the Reptiles），从距今 2.4 亿年延伸至 6500 万年前。

1980 年，加州大学伯克利分校的路易斯·阿尔瓦雷斯和沃尔特·阿尔瓦雷斯父子，最先提出了小行星撞击导致恐龙灭绝的假说。科学证据显示，6500 万年前一颗小行星撞击在犹卡坦半岛（位于墨西哥东北），导致所有的恐龙和 76% 的其他物种从地球上消失。小行星撞击激起的烟尘引起了严重的气候变化，大多数物种因无法适应这种改变而灭绝。

更令人感到吃惊的是，这场毁灭不过是我们要提到的五次物种大灭绝中规模较小的一次[6]。根据定义，由于某次事件，或在一段时间内地球上超过 75% 的物种集群灭绝，即可称为一次"物种大灭绝"。物种的出现和消亡本是相对平稳的连续事件，但以下列出的不同地质年代中的五次事件或时期，代表了物种集中消亡的五次大灭绝。

- 奥陶纪–志留纪大灭绝事件：距今 4.5 亿~ 4.4 亿年。

- 泥盆纪晚期灭绝事件：距今 3.7 亿~ 3.6 亿年。

- 二叠纪–三叠纪灭绝事件：距今 2.52 亿年。这是地球有史以来最严重的一次生物灭绝事件，有时也被称为"大死亡"（Great Dying）。这一时期约有 90% ~ 96% 的物种消失了。即便是进化颇为成功的海洋节肢动物三叶虫也无法幸免。这次灭绝还结束了类似今天哺乳动物的爬行类在地球上的兴盛期。脊椎动物在三千万年后才再度恢复繁盛。

- 三叠纪–侏罗纪灭绝事件：距今 2.013 亿年。多数非恐龙类的始祖龙和大型两栖类动物在此时期灭绝，存活下来的恐龙在陆地上不再有竞争对手。

- 白垩纪–古近纪灭绝：距今 6500 万年。所有不会飞的恐龙都灭绝了。其后，哺乳类和鸟类成为陆地上的主要动物。

那么，这些动植物大灭绝和微生物有什么关系呢？显然，大量的微生物也在这些可怕的时期消亡了，但我们无法确知哪些微生物灭绝了，哪些微生物因适应环境而存活下来了。可想而知的是，那些适应极端环境的古生菌——能在极冷、极热、极压或其他非常极端环境中存活的微生物，应该能够在自然界中得以生存，无论周围的环境变得多么严酷。难怪人们在其他星球上寻找生命的迹象时，总会优先考虑这一类微生物。

就如同新物种的出现与微生物有关一样，在物种的消亡中微生物一定也起了作用。您也许还记得我们在第二章里提到的"大氧化事件"，即浮游生物蓝细菌在 23 亿年前制造氧气改变地球大气层成分的事件[7]。如果没有蓝细菌，没有这宝贵的气体，包括我们人类在内的好氧生物根本就不会在地球上出现。

微生物也会起到负面作用。最近麻省理工学院地质化学家丹·罗斯曼及同事的研究显示，古生菌类中的甲烷菌在 2.52 亿年前所谓的"大死亡"物种灭亡事件中起到了促进作用[8]。这里涉及另外一种气体：甲烷。这些科学家们认为，海洋中甲烷菌的兴盛导致大量甲烷气体被释放到空气中，而甲烷是比二氧化碳更能阻止热量散发的温室气体。就在大灭绝发生之前，在如今的西伯利亚地区出现了极大规模的火山爆发，喷发出大量二氧化碳气体。来自甲烷菌的甲烷和二氧化碳混合在一起，导致全球温度上升，海水酸性增加，因此产生了毁灭性的气候变化。实际上，五次物种大灭绝中的三次都与全球变暖有关。

很多生物学家都认为，我们现在正处于第六次物种大灭绝的过程中。在这次大灭绝中，全球变暖同样起到了推动作用。但是和其他五次不同的是，科学家相信导致这次大灭绝的原因是单一动物物种：人类。

第六次大灭绝

　　人类是什么？人类是造物主对猴子失望后制造的另一种讨厌的直立动物。

——马克·吐温

人类进化简史

我们人类和其他一些相近物种同属人科（注：以前也称猩猩科），包括大猩猩、黑猩猩、矮黑猩猩和红毛猩猩等。人科中的所有非人类物种统称为类人猿。大约在 600 万年前，人类和黑猩猩从一个共同祖先开始各自分化。遗传学研究显示，人属中的成员最早出现在 230 万年前，被命名为能人（*Homo Habilis*）。

古人类学家和考古学家陆续发现了早期原始人类的化石，这些原始人类属于南方古猿属（the genus *Australopithecus*），人属（*the genus Homo*）即从南方古猿属进化而来。其中最著名的早期人类祖先应该是阿法南猿（*Australopithecus afarensis*）中的一名雌性古猿，人们给她了一个可爱的名字"露西"。得州大学研究人员的最新研究表明，露西在 320 万年前从树上跌下死于摔伤 [9]。根据近来的非洲起源理论，现代智人最早于 30 万年前出现在非洲，不久就开始四处迁徙。或许是由于干旱或其他环境原因，人类在 10 万~5 万年前迁移出非洲大陆，并逐渐取代了其他原始人种：直立人（*Homo erectus*）、弗洛勒斯人（*Homo floresiensis*）、尼安德特人（*Homo neanderthalensis*）。尼安德特人生活在欧亚大陆。在中东和欧洲等地它们曾与智人共同居住在相同的洞穴中。遗传学研究发现，8.5 万~3.5 万年前尼安德特人和智人之间有过种间交配现象 [10]。

化石记录显示，在现代智人进化的道路上，至少有 15 万年的时间并不孤独，有各种其他原始人类同时存在。直到 5 万年前，还至少有 3 种原始人类和智人生活在一起，共享这个星球。那么我们的这些近亲后来怎么都消失了呢？

以色列希伯来大学的历史学家尤瓦尔·赫拉利在他的《智人》（*Sapiens*）一书中指出，其他人类物种的消失，可能与 7 万~3 万年前在智人中出现的新思维和新交流方式（他称之为认知革命）有关 [11]。他提出，在人属内的不同原始人种中，我们智人是唯一的获得了抽象思考和表述的能力的物种。

从达尔文进化论的观点来看，人类的想象力，以及通过讲故事对想象中的事物进行描述的能力，使我们具有了生存优势。可想而知，创造性思维可以有助于个体存活，并赋予智人相对其他原始人种的竞争优势。

　　但是，还有其他假说值得思考，包括从微生物的角度去看待这一问题。人类社会的发展从来没有离开过微生物，智人体内所携带的微生物有可能在淘汰其他原始人种的过程中起了重要的作用。最近，英国剑桥大学的一项研究支持了这一假说，居住在欧洲的尼安德特人可能感染了来自非洲的现代智人所携带的病菌[12]。

　　另一种可能性是，与其他原始人类相比，也许智人的免疫系统在抵御微生物入侵方面更加有效。也有可能是智人所携带的微生物组促进了物种的健康。

进化的全基因组理论

　　人体微生物组为人类在进化上带来优势这一假说，与进化生物学上新近兴起的全基因组理论不谋而合。要了解全基因组（hologenome）这个概念，我们先来复习一下第三章谈及的一些要点。

　　在那一章中我们谈到，人类微生物组是多个由共生微生物群落构成的生态系统，在人体器官的表面生活。它们被称为共生微生物，与人类生活在一起，彼此互相依赖。

　　以下是全基因组学的最核心概念：全功能体（holobiont，宿主生物个体和其携带的共生体，共生微生物）及其携带的全基因组（hologenome，来自宿主和共生微生物的所有基因）在自然选择中起作用。2016 年，以色列科学家尤金·罗森堡和伊莲娜·齐尔伯-罗森堡在 *mBio* 杂志上撰文写道："大量研究表明，共生体会对宿主的身体结构、生理、发育、先天性和适应性免疫、行为、遗传变异及起源进化产生作用。获取特定微生物并得到它们的基因，是向高级复杂方向进化的有力驱动因素[13]。如果以公式表达，就是个人自身的 DNA + 个人体内微生物的 DNA = 全基因组。因此，要对现代智人进行遗传学定义，不仅要包括人体细胞自身的基因组，还要包括所有共生微生物的基因组。人类和其共生体一直在共同进化。"

　　虽然目前对这一概念尚存争议，但它确实符合广义上微生物与人类密不可分的概念，或者说微生物与所有动植物生态系统密不可分。全功能体理论在进化生物学领域受到越来越多的关注[14]。包括我自己在内，大多数认同这种理论的人在考虑共生体的作用时，主要将注意力放在细菌共生体上。但我们可能需要考虑得更全面一些。2016 年，斯坦福大学的研究人员在 *eLife* 杂志上发表了一篇文章，提出病毒也在人类进化中起着重要的推动作用[15]。基因的主要功能是编码蛋白——所有细胞的构成成分。恩纳德和彼得罗夫的研究表明，自人类和黑猩猩在进化上分道扬镳之后，病毒遗传组件在人类祖先基因组中导致多达 30% 的蛋白质基因产生了适应性变异。

人类世大灭绝

根据地质学家的定义，如今我们生活的时代被称为全新世，仅开始于 11700 年前。但是，鉴于越来越多的证据显示，人类活动给地球带来巨大的负面影响，在 2019 年 5 月，人类世工作组（Anthropocene Working Group）向国际地层委员会（International Commission on Stratigraphy）提交了一份正式提案，建议进行前所未有的地质年代更名（好不难过！要知道地质世动辄数千万年，相比之下全新世似乎才刚刚开始）。工作组提出我们已经到了"人类世"（the Anthropocene）新纪元（人类世的英文词"Anthropocene"来自希腊语 anthro 和 cene，分别是"人类"和"新"的意思）。他们还提出，我们正处于第六次物种大灭绝之中，可称之为"人类世大灭绝"[16]。人类世工作组的研究人员在 2016 年 8 月提出，第二次世界大战后，人类在 20 世纪 40 年代后期至 50 年代的迅速发展，可看作为人类世的发端。他们的建议还有待国际地层委员会的认可，该委员会是负责地质时代命名的官方机构。目前科学界的共识支持这一地质世名称的改变。

然而，具体将何时定为人类世的正式开始日期，坊间争议颇多，莫衷一是。当数千年前我们的祖先开始刀耕火种，人类就开始了对地球的破坏性活动。随后的几千年间，人类遍布全球，其影响触及地球的每个角落[17]。

自从约 40 亿年前地球上出现生命以来，物种的出现和灭绝持续不绝。

然而现在，因为人类的活动，物种灭绝的速度被大大加快了。

科学家可以利用已经积累的数据计算出物种灭绝的正常频率，即"背景灭绝率"。例如，对现有的 5416 种哺乳动物来说，自然物种灭绝速度为约每 700 年消失一个物种。然而，在人类世时期，哺乳动物物种的消失速度加快了 16 倍。

鸟类的情形更惨，它们的灭绝速率是背景速率的 19 倍。两栖类的灭绝速度则令人咋舌地快到背景速率的 97 倍。实际上，目前地球上约 30% 的非微生物物种正面临着从地球上消失的威胁。

为什么两栖类动物最濒危呢？至少部分的原因与微生物有关。一种新出现的名为壶菌病的真菌感染，正在世界上 6100 种两栖动物中传播。这种感染由恶性的蛙壶菌（*Batrachochytrium dendrobatidis*，简称 Bd）引起，杀死了大量两栖类动物。该真菌最早于 20 世纪初出现在亚洲，然后迅速扩散到世界各地。现在，至少在 36 个国家已发现这种真菌感染。根据拯救青蛙（SaveTheFrogs.com）网站的信息，壶菌病可能是人类有记录以来，对生物多样性破坏最大的一种疾病[18]。

哺乳动物中蝙蝠的境况同样令人担忧。在 2200 种蝙蝠中，约有四分之一被列入濒危动物名单。与青蛙类似，这同样与微生物有关。会许您还记得我们在第九章中曾提到过另一种新真菌感染——令蝙蝠丧命的白鼻综合征（white-nose syndrome）。在美国，死于此疾病的蝙蝠数目已达到令人担忧的地步。

生物多样性和生态系统服务多国政府间科学-政策平台（The Inter-governmental Science-Policy Platform on Biodiversity and Ecosystem Services，IPBES）在 2019 年的联合国报告中指出，动植物物种的消失速度令人感到担忧[19]。报告还指出，因为人类的活动，有多达上百万种动植物面临灭绝，这给世界生态系统带来严峻的威胁。

动植物惊人的灭绝速度背后有着十分复杂的原因，其中一些原因我们还没有完全了解。但气候变化、栖息环境遭到破坏以及新病原的出现和传播等，显然正在为物种灭绝推波助澜。

气候变化和传染病

我们在本书中介绍了不少所谓的新发传染病，在世界范围内，从 20 世纪最后 20 年开始，新病原体或原有病原体扩大传播范围的情况越来越多，并呈加速发展的趋势。我们也提到这 140 种新发传染病中的多数都与人类的行为（特别是不良行为）有关。

人类活动导致全球变暖或其他环境改变，为某些新病原体出现带来有利条件。我们直到最近才开始了解全球变暖对地球微生物群体的影响。气温升高会促进微生物的生长，加速其遗传变异。2018 年的《自然气候变化》杂志刊登了德里克·麦克法登（Derrick MacFadden）和他同事的文章，指出气温升高会促进常见细菌病原体对抗生素产生耐药性[20]。

气候变化导致传染性疾病增加，这一理论最令人信服的证据就是那些水源性或虫媒传染病的传播。由于全球变暖和降雨量增加，传播疾病的昆虫栖息地也随之扩大。

气候变化对喜欢温暖环境的蚊子和蜱虫格外有利。蚊子传播登革热、基孔肯雅病、寨卡病毒、疟疾和西尼罗河病毒（通过鸟的帮助）。蜱虫传播莱姆病、边虫病和巴贝虫病等。

说到水源性传染病，每年霍乱令约 10 万人丧生。五倍于此数目的人会死于疟疾，因为温暖的气候和降雨量增加助长了疟疾的传播。在近期出版的新书《气候变化和世界健康：饥荒、瘟疫、人类的命运》（*Climate Change and the Health of Nations: Famines, Fevers, and the Fate of Populations*）中，安东尼·麦克迈克尔（Anthony MacMichael）和他的同事解释了气候变化在疟疾和其他灾难性的疾病流行中所起的作用，相当令人信服[21]。

在过去几年里还有过数次极大规模的有害藻类暴发（algal bloom，注：或称藻华），或在佛罗里达附近海域，或在伊利湖（美国五大湖之一），甚至在格陵兰岛冰层附近也有出现。科学家最近发现，海洋中藻类的繁殖量从 1997 年至今增加了 47%。藻类暴发不仅破坏景观，散发臭气，还严重影响人类健康，破坏水生态系统和干扰经济发展。

形成藻类暴发的种类是蓝绿藻。如前文所述，它们可以进行光合作用，就像最开始在地球上产生氧气的细菌一样。虽然藻类并不会直接感染人类，但很多藻类会产生令人致病的毒素。由于气候变化带来了藻类的蓬勃发展，可以预见未来会有更多和更大规模的藻类暴发。

解铃还须系铃人

许多气候学家警告说，两栖类动物的灭绝是对人类的预警，就好像"煤矿里的金丝雀"一样（注：煤矿工人过去带着金丝雀下井作为瓦斯预警）。严重危害所有动物（包括人类）和植物的微生物感染可能会在未来暴发，要知道地球上 37% 的物种已经处于濒危状态。

我们无论何时都应怀有希望，请记住前文提及的以色列教授尤瓦尔·赫拉利有关智人占据进化优势的假说：人类具有想象力和创造性思考的能力。虽然在很长时间后人类才意识到气候变化带来的威胁（我们这个物种中的某些成员仍不愿接受这一信息），大多数国家政府现在已经承认了这一问题的严重性。

基于联合国气候变化框架公约，2015 年 12 月，195 个联合国成员国的代表一起通过了历史性的《巴黎协定》，目的是减少温室气体排放，降低全球气温升高幅度，保证与工业化之前的气温相比升高不超过 2 摄氏度。次年 9 月，180 个国家签署了该协定，26 个国家递交了批准文书，其中包括中国和美国。尽管全球几乎所有国家都对这次不寻常的国际性合作表示肯定，但美国政府于 2017 年 5 月表示放弃履行该规定。实际上，到 2017 年年底，美国是世界上唯一不遵守《巴黎协定》的国家。

避免即将来临的人类世物种灭绝，我们还做出了其他积极的努力。如果我们能够减缓全球变暖的冲击，一个直接的益处就是帮助遏制新传染病的传播。最近成立的未来全球健康风险框架委员会（Commission on a Global Health Risk Framework for the Future），就是朝着这个方向迈出的积极一步。该委员会是具有独立性的管理危险微生物的国际多边化协作组织，它承认传染性疾病是人类面临的最大威胁之一，对生命、健康、社会的危害而言，只有战争和自然灾害可以与之相提并论。该委员会的目标是指导建立切实有效的全球架构来认识和减缓流行性传染病所带来的危害。

另一个积极的方面是，越来越多的科学带头人和组织开始推广"健康一体"（One Health）策略，以应对传染性疾病带来的挑战。在第五章中我们提过，健康一体的理念相当简单，即我们彼此息息相关。要对付世界性难题，我们需要联合起来，建立由医护人员、公共卫生专业人士、政治家、伦理学家、律师、经济学家、气候学家、地理学家、微生物学家、人类学家以及很多其他专业人士组成的专家网络。

将"健康一体"的理念更进一步扩展开来，新的名为"星球健康"（Planetary Health）的联合倡议吸引了越来越多的注意力。由《柳叶刀》杂志倡导，"星球健康"是对地球这位"病人"的护理、保健、健康状态的关心。

具有讽刺意味的是，减缓人类世物种大灭绝最有希望和创造性的方法就涉及微生物——那些对我们有益的亲密朋友，不仅包括我们体内微生物组中的有益成分，同时还包括有益地球环境的各种微生物。

如前所述，我们的微生物祖先好似地质工程师和生物化学家，有着数十亿年的环境科学和化学的经验。例如，有的细菌将塑料当作美味食物，有的则喜欢石油气体、放射污染物、尼龙、硫化物、纸张或其他污染物。每种污染物都有各自钟爱它们的细菌。有的微生物能制造氧气，有的则会吸收大量二氧化碳气体，帮助我们的星球降温。还有证据显示，在可持续能源开发中细菌也能发挥作用。2018年秋天，《纽约时报》（*New York Times*）曾发布整版由传统能源巨头埃克森美孚（Exxon Mobil）石油公司赞助的广告，盛赞藻类为未来能源发展中意想不到的盟友。

我们可不要忘了真菌。在 2018 年 1 月的《微生物学前沿》（*Frontiers in Microbiology*）杂志上，马里兰州贝塞斯达健康科学统一服务大学（Uniformed Services University of the Health Sciences）的病理系教授迈克尔·达利（Michael Daly）和他的同事，报道了一种具有非凡潜力的微生物真菌——台湾红酵母（*Rhodotorula taiwanensis*）[22]。这种不起眼的真菌可以帮助清除土壤和地下水中的大量核辐射废料。同时，丹麦的一家生物技术公司诺维信（Novozymes）通过开发新型酶类来应对气候变化。他们研究的酶来自平菇，能在较低的温度下用于清洁衣物，就像如今市场上的商用洗涤剂一样好用。这种酶可以节约大量能源，要知道在欧洲，洗衣机消耗着 6% 的民用能源。

在海洋，这地球上最广阔的环境中，也传来有关微生物的好消息。2015年，塔拉海洋科考船（Tara Ocean Expedition）宣布了一项跨学科研究计划，目的是定义海洋微生物组的成分和功能。这一研究项目十分符合时宜，因为生命自海洋诞生，38 亿年以来海洋一直在抚育和支持地球上的生命，同时海洋也吸收了 90% 的由温室气体保留的热量。尽管对海洋微生物组的物种进行分类并不意味着能解决气候变化问题，但这毕竟是向前迈出的重要的第一步。

最近出现了诸多科学突破，特别是在微生物组方面取得了不少进展，也许我们仍尚有一线希望来避免第六次生物大灭绝。如果真的不能避免，鸟儿也许还会照飞无误，就像它们在白垩纪–古近纪的那次灭绝中得以幸存一样。但是无论情况如何，微生物肯定会存活下来。

第二十一章
科学、无知、探索未知

科学不仅与灵性相容，而且是灵性的深邃来源。当我们在宇宙的广袤和时间的无垠中认识到自己的所在，当我们把握了生命的复杂、美丽、精巧并体会到那种轻盈高升的感觉，那种膨胀与谦卑并存的思绪，那就是灵性……坚持认为科学和灵性在某种程度上互相排斥，势必会对二者都产生不利的影响。

——卡尔·萨根

第二十章我们谈到，虽然还有人持有异议，但大多数人已接受气候变化是如今人类健康，乃至地球整体健康的最重要和最迫在眉睫的威胁。尽管人类活动是导致气候变化的根本原因，有害微生物也未袖手旁观，它们正尽其所能对人类和其他众多物种造成伤害。

我在完成本书之时，两本新书令我对人类打赢两场灾难之战增添了信心。这是两场前景灰暗的厄运之战：气候变化和流感大流行。在此我向读者热情推荐这两本书：汉斯·罗斯林的《真确：扭转十大直觉偏误，发现事情比您想的美好》（*Factfulness：Ten Reasons We're Wrong about the World—and Why Things Are Better Than You Think*）[1] 和斯蒂芬·平客的《当下的启蒙：为理性、科学、人文主义和进步辩护》（*Enlightenment Now: The Case for*

Reason, Science, Humanism, and Progress）[2]。罗斯林和平客在书中展示了令人信服的证据，表明在 20 世纪下半叶，科学技术的发展带来了令人瞩目的进步，虽然公众往往忽略这些进步，视其为理所当然，但几乎所有社会政治和公共卫生领域都得到了改善。

正如在第二十章所讲，我们有理由相信，气候变化并非完全不可遏止。希望依然存在，但我们必须依赖科学。科学是我们抗击新发传染性疾病、解决未知问题和迎接各种挑战的关键。

我们在本书介绍了一些科学家解决未知问题的过程，其中一些问题在当时貌似是科学所无法逾越的，但经过不懈的探索，科学家们找到了答案。那么，科学以及科学家们，到底需要具备哪些关键特征，才能成功应对气候变化的挑战，并攻克那些"致命敌人"所带来的巨大难题呢？

优秀的科学家主要具备两种自我驱动力：好奇心和想象力。大多数远离科学的人很难意识到，想象力从来就是科学的基石之一。正如爱因斯坦指出："我可以像艺术家一样自如挥洒我的想象力。想象力比知识更重要，因为知识是有限的，而想象力却可以包容整个世界。"

纵观历史，众多（或许是全部）有关微生物的非凡科学发现，都来自那些不为传统教条所束缚的科学家们。最初他们的想法往往被认为是天方夜谭，甚至遭到众人嘲笑。然而事实最终证明他们是对的，具有超越时代的先见之明。

微生物学的开拓者安东尼·冯·列文虎克便是这样一名科学家。他在 1683 年通过自制的显微镜发现了微生物的存在，形容它们为"非常微小的小动物，不停地动来动去"。然而他的发现却遭到高贵的伦敦英国皇家学会成员的极大质疑和嘲笑。直到人们有能力重复列文虎克的发现后，他才得到了承认（列文虎克自己完全不知道他将被尊为微生物学之父）。

从这则科学轶闻我们还能看出科学的其他两个主要特征。首先，任何假说都需要经过实验验证，其他研究者能够重复出相同的结果。其次，这也是往往被忽视的一个方面，即技术的重要性。如果列文虎克没有发明显微镜，他就无法通过观察验证自己的想法——或许要到很多年以后，微生物才会被发现吧。

卡尔·乌斯的工作是现代科学领域的一个类似的例子。距列文虎克的时代过去了近3个世纪，1977年古生菌的发现震动了整个生物界，人们之前对生命进化之树的这一分枝毫无所知。而乌斯作出这一发现也要归功于新技术——宏基因组学——从环境中采样直接进行基因组学分析。通过乌斯和同事的发现和工作，人们才意识到，我们的身体里和我们的星球上生活着天文数字的微生物种类，其中绝大多数是有益的或无害的。我们在第二十章中也谈到了，科学家利用微生物来拯救人类的设想就是受了这一发现的启发。

在我撰写本章时，令人充满希望的发明和科学突破如雨后春笋一般层出不穷，有的促进有益微生物发挥积极作用，有的遏制有害微生物使其不能逞凶。其中最激动人心的发明是一种新的基因组编辑技术 CRISPR–Cas9。CRISPR 英文读作"crisper"，是 Clustered Regularly Interspaced Short Palindromic Repeats 的简称，或称规律间隔成簇短回文重复序列，而 Cas 代表 CRISPR 相关蛋白。利用这一新技术，科学家可以对动物或植物细胞基因组中的一个或多个基因进行编辑和修改[3]。这项技术发明无疑会在未来获得诺贝尔奖。

CRISPR–Cas9 的工作原理照搬了细菌或古生菌防御其天敌噬菌体的机理。这就是说虽然人类发现了如何利用这一技术，但其真正的发明者却是微生物。这个例子也印证了上面所说不受教条约束的特点，十几年前，三项最早设想利用这一原理编辑基因组的研究，都曾被顶尖的科学杂志拒稿。

CRISPR–Cas9 具有巨大的潜力。通过基因组编辑技术，我们有可能针对许多疾病发展出新疗法，包括癌症、血友病、镰刀细胞贫血症这些有遗传因素起作用的疾病，以及更严重的遗传病，如肌营养不良和囊性纤维化等。然而 CRISPR–Cas9 技术还刚刚起步，关于其安全性和有效性还存在很多未知，在一定层面上还牵涉了伦理道德问题。

这样革命性的基因编辑技术，也赋予了人类前所未有的从整体上改变或清除野生害虫的能力，特别是第八章中提到的那些令人讨厌的蚊子。但是，在这种技术被广泛使用之前，还有很多伦理问题需要解决。

还有另外的好消息：2018 年 3 月，以色列魏茨曼研究所的科学家们在《科学》杂志上报道了一项重要突破。他们在细菌和古生菌中发现了一组过去未知的免疫机制，可能被用来帮助人类抵御病毒的侵害[5]。

人工智能（AI）的发展是现代社会的另一项非凡突破，很可能会为人类抗击致病微生物提供帮助，并协助人类发现更多有益的微生物。根据约翰·博汉农 2017 年 7 月发表在《科学》上的文章，生物科技公司 Zymogen 的机器人"可以连续数日进行微生物实验，寻找增加有用化学物质产量的方法"。而且人工智能绝不仅仅是一件工具那么简单。"在某些实验室中，机器人甚至可以设计和开展实验并解释实验结果"[6]。（这可是需要想象力的！）

上文中我着重强调了好奇心和想象力在推动科学进步中的作用，但是优秀的科学家还需要另外一种素质，怀疑。怀疑与想象处于天平的两端。尤其是当新的现象或是理论对传统观点提出挑战时，我们必须首先怀疑，而不是全盘接受。

但是，与此同时，过多的怀疑或将怀疑用错了地方也会阻碍科学进步。微生物理论奠基人路易·巴斯德的经历就是很好的例子。巴斯德在 1860 年代就提出，细菌是生物腐烂变质和产生发酵过程的根源。然而，那时的主流理论（也是传统观念）是自然发生论，即有机生命可由无生命物质自然产生。起初，自然发生论的信奉者对巴斯德的理论表示怀疑。尽管后来支持巴斯德理论的证据在不断增加，但许多同行还是坚持他们的怀疑，强烈否定巴斯德的想法和实际观察到的现象。结果就是，巴斯德不得不多花上

无处不在的微生物

数十年（不止数月或数年）的时间，寻找和提供无懈可击的科学证据，最终方才推翻了根深蒂固的自然发生论。

怀疑与否定是两回事。后者拒绝接受看起来奇怪或新颖的观点，甚至包括那些已有令人信服的证据支持的新观点。

合理的怀疑会使我们更加谨慎和仔细，而不是不屑一顾或自大傲慢。但是否定主义则不同，它抛出一些听起来合理的错误论点，但实际上根本就是虚假的理由，只会阻碍科学的进步。有时这种做法甚至会令人丧命。烟草行业极力否认吸烟与肺癌、心脏病及其他疾病之间存在联系，就是一个鲜活的例子。

当令人信服的证据对传统认识提出挑战，而坚持否定主义的人们仍固执于其错误认识，整个人类都会为之遭受损失，有时甚至会对整个星球造成伤害。

还有关于传统认识的另一种思考。如今，大多数气候学家都认为，地球正在经历灾难性的气候紊乱，全球出现大范围高强度的异常气候变化。他们的主张建立在复杂的气候建模分析之上，已经上升为被多数人认同的常识，即所谓的传统认识。包括我在内的众多科学家都认同这一合乎情理的认识。

当然，传统认识不是无误的真理，有时甚至会错到荒谬的地步，需要辩论和质疑来求证真伪。我当然希望气候学家这次的判断是错误的，但我们不能就这样押注未来人类、动物、植物的命运，单纯寄希望于他们是错的。

但是，我们至少可以肯定，微生物深刻地影响了地球上的生命进程。在过去的半个世纪里，我们看到严重传染病触目惊心地暴发，令人担心在未来微生物会引发更大的破坏。虽然我们无法确知下一次大暴发会是什么疾病，在什么时候，但正确的努力和方向是促进国际合作，为人类自己以及整个星球应对危机做好准备。

未知的领域

获得对自然世界新知识的满足感是驱使科学家忘我工作的原动力。科学研究需要承认无知，保持谦卑。著名医生和作家刘易斯·托马斯博士曾撰写过丰富的自然科学著作。他一针见血地指出："20 世纪科学发展的最伟大成就是发现了人类的无知。"

哥伦比亚大学的神经科学家斯图尔特·法尔斯坦（Stuart Firestein）在他的精彩著作《无知：它是如何推动科学进步的》（*Ignorance: How It Drives Science*）中呼应了托马斯的观点，并将其扩展开来[7]。法尔斯坦强调说："对无知的认识是科学论述的开始。当我们承认某些事物属于未知领域，无法对其作出合理解释时，也就意味着承认了这些事物值得进一步研究探索。"

在有关生命的故事里，最大的未知就是生命的起源。所有生命的共同祖先到底来自哪里？地球上某处或是地球之外？我们的科学有了巨大进步，积累了很多知识，但对这个问题我们仍毫无头绪。

伦敦大学的进化生物化学家尼克·莱恩在他的《至关重要的问题：能量，进化，以及复杂生命的起源》（*The Vital Question: Energy, Evolution, and the Origins of Complex Life*）一书中，总结了我们在这方面是何等的无知。他写道："从形态结构简单的细菌，到极其复杂的高级生命形式，中间是无法解释的真空地带。没有幸存的进化中间体，也没有可能会提供线索的'缺失环节'，来说明具有复杂性状的生命是如何以及为什么会产生的。这是一个进化上的黑洞。"[8] 我们在第二章提到过的神经科学家安东尼奥·达玛希奥，也对我们在这方面的无知做了类似的描述：

> 表面上，我们充满信心地谈论生物的性状和行为，以及它们的进化，我们推断宇宙约在 130 亿年前开始。然而，对宇宙的起源和存在意义，我们却无法给出一个令人满意的科学描述。简言

之，对于我们的存在，没有任何理论可以解释。这令人警醒，提醒我们一切都还在初步试探性阶段，没有任何把握。面对未知事物时，我们需要保持完全开放的头脑和思想[9]。

16、17世纪时，欧洲发生了科学革命。但在很多个世纪之前，两位中国哲人就已经意识到了人类认知的局限性。孔子说过："真正的知识是知道自己无知的程度。"（译者注：所指原句可能是"知之为知之，不知为不知，是知也。"《论语·为政》）。还有同样生活在公元前6世纪左右的老子曾教导说："有知识的人不胡乱推测。胡乱推测的人则缺乏知识。"（译者注：所指原句可能是"知者不言，言者不知。"《老子·道德经》）

有些科学家认为，人类对未来的不确定性最终是会被克服的。他们坚信若假以时日、经验、信息，人类有能力了解自然的一切。有的科学家却并不这么乐观。他们认为，未来的某些特性在本质上就是不可知的——这也被称为偶然性困境。

前面提到，科学上的无知的一个最重要的方面，就是无法准确预知未来。仅举一个例子，本书第二篇"致命敌人"介绍的各种新传染病，没有人能够预知它们的出现。虽然众多科学家仍然在废寝忘食地工作，但下一次流行病暴发的"种类、地点、时间"仍难以预测，有很大的不确定性，恐怕这就是法尔斯坦所指的"不可知的未知"吧（顺便说一句，这种无法准确预知未来的现象不限于科学研究，股票市场和多数重大的世界性事件都是如此）。

我们的无知并非只是表现在这些较大的方面，如无法预测下一次传染病的种类，是否或何时能将现有的传染病根除等。事实上，正如您已经读到的，在有关微生物的研究中，经常会出现一些新的未知领域。例如，在人类微生物组数目惊人的微生物种类中，具体哪些对健康有益，哪些又会引起疾病？在被某些病原体感染后，如西尼罗河病毒、登革热、寨卡，为什么只有少数人出现疾病症状？同样，为什么每一位艾滋病病毒感染者最终都会出现症状，如果不进行治疗就会死亡？至少在目前，对这些问题的直接答案都是：不知道。

同样如前文所述，对许多微生物的特性我们仍所知甚少。在很多情形下，我们完全不了解它们的存在和行为的生物学机理。

所幸的是，许多科学家渴望找到答案。这里我引用斯图尔特·法尔斯坦的话："真正的科学家需要笃信不确定性，在探索未知中找到乐趣，学习培养怀疑精神。"（还可以加上：唯一比来自未知的神秘感更令人着迷的就是解答未知后所带来的快感。）

在一些科学家努力探索生命起源之谜的同时，另外一些科学家则在担心人类的消亡（也包括各种其他生命形式的消亡）。有意思的是，这种担忧也激发了科学和宗教之间的对话。2015 年，罗马教皇方济各提出倡议，在理性和信仰之间构建联盟。在长达 98 页的通谕中，教皇呼吁遏制气候危机造成的破坏。2016 年《自然》杂志发表了一篇题为"宗教和科学可以进行真正的对话"的文章，作者凯瑟琳·普里查德报道了英格兰国教会教区开展的"带牧师去实验室"活动[10]。

我希望在牧师参观的实验室里会有微生物实验室。或许在那里，牧师和科学家的对话可以从谈及安东尼·冯·列文虎克开始，他是荷兰加尔文主义基督徒。列文虎克相信，他看到的微生物不过是上帝造物这一伟大奇迹的证据之一。

附　录　微生物研究大事记

发现年表

1674 年	安东尼·冯·列文虎克，微生物学之父；显微镜的发明人之一；第一次观察到单细胞生物（微生物）
1796 年	爱德华·詹纳，免疫接种之父；发明了天花疫苗
1847 年	伊格纳兹·塞麦尔维斯，卫生学之父；开创性地提出了实施消毒措施（洗手）预防产褥热
1854 年	约翰·斯诺，流行病学之父；发现伦敦霍乱暴发的源于百老大街（Broad Street）水泵取水处被污染的水源
1856—1863 年	格雷戈尔·约翰·孟德尔，遗传学之父，发现了遗传学基本定律
1857—1885 年	路易·巴斯德，巴氏杀菌和发酵之父，细菌致病理论和免疫接种的主要贡献者
1859 年	查尔斯·达尔文，出版了《论通过自然选择的物种起源》一书；进化理论之父
1876—1882 年	罗伯特·科赫，细菌学及细菌致病理论之父；发明了细菌培养法；发现炭疽病和结核的病因

1882—1909 年　埃黎耶·梅契尼可夫，细胞免疫学和益生菌学之父

1892—1898 年　弗德里克·特沃特和费利克斯·德赫雷尔，病毒学创始人

1928 年　　　亚历山大·弗莱明，发现青霉素

1935 年　　　亚瑟·坦斯利，生态学之父；将生态系统定义为生命体（植物、动物、微生物）组成的群落与周围环境中无生命成分（如空气、水、和土壤）相互作用的自然系统

1953 年　　　詹姆斯·沃森和弗里德里克·克里克，发现了 DNA 的双螺旋结构（蛋白质生产和遗传的蓝图）

1977—1991 年　卡尔·乌斯，宏基因组学奠基人（利用分子生物学技术直接对来自各种环境的样品进行遗传分析）和古生菌生命域的发现者

2016 年　　　威廉·马丁和同事，提出 LUCA（最原始的生物共同祖先）的概念

常见微生物和它们的特征（有益微生物，有害微生物，和对人类无益无害的微生物）

- 微生物–宿主关系：互利共生（有益——双方互利），寄生（有害——微生物受利但对宿主有害），偏利共生（中立——微生物受利，对宿主无益也无害），共生（两个或多个物种之间持久的生物相互作用），内共生（一种生物存在于另一物种体内的共生关系）。

- 超过 99% 的微生物是无法人工培养的（可以通过宏基因组技术对它们进行检测）。

- 细菌（最早的生命形式）于 38 亿年前开始出现在地球上。

- 古生菌和细菌（原核生物），所有生命的古老的共同生物祖先，衍生出了真核生物（原生生物、真菌、动物、植物）。

无处不在的微生物

- 病毒（主要是噬菌体），与细菌和古生菌一同出现，共同进化。数量高达 10^{31}。

- 层叠石（蓝细菌化石）发现于格陵兰岛，形成于 37 亿年前，是地球上最古老的生物化石。

- 我们的古老微生物祖先是生活和繁殖于极端恶劣环境（极热、极寒、极酸、高盐）中的极端微生物。

- 蓝细菌在 23 亿年前通过"大氧化事件"为地球大气层增添了氧气，导致好氧生物的出现。今天，我们呼吸的氧气有 50% 是海洋中微生物产生的，这些微生物也从大气层中清除大约相同比例的二氧化碳。

- 微生物出现后，在 20 亿年的时间里独享地球。现有的不同物种包括：原核生物和真核生物（估计约为 1000 万~5000 万种）、细菌（1000 万种，仅 1400 种为人类病原体）、古生菌物（总种数未知，人类病原体种数非常非常少）、真菌（150 万~500 万种，仅 300 种为人类病原体）和病毒（100 万~1 亿种，仅 128 种为人类病原体）。

- 在 2001 年，乔舒亚·莱德伯格将人类微生物组定义为：占据人体空间，与人体具有偏利共生，共生，或致病关系的微生物生态群落。

- 人类微生物组计划（于 2018 年启动，现仍在进行中）：包括肠道微生物组（细菌数目多达 3.9×10^{13}，与人体细胞的总数量相当，它们约为 1000 种细菌，100 多种真菌，数万亿种病毒，和种类不详的古生菌），皮肤微生物组（约 1000 种微生物，上万亿个细菌，以及数百种真菌），阴道微生物组（仅乳酸菌就有 80 种），口腔微生物组（超过 1000 种细菌）和肺部微生物组（细菌、古生菌、真菌及病毒，数目和种类都还未确定）。

- 微生态失调（肠道微生物群落组成失衡），与肥胖、2 型糖尿病、炎症性肠病（克罗恩病和溃疡性结肠炎）、肠易激症、心血管疾病、结肠癌、哮喘、过敏和自身免疫性疾病（多发性硬化和红斑狼疮等）相关。

- 臭名昭著的致命敌人：天花（天花病毒，死于天花的人数超过历史上所有死于战争的人数总和，该疾病于 1977 年被根除）；鼠疫（鼠疫耶尔森菌，历史上暴发过 28 次大流行，于 1346—1353 年暴发的黑死病抹掉了 30% ~ 60% 的欧洲人口）；结核（结核分枝杆菌，19 世纪的白色瘟疫令三分之一的欧洲人丧生，现在每年仍会夺去 150 万人的生命）；疟疾（恶性疟原虫，现在每年仍令 50 万人丧生，其中多数为儿童）；霍乱（霍乱弧菌，19—20 世纪出现过 7 次大流行，如今每年仍吞噬 10 多万人的生命）。

- 新发传染病：自 1967 年以来，新出现，重新出现，或在不同地域出现的传染病；估计涉及 140 ~ 168 种微生物，其中 60% 为人畜共患病，即疾病直接或间接传染自其他动物，昆虫可作为中间媒介。

本书中提及的新发传染病

根据书中第二部分出现的顺序列出。

- 人类免疫缺陷病毒（艾滋病病毒）：1983 年由吕克·蒙塔尼和弗朗索瓦丝·巴尔-西诺西发现；截至 2013 年，已有 3900 万人死于艾滋病。

- 埃博拉病毒：美国疾病和预防中心的科学家和彼得·皮奥特共同于 1976 年在扎伊尔和苏丹发现；2013—2015 年西非的埃博拉大流行夺走了 11000 人的性命。

- 登革热病毒：由 P. M. 阿什伯恩和查尔斯·F. 克雷格于 1907 年发现；每年世界上有 5000 万至 1 亿人感染登革热（其中 50 万例危及生命）。

- 基孔肯雅病毒：于 1952 年在坦噶尼喀/坦桑尼亚发现；2013 年蔓延至加勒比海地区和整个拉丁美洲，第一年就有超过 100 万人被感染。

- 寨卡病毒：1947 年在乌干达的寨卡森林中发现；病毒在 2015 年登陆巴西后，第一年便有 100 万人感染，现已快速地扩散至整个美洲和东南亚。

- 西尼罗病毒：1937 年在乌干达发现；1999 年扩散至纽约市，然后传播至美国本土全部 48 个州。

- 人类禽流感：A（H1N1），于 1918 年引发全球大流行，感染了 5 亿人，

5000 万~ 1 亿人丧生（在人类历史上死亡人数最多的自然灾难之一）；A（H5N1），首例患者出现于 1997 年，自 2003 年以来，有 700 多人感染此种病毒，其中多数患者丧生；A(H7N9)，2013 年中国报道了 139 个病例，截至 2017 年 6 月共计报道 735 例，超过三分之一患者丧生。

- 尼帕病毒：引起脑炎；于 1999 年在马来西亚发现；东南亚地区超过 500 人患病，致死率为 40% ~ 70%。

- 非典型肺炎（SARS）冠状病毒：引起严重急性呼吸综合征；2003 年先于亚洲暴发，世界范围内共报道了 8098 例病例，死亡率为 10%；2004 年以后没有新病例报道。

- 中东呼吸综合征（MERS）病毒：引起中东呼吸综合征；于 2012 年在沙特阿拉伯由阿里·穆哈默德·扎基发现；至 2016 年共报道 1644 位感染病例，来自 26 个不同的国家，其中 590 人死亡。

- 嗜肺军团菌：引起军团病；1976 年首先出现在美国费城；美国现每年有 8000 ~ 18800 人感染此病。

- 伯氏疏螺旋体：引起莱姆病；1981 年由威利·伯格多费发现；在美国每年有超过 2000 名莱姆病患者。

- 边虫病：1980 年 J.S. 戴姆勒和约翰·巴肯首次发现人类患者；美国每年有超过 2000 例患者。

- 巴贝斯虫病：1957 年首次发现人类患者；1969 年从美国东海岸北部开始流行并蔓延至中西部（2013 年向美国疾病控制与预防中心报告了 1762 例病例）。

- 大肠杆菌 0157:H7：引起出血性腹泻，首次出现于 1982 年；美国每年有超过 95000 位感染者。

- 疯牛病（牛海绵状脑病）：于 1986 年首次出现在英国；1996 年出现首例人类患者——变种克罗伊茨费尔特–雅各布病（克雅氏病）；至 2014 年有 229 人被感染，100% 致命。

- 艰难梭状状芽孢杆菌结肠炎：于 1978 年由约翰·巴特利特等人首次在人体中发现；在美国每年有 45 万病例，其中 2.93 万人丧命；至 2013 年，粪便微生物移植被证明是一种有效的治疗方法。

- 小隐孢子虫：引起隐孢子虫病；1976 年出现第一位人类患者；在美国每年引起 74.8 万例胃肠炎。

- 诺如病毒：于 1972 年由阿尔伯特·卡皮基安发现；在美国每年引起 1900 万~ 2100 万例急性胃肠炎。

- 耐甲氧西林金黄色葡萄球菌（MRSA）：1968 年在美国医院中出现；1997 年在美国社区中出现；2005 年有超过 27.8 万患者因感染此病菌而入院治疗。

- 耐碳青霉烯类抗菌药物的肠杆菌科细菌（CRE）：于 2001 年出现，因对绝大多数抗生素存在耐药性，而被称作"噩梦细菌"。

- 抗多粘菌素大肠杆菌：于 2015 年出现，携带能传递给其他革兰氏阴性菌的基因，有可能导致无药可治的细菌感染。

参考文献

前言

1. 孩子们的热情让我为自己的报告倍感骄傲。晚上女儿回家后却只字未提报告的事，这未免让我有些吃惊。我向她提起报告时班上同学提出的各种问题，她则回答说："报告好棒，爸爸！你让我们下一堂课少上了半个小时。"

2. Joshua Lederberg, Robert E. Shope, and Stanley C. Oaks Jr., eds., Emerging Infections: Microbial Threats to Health in the United States (Washington, DC: National Academies Press, 1992).

第一章 生命进化之树

1. Roland R. Griffiths et al., "Psilocybin Produces Substantial and Sustained Decreases in Depression and Anxiety in Patients with Life-Threatening Cancer: A Randomized Double-Blind Trial," Journal of Psychopharmacology 30, no. 12 (December 2016): 1181–97.

2. David Quammen, The Tangled Tree: A Radical New History of Life (New York: Simon & Schuster, 2018).

3. Every spoonful of seawater harbors millions of viruses. Recent studies suggest that the world's oceans contain nearly two hundred thousand virus species, with an unexpected pocket of viral diversity in the Arctic Ocean. Ann C. Gregory et al., "Marine DNA Viral Macro-and

Microdiversity from Pole to Pole," Cell 177（May 16，2019）：1–15.

4. Arshan Nasir and Gustavo Caetano-Anolles, "A Phylogenomic Data-Driven Exploration of Viral Origins and Evolution," Science Advances 1, no. 8（September 25，2015）.

5. Frederik Schulz et al., "Giant Viruses with an Expanded Complement of Translation System Components," Science 356, no. 6333（April 7，2017）：82–85.

第二章 微生物的世界

1. 您或许还记得 2001 年 9 月发生的炭疽杆菌袭击事件。当年"9·11"纽约世贸中心遭袭击一周后，两位国会议员和数家媒体都收到了邮寄的高度致命的炭疽杆菌孢子。最终有 5 人因此丧命，还有 17 人被感染。2008 年，在美国政府设于马里兰州德里克堡的生物防御实验室工作的一名科研人员被锁定为嫌犯，后自杀身亡。这次恐怖事件引发了政府在科研界的巨大投入，旨在预防炭疽杆菌和其他类似微生物的恐怖袭击。那时，和很多其他传染病医生一样，我不得不学习和了解炭疽病的临床特征，因为这种病已在发达国家消失多年了。

2. Yinon M. Bar-On, Rob Phillips, and Ron Milo, "The Biomass Distribution on Earth," Proceedings of the National Academy of Sciences of the USA 115, no. 25（June 19，2018）：6506–11.

3. Deep Carbon Observatory, "Life in Deep Earth Totals 15 to 23 Billion Tons of Carbon—Hundreds of Times More Than Humans," ScienceDaily, December 10, 2018, https://www.sciencedaily.com/releases/2018/12/ 181210101909.htm.

4. Edward O. Wilson, Genesis: The Deep Origin of Societies（New York: Liveright, 2019）.

5. Antonio Damasio, The Strange Order of Things: Life, Feeling, and the Making of Cultures（New York: Pantheon Books, 2018）.

6. 进一步了解关于自然选择如何影响集体性观点或社会行为，请参阅 Nicholas A. Christakis, Blueprint: The Evolutionary Origins of a Good Society（New York: Little, Brown

Spark，2019）.

第三章　人类微生物组

1. David Quammen，The Tangled Tree：A Radical New History of Life（New York：Simon & Schuster，2018）. 这本书重点讲述了伊利诺伊大学（University of Illinois）微生物学家卡尔·乌斯的研究和生活。乌斯在 1977 年发现了古生菌域。他和同事将宏基因组学技术应用于微生物检测，为整个微生物学领域带来了革新。

2. Susan L. Prescott，"History of Medicine：Origin of the Term Microbiome and Why It Matters，" Human Microbiome Journal 4（June 2017）：24–25. 业界几乎公认约书亚·莱德伯格于 2001 创造了微生物组 Microbiome 这个名词。但这个词实际上至少可以往回追溯到 1988 年。

3. Michael Specter，"Germs Are Us，" New Yorker，October 15，2012.

4. Martin J. Blaser，Missing Microbes：How the Overuse of Antibiotics Is Fueling Our Modern Plagues（New York：Henry Holt，2014）. 马丁·布拉瑟是位内科医生和传染病专家，也可以说是人类微生物组研究领域最重要的带头科学家。他的很多开创性工作都是在纽约大学朗格尼医学中心（New York University Langone Medical Center）完成的，他在那里担任人类微生物组项目主任。

5. Cassandra Willyard，"Could Baby's First Bacteria Take Root Before Birth?，" Nature 553（January 17，2018）：264–66. 传统观念认为子宫为无菌环境，胎儿在出生过程中从阴道（或在剖宫产时通过皮肤）最先接触微生物。但是，这篇富有争议的文章指出胎儿在出生前就已经通过胎盘接触到了一些有益或无害的微生物。

6. Simon Lax et al.，"Longitudinal Analysis of Microbial Interaction between Humans and the Indoor Environment，" Science 345，no. 6200（August 29，2014）：1048–52.

7. Jack A. Gilbert et al.，"Current Understanding of the Human Micro–biome，" Nature Medicine 24（April 10，2018）：392–400.

8. Lisa Maier et al.，"Extensive Impact of Non–antibiotic Drugs on Human Gut Bacteria，"

Nature 555（March 29，2018）：623–28.

9. Matt Richtel，An Elegant Defense：The Extraordinary New Science of the Immune System（New York：Morrow，2019）。虽然卫生理论已经被广为接受长达数十年，但现在不像过去那样认为应该近乎虔诚地保持洁净度了，而且这样的观念越来越普及了。这或许是公众对人类微生物组研究有所了解的结果。但是，有些医生建议无需为儿童吃脏东西或把鼻屎放在嘴里而担心，这至少在目前来看还缺乏科学依据。

10. Michelle M. Stein et al.，"Innate Immunity and Asthma Risk in Amish and Hutterite Farm Children，" New England Journal of Medicine 375（August 4，2016）：411–21.

11. Hein M. Tun et al.，"Exposure to Household Furry Pets Influences the Gut Microbiota of Infants at 3–4 Months Following Various Birth Scenarios，" Micro– biome 5（April 6，2017）：40.

12. Bas E. Dutilh et al.，"A Highly Abundant Bacteriophage Discovered in the Unknown Sequences of Human Faecal Metagenomes，" Nature Communications 5，no. 4498（July 24，2014）.

13. Robynne Chutkan，The Microbiome Solution：A Radical New Way to Heal Your Body from the Inside Out（New York：Avery，2015）.

14. Fanil Kong et al.，"A New Study of Chinese Long–Lived Individuals Identifies Gut Microbial Signatures of Healthy Aging，" Current Biology 26，no. 18（September 26，2016）：R832–R833.

15. Vanessa K. Ridaura et al.，"Gut Microbiota from Twins Discordant for Obesity Modulate Metabolism in Mice，" Science 341，no. 6150（September 6，2013）.

16. R. Liu et al.，"Gut Microbiome and Serum Metabolome Alterations in Obesity and after Weight–Loss Intervention，" Nature Medicine 23，no. 7（June 19，2017）：859–68.

17. Bertrand Routy et al.，"Gut Microbiome Influences Efficacy of PD–1–based Immuno– therapy against Epithelial Tumors，" Science 359，no. 6371（January 5，2018）：91–97.

18. Emma Barnard et al.，"The Balance of Metageomic Elements Shapes the Skin Microbiome in Acne and Health，" Scientific Reports 6，no. 39491（December 21，2016），DOI：10.1038/srep39491.

19. Chris Callewaert, Jo Lambert, and Tom Van de Wiele, "Towards a Bacterial Treatment for Armpit Malodour," Experimental Dermatology 26, no. 5 (May 2017): 388–91.

20. Yang He et al., "Gut–Lung Axis: The Microbial Contributions and Clinical Implications," Critical Reviews in Microbiology 43, no. 1 (October 26, 2016): 81–95.

21. Timothy R. Sampson et al., "Gut Microbiota Regulate Motor Deficits and Neuroinflammation in a Model of Parkinson's Disease," Cell 167, no. 6 (December 1, 2016): 1469–80.

22. Emeran Mayer, The Mind–Gut Connection: How Hidden Conversation within Our Bodies Impacts Our Mood, Our Choices, and Our Health (New York: HarperCollins, 2016).

23. I. A. Marin et al., "Microbiota Alteration Is Associated with the Development of Stress–Induced Despair Behavior," Scientific Reports 7, no. 43859 (March 7, 2017).

24. Elizabeth Pennisi, "Gut Bacteria Linked to Mental Well–Being and Depression," Science 363, no. 6427 (February 8, 2019): 569.

25. Susan L. Lynch and Oluf Pedersen. "The Human Intestinal Microbiome in Health and Disease," New England Journal of Medicine 375 (December 15, 2016): 2369–79.

26. Rodney Dietert, The Human Superorganism: How the Microbiome Is Revolutionizing the Pursuit of a Healthy Life (New York: Dutton, 2016).

27. Rob Dunn, The Wild Life of Our Bodies: Predators, Parasites, and Partners That Shape Who We Are Today (New York: HarperCollins, 2014).

第四章　机体防御系统

1. Jan C. Rieckmann et al., "Social Network Architecture of Human Immune Cells Unveiled by Quantitative Proteomics," Nature Immunology 18, no. 5 (May 1, 2017): 583–93.

2. Ian F. Miller and C. Jessica E. Metcalf, "Evolving Resistance to Pathogens," Science 363, no. 6433 (March 22, 2019): 1277–78.

3. Leore T. Geller et al., "Potential Role of Intratumor Bacteria in Mediating Tumor Resistance to the Chemotherapeutic Drug Gemcitabine," Science 357, no. 6356 (September 15, 2017):

1156–60.

第五章 命运共同体

1. Delphine Destoumieux-Garzon et al., "The One Health Concept: 10 Years Old and a Long Road Ahead," Frontiers in Veterinary Science 5, no. 14 (February 12, 2018), DOI: 10.33891/fvets2018.00014.

2. Jop de Vrieze, "This Project Brings Desert Soil to Life," OperationCO2.com, June 30, 2015. http://operationco2.com/life-news/this-project-brings- desert-soil-to-life-418.html.

3. Emily Monosson, Natural Defense: Enlisting Bugs and Germs to Protect Our Food and Health (Washington, DC: Island Press, 2017).

4. Kasie Raymann, Zack Shaffer, and Nancy A. Moran, "Antibiotic Exposure Perturbs the Gut Microbiota and Elevates Mortality in Honeybees," PLOS Biology 15, no. 3 (March 14, 2017), DOI: 10.13711/journal.pbio.2001861.

5. Habib Yaribeygi et al., "The Impact of Stress on Body Function: A Review," EXCLI Journal 16 (July 21, 2017): 1057–72, DOI: 10.17179/excli2017- 480.

第六章 瘟疫的祸首

1. Joshua Lederberg, Robert E. Shope, and Stanley C. Oaks Jr., eds., Emerging Infections: Microbial Threats to Health in the United States (Washington, DC: National Academies Press, 1992).

2. Arthur W. Boylston, "The Myth of the Milkmaid," New England Journal of Medicine, no. 378 (February 1, 2018): 414–15.

3. Livia Schrick et al., "An Early American Smallpox Vaccine Based on Horsepox," New England Journal of Medicine 377 (October 12, 2017): 1491–92.

4. 1970 年代初我在圣塔菲市（Santa Fe）的美洲印第安人医院任首席医疗官，我和其他医生都时刻留心鼠疫的出现。我清楚记得关于一位来自附近圣费利佩镇的年轻男病人的报告，我也在那个镇上的诊所工作。他因发烧和淋巴结肿大住进了在阿尔伯克基市的一家医院。当时他已生命垂危，但由于两天后仍未能诊断病因和提出治疗方案，病人家属便把他运回了圣费利佩。当他的血样结果显示鼠疫耶尔森氏菌阳性时，一位负责公共卫生的护士立刻带着抗生素赶往圣费利佩，但没找到这位病人。后来得知他在当地接受了"药师"的治疗。两周后当他再次出现在阿尔伯克基的同一家医院时，居然已经完全康复，不需要抗生素治疗了。至于那位"药师"到底是如何诊治的却始终无人知晓。

5. Michael J. A. Reid et al., "Building a Tuberculosis-Free World: The Lancet Commission on Tuberculosis," Lancet 393（March 30, 2019）: 1331-84.

6. Martin J. Blaser, "The Theory of Disappearing Microbiota and the Epidemics of Chronic Diseases," Nature Reviews Immunology 17（July 27, 2017）: 461-63.

第七章 杀手病毒

1. 艾滋病出现以后过了近40年，直到2019年才有第二位患者被治愈，这充分显示了艾滋病病毒的狡猾难以对付。两位被治愈的病人都是通过具有抗艾滋病病毒的 CD4 淋巴细胞骨髓移植实现的。Jon Cohen, "Has a Second Person with HIV Been Cured?," Science 363, no. 6431（March 8, 2019）: 1021.

2. Susan Jaffe, "USA Sets Goal to End the HIV Epidemic in a Decade," Lancet 393（February 16, 2019）: 625-26.

3. Jon Cohen, "AIDS Pioneer Finally Brings AIDS Vaccine to Clinic," Science/Health, October 8, 2015, https://www.sciencemag.org/news/2015/10/aids-pioneer-finally-brings-aids-vaccine-clinic.

4. 值得称赞的是，默克制药（Merck）最先研制出埃博拉疫苗，并向社会免费提供。该疫苗是在水泡性口炎病毒（vesicular stomatitis virus）中添入了一个编码埃博拉病毒表面蛋白的基因制成的。Jon Cohen, "Ebola Outbreak Continues Despite Powerful Vaccine," Science 364, no. 6437（April 19, 2019）: 223.

5. Vinh-Kim Nguyen, "An Epidemic of Suspicion—Ebola and Violence in the DRC," New

England Journal of Medicine 380, no. 14 (April 4, 2019): 1298–99.

第八章 蚊子传播的传染病

1. 最近来自洛克菲勒大学的研究发现，蚊子触角中存在着被命名为"IR8a"的乳酸受体。这一发现意味着蚊子也会被乳酸气味吸引。Joshua I. Raji et al., "Aedes aegypti Mosquitoes Detect Acidic Volatiles Found in Human Odor Using the IR8a Pathway," Current Biology 29, no. 8 (April 22, 2019): 1253–62. 这些研究可能会促进驱蚊剂的改良。

2. 登革热病毒的特殊之处在于，第一次感染极少会致命，但第二次由不同种类的登革热病毒感染却会导致非常严重的疾病症状。登革热疫苗"Dengvaxia"增强对所有 4 种登革热病毒的免疫力。所以，在接种这种疫苗后，接种者实际相当于患了第一次感染，以后再次感染时就可能很严重，甚至到致命的程度。如今，在接受登革热疫苗之前，都要确认接种者有过感染史。令人难过的是，登革热疫苗在菲律宾于 2017 年被叫停，当地一位知名的儿科医生和研究者还因倡导接种该疫苗而被判有罪。Fatima Arkin, "Dengue Researcher Faces Charges in Vaccine Fiasco," Science 364, no. 6438 (April 26, 2019): 320.

3. Emil C. Reisinger et al., "Immunogenicity, Safety, and Tolerability of the Measles–Vectored Chikungunya Virus Vaccine MV–CHIK: A Double–Blind, Randomised, Placebo–Controlled and Active–Controlled Phase 2 Trial," Lancet 392 (December 22/29, 2018): 2718–27.

4. 格林–巴利综合症（Guillain–Barré syndrome, GBS）是一种神经系统疾病，由于免疫系统攻击神经导致进行性的，甚至可能会危及生命的虚弱或瘫痪。到 2016 年 9 月，已有十二个国家报告因寨卡病毒引起 GBS 病例数的增加。

第九章 飞来的微生物

1. 在我临床研究的职业生涯中，我研究过传染性病原体对免疫系统受损患者的影响，比如那些接受器官移植后服用免疫抑制剂防止免疫排斥反应的病人。在 1977 年我刚进入这一领域时，病人中没有西尼罗河病毒感染这回事。但是到本世纪初，该病毒已成为引起器官移植病人脑部感染的最常见病原体。我咨询过的多数西尼罗河脑炎患者都是 70 岁以上的老年人，但有过器官移植史的病人年纪会更轻一些。

2. David C. E. Philpott et al., "Acute and Delayed Deaths after West Nile Virus Infection, Texas, USA, 2002–2012," Emerging Infectious Diseases 25, no. 2（February 2019）: 256–64.

3. Galia Rahav et al., "Primary versus Nonprimary West Nile Virus Infection: A Cohort Study," Journal of Infectious Diseases 213, no. 5（March 1, 2016）: 755–61.

4. Wenqing Zhang and Robert G. Webster, "Can We Beat Influenza?," Science 357, no. 6347（July 14, 2017）: 111.

5. 蝙蝠自然也会生病。它们会患狂犬病等疾病，还会染上蝙蝠独有的白鼻综合征，这也是一种新发感染，但不会传染给人类。它是由真菌感染引起的高度致死疾病，致病真菌的名字也很吓人，称为毁灭假裸囊菌（*Pseudogymnoascus destructans*）。白鼻综合征因为被感染蝙蝠的面部出现特征性的白色菌斑而得名，最初于 2007 年在美国东海岸纽约州的蝙蝠中被发现，然后一路向西扩散。到了 2016 年，该疾病已经开始出现在西海岸的华盛顿州，共导致约 600 万只蝙蝠死亡。在 2019 年初，明尼苏达州的很多蝙蝠种类都已处于濒临灭亡的边缘。

第十章　不能呼吸的空气

1. Yaseen M. Arabi et al., "Middle East Respiratory Syndrome," New England Journal of Medicine 376（February 9, 2017）: 584–94.

2. Nick Phin et al. "Epidemiology and Clinical Management of Legionnaires' Disease," Lancet 14, no. 10（June 23, 2014）: 1011–21.

第十一章　来自林中的疾病

1. 虽然在各种蜱类中，肩突硬蜱是最常见的致病种类，但还有很多其他蜱虫同样携带病原体，它们的叮咬传播的疾病也会令人苦不堪言。最近传播至美国的亚洲长角血蜱（*Haemaphysalis longicornis*）就很令人担忧。该蜱种于 2017 年被发现登陆美洲，目前在美

国已扩散至至少 9 个州。至于它们是如何来到美国的却仍是未知。因为长角血蜱可以传播
在美国常见的多种病原体，美国疾病控制与预防中心对其严密关注。（在 2019 年，疾控中
心开始对不同蜱类种群所携带的病原体进行监控。）另一种在美国新出现的蜱种为土氏钝
缘蜱（ *Ornithodoros turicata* ）。它所携带的致病螺旋体（ *B. turicatae* ）是近期得克萨斯州奥
斯丁出现的回归热流行的元凶。 Jack D. Bissett et al.， "Detection of Tickborne Relapsing Fever
Spirochete， Austin， Texas， USA，" Emerging Infectious Diseases 24， no. 11（2018）：2003–9.

2. 莱姆病治疗后综合征并不罕见。目前还不清楚莱姆病患者在接受抗生素治疗后
未能完全康复的比例，据估计 2020 年会有约 200 万这样的患者。Allison DeLong， Mayla
Hsu， and Harriet Kotsoris， "Estimation of Cumulative Number of Post–Treatment Lyme Disease
2020，" BMC Public Health 19（April 24， 2019）：352.

3. 近年来，仍然有待深入了解的所谓慢性莱姆病引起了广泛关注和争议。患者具有
明显的疾病症状，但伯氏疏螺旋体检测却为阴性，或症状不足以确诊为典型莱姆病。这
个问题的部分原因在于，实验室检测并不一定能够帮助确诊莱姆病。总体来说，传染
病医生不主张对这样的慢性疾病实施治疗，因为治疗方法不仅不起作用有时还会带来
伤害。实际上，对慢性莱姆病长期服用抗生素的随机临床试验显示，和短期抗生素治疗
相比，长期服用抗生素并不能改善患者的健康程度及生活质量。Anneleen Berende et al.，
"Randomized Trial of Longer–Term Therapy for Symptoms Attributed to Lyme Disease，" New
England Journal of Medicine 274（March 31， 2016）：1209–20. 但是，反驳的理由也令人难
以轻易释怀：耸耸肩表示无能为力，不采取任何行动真的好吗？病人确实受疾病所苦，
为什么不尝试治疗呢？但是，由于抗生素存在危险性，大多数医生（包括我在内）仍主
张不要采用长期抗生素治疗。

4. J. Stephen Dumler et al.， "Human Granulocytic Anaplasmosis and Ana– plasma
phagocytophilum，" Emerging Infectious Diseases 11， no. 12（December 2005）：1828–34.

5. Edouard Vannier and Peter J. Krause， "Human Babesiosis，" New England Journal of
Medicine 366（June 21， 2012）：2397–2407.

第十二章　牛肉不只是美味

1. Joan Stephenson, "Nobel Prize to Stanley Prusiner for Prion Discovery," Journal of the American Medical Association 278, no. 18（November 12, 1997）: 1479.

2. Richard T. Johnson, "Prion Diseases," Lancet Neurology 4, no. 10（October 1, 2005）: 635–42.

3. Ross M. S. Lowe et al., "Escherichia coli O157: H7 Strain Origin, Line-age, and Shiga Toxin 2 Expression Affect Colonization of Cattle," Applied and Environmental Microbiology 75, no. 15（August 2009）: 5074–81.

4. April K. Bogard et al., "Ground Beef Handling and Cooking Practices in Restaurants in Eight States," Journal of Food Protection 76, no. 12（2013）: 2132–40.

第十三章　肠道问题

1. Herbert L. DuPont, "Acute Infectious Diarrhea in Immunocompetent Adults," New England Journal of Medicine 370（April 17, 2014）: 1532–40.

2. 艰难梭菌的拉丁属名在 2016 年由 Clostridium 改为 Clostridioides，因为艰难梭菌在遗传上与 Clostridioides 属的其他菌种更接近。在临床上，这种改动不带来任何影响，名称仍简写为 C. diff（译者注：中文名仍简称为艰难梭菌）。

3. 在一项针对秘鲁儿童进行的隐孢子虫病研究中，63% 的感染儿童不表现任何症状。在美国，有 30% 的被感染儿童和成人携带隐孢子虫抗体，但没有明显症状。

4. Elizabeth Robilotti, Stan Deresinski, and Benjamin A. Pinsky, "Norovirus," Clinical Microbiology Reviews 28, no. 1（January 2015）: 134–64.

5. Jae Hyun Shin et al., "Innate Immune Response and Outcome of Clostridium difficile Infection Are Dependent on Fecal Bacterial Composition in the Aged Host," Journal of Infectious Diseases 217, no. 2（January 15, 2018）: 188–97.

6. Robert A. Britton and Vincent B. Young, "Interaction between the Intestinal Microbiota and Host in Clostridium difficile Colonization Resistance," Trends in Microbiology 20, no. 7（July

2012）：313–19.

第十四章　皮肤深处的麻烦

1. Andie S. Lee et al., "Methicillin-Resistant Staphylococcus aureus," Nature Reviews Disease Primers 4（May 31，2018）：article 18033.

2. Carl Andreas Grontvedt et al., "Methicillin-Resistant Staphylococcus aureus CC398 in Humans and Pigs in Norway：A 'One Health' Perspective on Introduction and Transmission," Clinical Infectious Diseases 63，no. 11（December 1，2016）：1431–38.

3. Bob C. Y. Chan and Paul Maurice, "Staphylococcal Toxic Shock Syndrome," New England Journal of Medicine 369（August 29，2013）：852.

4. A. P. Kourtis et al., "Vital Signs：Epidemiology and Recent Trends in Methicillin-Resistant and in Methicillin-Susceptible Staphlococcus aureaus Bloodstream Infections—United States," MMWR Morbidity and Mortality Weekly Report 68，no. 9（March 8，2019）：214–19.

第十五章　滥用抗生素的危害

1. World Health Organization, "High Levels of Antibiotic Resistance Found Worldwide, New Data Show," news release，January 29，2018.

2. Ruobing Wang et al., "The Global Distribution and Spread of the Mobilized Colistin Resistance Gene mcr-1," Nature Communications 9（March 21，2018）：article 1179.

3. Bradley M. Hover et al., "Culture-Independent Discovery of the Malacidins as Calcium-Dependent Antibiotics with Activity against Multidrug-Resistant Gram-Positive Pathogens," Nature Microbiology 3（February 12，2018）：415–22.

4. Joseph Nesme et al., "Large-Scale Metagenomic-Based Study of Antibiotic Resistance in the Environment," Current Biology 24（May 19，2014）：1096–1100.

5. D. J. Livorsi et al., "A Systematic Review of the Epidemiology of Carbapenem-Resistant

Enterobacteriaceae in the United States," Antimicrobial Resistance & Infection Control 7, no. 55（April 24, 2018）.

6. M. P. Freire et al., "Bloodstream Infection Caused by Extensively Drug-Resistant Acinetobacer baumannii in Cancer Patients: High Mortality Associated with Delayed Treatment Rather Than with the Degree of Neutropenia," Clinical Microbiology and Infection 22, no. 4（April 2016）: 352–58.

7. 您或许会好奇相隔 15000 千米的科学家们为什么都在仔细检查海鸥的屁股呢？答案是对抗生素有耐药性的细菌无处不在。在地球上，几乎任何地方，任何物体（包括屁股）都遍布微生物，这些微生物都有可能产生耐药性，或将抗药性传播开来。研究耐药微生物在世界各地的传播规律是非常重要的。

8. Lancet Commission, "Building a Tuberculosis-Free World: The Lancet Commission on Tuberculosis," Lancet 393, no. 10178（March 20, 2019）: 1331–84.

9. David W. Eyre et al., "A Candida auris Outbreak and Its Control in an Intensive Care Setting," New England Journal of Medicine 379（October 4, 2018）: 1322–31.

10. Jeremy D. Keenan et al., "Azithromycin to Reduce Childhood Mortality in Sub-Saharan Africa," New England Journal of Medicine 378（April 26, 2018）: 1583–92.

第十六章　有关粪便移植的真相

1. Els van Nood et al., "Duodenal Infusion of Donor Feces for Recurrent Clostridium difficile," New England Journal of Medicine 368（January 13, 2013）: 407–15.

2. Sahil Khanna et al., "A Novel Microbiome Therapeutic Increases Gut Microbial Diversity and Prevents Recurrent Clostridium difficile Infection," Journal of Infectious Diseases 214, no. 2（July 15, 2016）: 173–81.

3. Stuart Johnson and Dale N. Gerding, "Fecal Fixation: Fecal Microbiota Transplantation for Clostridium difficile Infection," Clinical Infectious Diseases 64, no. 3（February 1, 2017）: 272–74.

4. Ed Yong, "Sham Poo Washes Out," Atlantic, August 1, 2016.

5. Dae-Wook Kang et al., "Long-Term Benefit of Microbiota Transfer Therapy in Autism Symptoms and Gut Microbiota," Scientific Reports 9 (April 9, 2010): article 5821, DOI: 10.1038/s41598-019-42183-0.

6. Jocelyn Kaiser, "Fecal Transplants Could Help Patients on Cancer Immunotherapy Drugs," Science/Health, April 5, 2019, DOI: 10.1126/science.aax5960. 明尼苏达大学癌症中心的妇产科学和女性健康系助理教授蒂莫西·斯达（Timothy Starr）和胃肠科专家亚历山大·科鲁茨（Alexander Khoruts）一起，深入研究了粪便微生物移植与癌症免疫治疗之间的联系。在明大共济会儿童医院（University of Minnesota Masonic Children's Hospital），血液癌症医生露西·特克特（Lucie Turcotte）和科鲁茨共同尝试应用微生物组知识来提高白血病儿童的治疗效果。

第十七章　有益健康的细菌和真菌

1. Kate Costeloe et al., "Bifidobacterium breve BBG-001 in Very Preterm Infants: A Randomised Controlled Phase 3 Trial," Lancet 387, no. 10019 (February 13, 2016): 649.

2. Stephen B. Freedman et al., "Multicenter Trial of a Combination Probiotic for Children with Gastroenteritis," New England Journal of Medicine 379 (November 22, 2018): 2015-26.

3. Jennifer Abbasi, "Are Probiotics Money Down the Toilet? Or Worse?" Journal of the American Medical Association 321, no. 7 (February 19, 2019): 633-35.

4. Pinaki Panigrahi et al., "A Randomized Synbiotic Trial to Prevent Sepsis among Infants in Rural India," Nature 548 (August 24, 2017): 407-12.

5. Scott C. Anderson, John F. Cryan, and Ted Dinan, The Psychobiotic Revolution: Mood, Food, and the New Science of the Gut-Brain Connection (Washington, DC: National Geographic, 2017).

6. Nadja B. Kristensen et al., "Alterations in Fecal Microbiota Composition by Probiotic Supplementation in Healthy Adults: A Systematic Review of Randomized Controlled Trials,"

Genome Medicine 8, no. 1（May 10, 2016）: 52.

7. Andrew I. Geller et al., "Emergency Department Visits for Adverse Events Related to Dietary Supplements," New England Journal of Medicine 373（October 15, 2015）: 1531–40.

8. Aida Bafeta et al., "Harms Reporting in Randomized Controlled Trials of Interventions Aimed at Modifying Microbiota: A Systemic Review," Annals of Internal Medicine 169, no. 4（August 21, 2018）: 240–47.

第十八章　治疗疾病的病毒

1. Carl Zimmer, A Planet of Viruses（Chicago: University of Chicago Press, 2011）.

2. Patrick Jault et al., "Efficacy and Tolerability of a Cocktail of Bacterio-phages to Treat Burn Wounds Infected by Pseudomonas aeruginosa（Phago-Burn）: A Randomised Controlled Double-Blind Phase 1/2 Trial," Lancet Infectious Diseases 19, no. 1（January 1, 2019）: 35–45.

3. Robert T. Schooley et al., "Development and Use of Personalized Bacteriophage-Based Therapeutic Cocktails to Treat a Patient with a Disseminated Resistant Acinetobacter baumannii Infection," Antimicrobial Agents and Chemo- therapy 61, no. 10（October 2017）, DOI: 10.1128/AAC.00954–17.

4. Rebekah M. Dedrick et al., "Engineered Bacteriophages for Treatment of a Patient with a Disseminated Drug-Resistant Mycobacterium abscessus," Nature Medicine 25（May 8, 2019）: 730–33.

5. Waqas Nasir Chaudhry et al., "Synergy and Order Effects of Antibiotics and Phages in Killing Pseudomonas aeruginosa Biofilms," PLoS One（January 11, 2017）, DOI: 10.1371/journal.pone.0168615.ecollection2017.

第十九章　疫苗的未来

1. John Rhodes, The End of Plagues: The Global Battle against Infectious Disease（New

York：Palgrave Macmillan，2013）.

2. 巴黎巴斯德研究所的小教堂墙壁上装饰着象征巴斯德标志性发现的马赛克砖，以此纪念这位科学伟人。巴斯德偶然地发现，用陈旧的引起鸡霍乱菌的培养物接种鸡后，会产生保护鸡不受新鲜的有毒力的霍乱菌侵害的免疫力。他意识到陈旧培养物中的细菌毒力被削弱了，减毒的菌株帮助鸡群发展出了免疫力。当然那时的巴斯德还不知道我们在第四章中谈到的免疫系统的精密和复杂性。但他的实验表明免疫就是对外来微生物的记忆和识别能力，这一工作开创了免疫学这个领域。

3. Michael R. Weigand et al.，"Genomic Survey of Bordetella pertussis Diversity，United States，2000–2013," Emerging Infectious Diseases 25，no. 4（April 2019）：780–83.

4. 位于美国费城的天普大学（Temple University）于 2019 年 2 月暴发了腮腺炎，到 3 月底已有 1000 多名学生染病（译者注：引用文章为超过 100，此处似为笔误）。Jeremy Bauer-Wolf，"Measles Outbreak at Temple University," Inside Higher Ed，April 2，2019，https://www.insidehighered.com/news/2019/04/02/temple–sees–mumps–outbreak–more–100–cases. 这次疾病暴发被认为源于一次国际旅行，也凸显了在出国前进行适当免疫接种的重要性（例如在日本等国家，人们通常并不会接种麻疹疫苗）。大多数校园中学生在宿舍里的集中居住环境为疾病的迅速传播创造了条件。

5. Mark Honigsbaum，"Vaccination：A Vexatious History," Lancet 387，no. 10032（May 14，2016）：1988–89.

6. Shawn Otto，War on Science：Who's Waging It，Why It Matters，What Can We Do about It（Minneapolis：Milkweed Editions，2016）.

7. H. Cody Meissner，Narayan Nair，and Stanley A. Plotkin，"The National Vaccine Injury Compensation Program：Striking a Balance between Individual Rights and Community Benefit," Journal of the American Medical Association 321，no. 4（January 29，2019）：343–44.

8. Catharine I. Paules，Hilary D. Marston，and Anthony S. Fauci，"Measles in 2019 — Going Backward," New England Journal of Medicine（April 17，2019），DOI：10.1056/NEJMp1905099.（Epub ahead of print.）

9. Larry O. Gostin, "Law, Ethics, and Public Health in the Vaccination Debates: Politics of the Measles Outbreak," Journal of the American Medical Association 313, no. 11 (March 17, 2015): 1099–1100.

10. Phillip K. Peterson, Get Inside Your Doctor's Head: 10 Commonsense Rules for Making Better Decisions about Medical Care (Baltimore, MD: Johns Hopkins University Press, 2013).

11. Andrew J. Wakefield et al., "Ileal-Lymphoid-Nodular Hyperplasia, Non-specific Colitis, and Pervasive Developmental Disorder in Children," Lancet 351, no. 9103 (February 28, 1998): 637–41. Retracted in Lancet 375, no. 9713 (February 6–12, 2010): 445.

12. Beate Ritz et al., "Air Pollution and Autism in Denmark," Environmental Epidemiology 2, no. 4 (December 2018): e028, DOI: 10.1097/ EE9.0000000000000028.

13. Lindzi Wessell, "Four Vaccine Myths and Where They Came From," Science, April 27, 2017, DOI: 10.1126/scienceaa/1110.

14. Heidi J. Larson and William S. Schulz, "Reverse Global Vaccine Dissent," Science 364, no. 6436 (April 12, 2019): 105.

15. Leslie Roberts, "Is Measles Next?," Science 348, no. 6238 (May 29, 2015): 958–63.

16. James Colgrove, "Vaccine Refusal Revisited—the Limits of Public Health Persuasion and Coercion," New England Journal of Medicine 375 (October 6, 2016): 1316–17.

第二十章　微生物和第六次物种大灭绝

1. 博物学家阿尔弗雷德·拉塞尔·华莱士（Alfred Russel Wallace）是达尔文的同事，二人关系不错，时有书信来往。他们在 1858 年对物种进化得出了相当一致的看法。事实上，他们原打算在同年 7 月的一次科学会议上一起公布这项研究成果。最终，华莱士不得不自己做了报告，因为开会的那天刚好赶上达尔文和妻子为死于猩红热（一种严重的传染病）的小儿子下葬（早在 1840 年代初，英国花匠帕特里克·马修（Patrick Matthew）就提出了同样的自然选择理论，甚至已将之发表在《军舰木材与树木栽培》一书的附录中。明显马修的见解在当时未能引起注意，这倒也并不令人感到奇怪）。

2. Jean-Jacques Hublin et al., "New Fossils from Jebel Irhoud, Morocco and the Pan-African Origin of Homo sapiens," Nature 546（June 8, 2017）：289–92.

3. Anthony D. Barnosky, Dodging Extinction：Power, Food, Money, and the Future of Life on Earth（Oakland：University of California Press, 2014）.

4. Camilo Mora et al., "How Many Species Are There on Earth and in the Ocean?," PLOS Biology（August 23, 2011）, DOI：10.1371/journal.pbio.1001127.

5. Kenneth J. Locey and Jay T. Lennon, "Scaling Laws Predict Global Microbial Diversity," Proceedings of the National Academy of Science USA 113, no. 21（May 24, 2016）：5970–75.

6. 如果您像我一样，是在 1970 年代前从学校里学习的进化论，您很可能学到的是，进化是以稳定和可预知的速度进行的极其缓慢的过程（自然中不存在跳跃式发展）。因此您很可能会为地球系统演化过程中发生的多次中断或冲击而惊讶，其中包括五次物种大灭绝。1972 年，20 世纪最有影响力的进化生物学家之一斯蒂芬·古尔德提出了富有争议的间断平衡理论，其要点是绝大多数物种都出现于某个短暂的地质时期（或断点），然后长期存在于地球上。

7. 惊人的是，海洋中的微小浮游生物通过光合作用制造了地球上一半的氧气。剩下的一半则来自陆地植物的光合作用。

8. Daniel H. Rothman et al., "Methanogenic Burst in the End-Permian Carbon Cycle," Proceedings of the National Academy of Sciences USA 111, no. 15（April 15, 2014）：5462–67.

9. John Kappelmann et al., "Perimortem Fractures in Lucy Suggest Mortality Fall out of a Tall Tree," Nature 537（September 22, 2016）：503–7.

10. 最近来自新几内亚的一项基因组研究显示，现代智人曾在 1.5 万年前与尼安德特人（Neanderthals）的近亲——丹尼索瓦人（Denisovans）——有过交配。Ann Gibbons, "Moderns Said to Mate with Late-Surviving Denisovans," Science 364, no. 6435（April 5, 2019）：12–13.

11. Yuval Noah Harari, Sapiens：A Brief History of Humankind（New York：Harper-

Collins，2015）.

12. Charlotte J. Houldcroft and Simon J. Underdown，"Neaderthals May Have Been Infected by Diseases Carried out of Africa by Humans，" American Journal of Physical Anthropology 160，no. 3（July 2016）：379–88.

13. Eugene Rosenberg and Ilana Zilber–Rosenberg，"Microbes Drive Evolution of Animals and Plants：The Hologenome Concept，" mBio（March 31，2016），DOI：10.1128/mBio.01395–15.

14. Jean–Christophe Simon et al.，"Host–Microbiota Interactions：From Holobiont Theory to Analysis，" Microbiome 7，no. 5（January 11，2019）.

15. David Enard et al.，"Viruses Are a Dominant Driver of Protein Adaptation in Mammals，" eLife（May 17，2016）：e12469，DOI：10.7354/eLife.12469.

16. Elizabeth Kolbert，The Sixth Extinction：An Unnatural History（New York：Henry Holt，2014）.

17. Nicole L. Boivin et al.，"Ecological Consequences of Human Niche Construction：Examining Long–Term Anthropogenic Shaping of Global Species Distributions，" Proceedings of the National Academy of Sciences USA 113，no. 23（June 7，2016）：6388–96.

18. Ben C. Scheele et al.，"Amphibian Fungal Panzootic Causes Catastrophic and Ongoing Loss of Biodiversity，" Science 363，no. 6434（March 29，2019）：1459–62.

19. UN Intergovernmental Science–Policy Platform on Biodiversity and Eco–systems，"UN Report：Nature's Dangerous Decline 'Unprecedented'；Species Extinction Rates 'Accelerating,'" May 6，2019.

20. Derek R. MacFadden et al.，"Antibiotic Resistance Increases with Local Temperature，" Nature Climate Change 8（May 21，2018）：510–14.

21. Anthony McMichael，Alistair Woodward，and Cameron Muir，Climate Change and the Health of Nations：Famines，Fevers，and the Fate of Populations（New York：Oxford University Press，2017）.

22. Rok Tkavc et al., "Prospects for Fungal Bioremediation of Acidic Radio-active Waste Sites: Characterization and Genome Sequence of Rhodotorula taiwanensis MD 1149," Frontiers in Microbiology (January 8, 2018), DOI: 10.3389/fmicb.2017.02528.

第二十一章 科学、无知、探索未知

1. Hans Rosling, Ola Rosling, and Anna Rosling Ronnlund, Factfulness: Ten Reasons We're Wrong about the World—and Why Things Are Better Than You Think (New York: Flatiron, 2018).

2. Steven Pinker, Enlightenment Now: The Case for Reason, Science, Humanism, and Progress (New York: Penguin, 2018).

3. Mazhar Adli, "The CRISPR Tool Kit for Genome Editing and Beyond," Nature Communications 9, no. 1 (May 15, 2018): 1911, DOI: 10.1038/s41467-018-04252-2.

4. Pam Belluck, "Chinese Scientist Who Says He Edited Babies' Genes Defends His Work," New York Times, November 28, 2018.

5. Shany Doron et al., "Systematic Discovery of Antiphage Defense Systems in the Microbial Pangenome," Science 359, no. 6379 (March 2, 2018), DOI: 10.1126/science.aar4120.

6. John Bohannon, "A New Breed of Scientist, with Brains of Silicon," Science, July 5, 2017, DOI: 10.1126/science.aan7046.

7. Stuart Firestein, Ignorance: How It Drives Science (New York: Oxford University Press, 2012).

8. Nick Lane, The Vital Question: Energy, Evolution, and the Origins of Complex Life (New York: W. W. Norton, 2015).

9. Antonio Damasio, The Strange Order of Things: Life, Feeling, and the Making of Cultures (New York: Pantheon Books, 2018).

10. Kathryn Pritchard, "Religion and Science Can Have a True Dialogue," Nature 537 (September 22, 2016): 451, DOI: 10.1038/537451a.

延伸阅读

Anderson, Scott C., John F. Cryan, and Ted Dinan. The Psychobiotic Revolution: Mood, Food, and the New Science of the Gut-Brain Connection. Washington, DC: National Geographic, 2017.

Anton, Ted. Planet of Microbes: The Perils and Potential of Earth's Essential Life Forms. Chicago: University of Chicago Press, 2017.

Barnosky, Anthony D. Dodging Extinction: Power, Food, Money, and the Future of Life on Earth. Oakland: University of California Press, 2014.

Bauerfeind, Rolf, Alexander von Graevenitz, Peter Kimmig, Hans Gerd Schiefer, Tino Schwartz, Werner Slenczka, and Horst Zahner. Zoonoses: Infectious Diseases Transmissible from Animals to Humans. 4th ed. Washington, DC: ASM Press, 2016.

Biddle, Wayne. A Field Guide to Germs. New York: Henry Holt, 1995.

Blaser, Martin J. Missing Microbes: How the Overuse of Antibiotics Is Fueling Our Modern Plagues. New York: Henry Holt, 2014.

Bloomberg, Michael, and Carl Pope. Climate of Hope: How Cities, Businesses, and Citizens Can Save the Planet. New York: St. Martin's Press, 2017.

Choffnes, Eileen R., LeighAnne Olsen, and Alison Mack, rapporteurs. Microbial Ecology in States of Health and Disease (Workshop Summary). Institute of Medicine. Washington,

DC: National Academies Press, 2014.

Clark, David P. Germs, Genes and Civilization: How Epidemics Shaped Who We Are Today. Upper Saddle River, NJ: FT Press, 2010.

Chutkan, Robynne. The Microbiome Solution: A Radical New Way to Heal Your Body from the Inside Out. New York: Avery, 2015.

Damasio, Antonio. The Strange Order of Things: Life, Feeling, and the Making of Cultures. New York: Pantheon Books, 2018.

Darwin, Charles. The Origin of Species by Means of Natural Selection of the Preservation of Favored Races in the Struggle for Life. New York: New American Library, 2003.

Dennett, Daniel C. From Bacteria to Bach and Back: The Evolution of Minds. New York: W. W. Norton, 2017.

Diamond, Jared. Guns, Germs, and Steel: The Fates of Human Societies. New York: W. W. Norton, 1997.

Dietert, Rodney. The Human Superorganism: How the Microbiome Is Revolutionizing the Pursuit of a Healthy Life. New York: Dutton, 2016.

Dunn, R. The Wild Life of Our Bodies: Predators, Parasites, and Partners That Shape Who We Are Today. New York: Harper Perennial, 2014.

Eldredge, Niles. Eternal Ephemera: Adaptation and the Origin of Species from the Nineteenth Century through Punctuated Equilibria and Beyond. New York: Columbia University Press, 2015.

Firestein, Stuart. Ignorance: How It Drives Science. New York: Oxford University Press, 2012. Fortey, Richard. Life: A Natural History of the First Four Billion Years of Life on Earth. New York: Vintage Books, 1997.

Goetz, Thomas. The Remedy: Robert Koch, Arthur Conan Doyle, and the Quest to Cure Tuberculosis. New York: Avery, 2014.

Hall, W., A. McDonnell, and J. O' Neill. Superbugs: An Arms Race against Bacteria.

Cambridge, MA: Harvard University Press, 2018.

Harari, Yuval Noah. Sapiens: A Brief History of Humankind. New York: HarperCollins, 2015. Holt, Jim. Why Does the World Exist? An Existential Detective Story. New York: Liveright, 2012.

Kolbert, Elizabeth. The Sixth Extinction: An Unnatural History. New York: Henry Holt, 2014. Kolter, Roberto, and Stanley Maloy, eds. Microbes and Evolution: The World Darwin Never Saw. Washington, DC: ASM Press, 2012.

Lane, Nick. The Vital Question: Energy, Evolution, and the Origins of Complex Life. New York: W. W. Norton, 2015.

Lederberg, Joshua, Robert E. Shope, and Stanley C. Oaks Jr., eds. Emerging Infections: Microbial Threats to Health in the United States. Washington, DC: National Academies Press, 1992.

Mackenzie, John S., M. Jeggo, P. Daszak, and J. A. Richt, eds. One Health: The Human-Animal-Environment Interfaces in Emerging Infectious Diseases. Current Topics in Microbiology and Immunology 366. New York: Springer, 2013.

Mayer, Emeran. The Mind-Gut Connection: How the Hidden Conversation within Our Bodies Impacts Our Mood, Our Choices, and Our Overall Health. New York: HarperCollins, 2016.

McKenna, Maryn. Big Chicken: The Incredible Story of How Antibiotics Created Modern Agriculture and Changed the Way the World Eats. Washington, DC: National Geographic, 2017.

McMichael, Anthony J., Alistair Woodward, and Cameron Muir. Climate Change and the Health of Nations: Famines, Fevers, and the Fate of Populations. New York: Oxford University Press, 2017.

McNeill, William H. Plagues and People. New York: Doubleday, 1997.

Monosson, Emily. Natural Defense: Enlisting Bugs and Germs to Protect Our Food and Health.

Washington, DC: Island Press, 2017.

Morris, Robert D. The Blue Death: Disease, Disaster, and the Water We Drink. New York: HarperCollins, 2007.

Mukherjee, Siddhartha. The Gene: An Intimate History. New York: Scribner, 2016.

National Academies of Sciences, Engineering, and Medicine. Exploring Lessons Learned from a Century of Outbreaks: Readiness for 2030; Proceedings of a Workshop. Washington, DC: National Academies Press, 2019.

Nye, Bill. Undeniable: Evolution and the Science of Creation. New York: St. Martin's Press, 2014.

O'Malley, Maureen A. Philosophy of Microbiology. New York: Cambridge University Press, 2014.

Osterholm, Michael T., and Mark Olshader. Deadliest Enemy: Our War against Killer Germs. New York: Little, Brown, 2017.

Otto, Shawn. War on Science: Who's Waging It, Why It Matters, What Can We Do about It. Minneapolis: Milkweed Editions, 2016.

Pennington, Hugh. Have Bacteria Won? Cambridge: Polity Press, 2016.

Pinker, Steven. Enlightenment Now: The Case for Reason, Science, and Humanism. New York: Penguin, 2018.

Piot, Peter. AIDS Between Science and Politics. New York: Columbia University Press, 2015.

Shah, Sonia. Pandemic Trafficking Contagions, from Cholera to Ebola. New York: Sarah Crichton Books, 2016.

Quammen, David. Spillover: Animal Infections and the Next Human Pandemic. New York: W. W. Norton, 2012.

The Tangled Tree: A Radical New History of Life. New York: Simon & Schuster, 2018.

Rhodes, John. The End of Plagues: The Global Battle against Infectious Disease. New York: Palgrave Macmillan, 2013.

Rosling, Hans, Ola Rosling, and Anna Rosling Rönnlund. Factfulness: Ten Reasons We're Wrong about the World—and Why Things Are Better Than You Think. New York: Flatiron, 2018.

Smolinski, Mark S., Margaret A. Hamburg, and Joshua Lederberg. Microbial Threats to Health: Emergence, Detection, and Response. Washington, DC: National Academies Press, 2003.

Thomas, Chris D. Inheritors of the Earth: How Nature Is Thriving in an Age of Extinction. New York: PublicAffairs, 2017.

Verstock, Frank T., Jr. The Genius Within: Discovering the Intelligence of Every Living Thing. New York: Harcourt, 2002.

Wilson, Edward O. Biophilia. Cambridge, MA: Harvard University Press, 1984.

Genesis: The Deep Origin of Societies. New York: Liveright, 2019.

The Meaning of Human Existence. New York: Liveright, 2014.

Yong, Ed. I Contain Multitudes: The Microbes within Us and a Grander View of Life. New York: HarperCollins, 2016.

Zimmer, Carl. A Planet of Viruses. Chicago: University of Chicago Press, 2011. Zinsser, Hans. Rats, Lice, and History. Boston: Little, Brown, 1934.

译后记

在干旱的年份人们会忘记过去的雨水充沛，而到了雨涝之年人们又不记得曾经的干涸，事情总是如此。

——约翰·史坦贝克
《伊甸之东》（*East of Eden*）

微生物似乎总会令人联想到那些困扰人类的传染病。传染病的严重性和普遍性往往会演化成社会不同年龄层的集体认识和回忆，也反映出对疾病认识的深入以及社会的进步。在古代有"出门无所见，白骨蔽平原"的瘟疫景象；在旧中国，人们往往会联想到鲁迅在《药》中描写的患有结核病的华小栓和愚昧的人血馒头。现在年长一点的人仍然会对麻疹、小儿麻痹症这样的恶性疾病有深刻的认识，而且胳膊上还会有预防天花所留下的"种痘"疤痕。读者会在本书中发现一些已在中国不常见的传染病却仍肆虐于众多贫穷国家。对传染病的防治实际上是社会医疗体系、福利制度和卫生条件的一面镜子。更广泛地讲，个体的健康状况依赖于我们国家的发展水平。

可以毫不夸张地说没有微生物就没有今天人类对生命科学的认知。细菌和病毒都结构简单，其运行机理也相对容易被阐明，这些机制往往也适用于真核生物，甚至人类。例如，最早证明 DNA 而非蛋白质是遗传物质的实验就是通过肺炎链球菌感染小鼠完成的。通过对致癌病毒的研究，人类发现了原癌基因，并确定癌症为一种遗传疾病。这样的例子在生命科学领域比比皆是。因为微生物可以高度有效地复制繁殖，它们也被用作各种生物制剂的天然合成工厂。有些能够进入细胞内部的病毒还被改造为穿梭细胞的载体，将特殊基因带入细胞，实现对细胞进行改造或对遗传疾病进行治疗。

微生物也从未停止给人类带来新的挑战。例如，对当前流行的新冠病毒而言，人类还不知道为什么这种冠状病毒会具有高度传染性，个体在感染病毒后是否会产生终身免疫，为什么被感染个体间的症状差异会如此巨大，有的人只感到轻微不适，而有的人（特别是老年人）可能会因为感染而丧生。这些问题也同样适用很多其他新出现的传染病。或许在不久的将来，科学家可以找到这些问题的答案。

定义一本好书会有不同的标准。无论读者是否有机会详细阅读这本能让人爱不释手的科普读物，记住作者反复强调的一些要点定会终身受益：经常认真洗手；不要轻易使用抗生素（对症下药才有效果）；微生物对人类益处多多；人类、微生物和所有其他生命共享同一个地球，彼此休戚与共；人类应敬畏和善待大自然。

让公众了解传染疾病背后的微生物常识促使我们翻译了此书。这也算是我们为缓解疫情所尽的一份贡献。由于翻译仓促和学识有限，书中难免会有疏漏之处，还望读者指正。

祁仲夏

2020 年 5 月于旧金山